André Zamzow

TIA Portal V16
Grundkurs

André Zamzow

TIA Portal V16

Grundkurs

VOGEL COMMUNICATIONS GROUP

André Zamzow

1958 in Kropp/Schleswig geboren, war 13 Jahre lang als Betriebselektroniker tätig und hat 1992 die Ausbildung als SPS-Techniker bei Siemens in Köln absolviert.

Von 1993 bis 1996 arbeitete er an Aufbau und Automatisierung einer Schaltwarte eines Tonwerks mit Siemens S5 SPS, Visualisierung (Coros), Ethernet (LAN), Vernetzung und ersten Profibusanbindungen. 1996 und 1997 war er als SPS-Programmierer, Visualisierer und Projektabwickler in einem Ingenieurbüro in Leverkusen tätig.

1998 wurde die INAUT GbR gegründet. 1999 fand die Umwandlung der INAUT GbR in eine GmbH statt. Seit diesem Zeitpunkt ist er als Geschäftsführer des Unternehmens tätig. Neben der Geschäftsführung liegt sein Hauptaugenmerk auf der Programmierung von S5/S7- und TIA-Spezialbausteinen sowie speziellen Kopplungen. In den von der INAUT GmbH angebotenen Schulungen vermittelt er sein Wissen anschaulich den Teilnehmern, die in allen Industrie-Sparten in der SIMATIC-Welt tätig sind.

Die Beispielprojekte, die in diesem Buch aufgeführt sind, lassen sich nach kostenloser Registrierung auf der Webseite des Autors herunterladen und nachvollziehen: **www.sps-lehrgang.net**

Weitere Informationen:
www.vogel-fachbuch.de

http://twitter.com/vogelfachbuch

www.facebook.com/vogelfachbuch

Lektorat: Ulrike Klein, Berlin
Titelmotiv: Adobe Stock

ISBN 978-3-8343-3470-1
1. Auflage. 2022

Printed in Germany

Vorwort

Als eine der führenden Industrienationen steht Deutschland in einem starken internationalen Wettbewerb. Intelligente, innovative und kostenorientierte Produktionsverfahren helfen seiner Wirtschaft, in diesem Umfeld zu bestehen.

Eine herausragende Bedeutung kommt in diesem Zusammenhang der Industrieautomatisierung und der Umstellung von Automatisierungsprozessen zu. Sie sichert die Zukunftsfähigkeit ganzer Industrien.

Bei der INAUT GmbH blickt man auf mehr als 20 Jahre Erfahrung im Bereich der Industrieautomatisierung zurück und hat in nahezu allen denkbaren Branchen umfangreiche Erfahrungen sammeln können.

Das vorliegende Buch ist von diesen praktischen Erfahrungen geprägt. Es widmet sich anhand vieler Beispiele und in einfach verständlicher Sprache der weltweit bekanntesten und meist genutzten Programmiersoftware in der Industrieautomatisierung: SIMATIC STEP 7 (TIA Portal).

Am Beispiel der SIMATIC S7-1200 und S7-1500 wird praxisnah erläutert, wie die Controller über TIA V16 parametriert und programmiert werden können. Dabei werden zugleich die wichtigsten Grundlagen der 1200/1500-SPS vorgestellt.

Alle Anwendungsschritte im Umgang mit dem aktuellen TIA V16 Portal werden detailliert anhand von Beispielen vermittelt. Ein umfangreiches Stichwortverzeichnis hilft bei der Suche nach Erklärungen bestimmter Fachbegriffe.

Das Handbuch ist ein Leitfaden und Nachschlagewerk für alle Einsteiger in die SIMATIC TIA V16-Welt und bietet auch Fortgeschrittenen wertvolle Praxistipps.

Die Beispielprojekte, die in diesem Buch aufgeführt sind, lassen sich nach kostenloser Registrierung auf der Webseite **www.sps-lehrgang.net** herunterladen und nachvollziehen.

Der Autor dankt Herrn Christian Stern, Dozent der INAUT-Akademie, für die Überarbeitung der Abbildungen und Frau Petra Rodtheut, Marketingmanagerin bei INAUT für ihre Korrekturarbeiten sowie die Übersetzungen der Fachtexte in eine verständliche Sprache, damit auch weniger versierte Leser einen Nutzen aus der Lektüre ziehen können

André Zamzow

INAUT

INDUSTRIESOFTWARE & AUTOMATISIERUNG

Inhaltsverzeichnis

Abkürzungen und Bezeichnungen

AI-Modul	Analogeingabebaugruppe
AO	Analogausgang
AQ-Modul	Analogausgabebaugruppe
AWL	Anweisungsliste
BYTE / WORD	1 Byte = 8 Bit / 1 Word = 16 Bit
CMP	Vergleicher
CP	Communications Processor, Kommunikationsprozessor
CPU	Central Processing Unit, Zentralprozessor
Datentyp IEC_TIMER	32 Bit IEC Zeiten
DB	Datenbaustein
DI-Modul	Digitaleingabebaugruppe
DINT	32 Bit Ganzzahl mit Vorzeichen
DQ-Modul	Digitalausgabebaugruppe
DWORD	Datentyp mit 32 Bit
EA-Baugruppe	Ein/Ausgabebaugruppe
FB	Funktionsbaustein
FBS	Funktionsbausteinsprache
FC	Funktion
Force-Auftrag	Ein- und Ausgänge steuern
FUP	Funktionsplan
GSD-Dateien	Gerätestammdateien
HMI	Human Maschine Interface
IEC	Norm EN 61131 für speicherprogrammierbare Steuerungen
IEC-Zeiten	Norm-Zeiten 32 Bit
IEC-Zähler	Norm-Zähler 32 Bit
IO-Variablen	Ein-Ausgangsvariable
KOP	Kontaktplan
LSB	Least Significant Byte
LWORD	Datentyp mit 64 Bit
MAC-Adresse	Media-Access-Control-Adresse
MAINT-LED	Wartungsanforderung Anzeige
MRES	Schalter Urlöschen
MSB	Most Significant Byte
NetPro	S7-Manager Netzwerkverbindungen
OB	Organisationsbaustein
PAA	Prozessabbild der Ausgänge

PAE	Prozessabbild der Eingänge
Panel	Bedien- und Anzeigedisplay
PLC	Programmable Logic Controller
PLC-Datentypen	definierte Datenstrukturen
PLC-Variablen	Variablen in der Steuerung
PN	Profinet
S7-300, S7-400	Baugruppen S7-Classic
S7-1200-SPS, S7-1500-SPS	Baugruppen TIA
S7-PLCSIM V16	SPS-Simulator V16
SCL	Strukturierte Text Programmiersprache
Simatic Manager	Projektmanager S7-Steuerungen
SR-Flipflop	selbsthaltender Speicherbaustein
SPS	speicherprogrammierbare Steuerung
Step 7	Programmiersoftware
TIA Portal	Totally Integrated Automation
TP	Timer Impuls
TOF	Timer Ausschaltverzögerung
TON	Timer Einschaltverzögerung
UDT	Userdefined Data Type
USINT	Unsigned Short INT (8 Bit Integer)
WinCC Comfort V16	Visualisierung Simatic Comfort Panels

1 Einleitung – von STEP 7 zum TIA Portal

In weiten Bereichen der Wirtschaft haben Maschinen das Arbeiten vereinfacht, z. T. auch Produktionsprozesse erst möglich gemacht. Diese Maschinen laufen rund um die Uhr, nicht zuletzt, weil sie automatisiert gesteuert werden. Für die Automatisierungen werden speicherprogrammierbare Steuerungen (SPS) eingesetzt. Dabei hat Siemens den größten Marktanteil in Europa. Insbesondere die Baureihe S7 ist sehr weit verbreitet. Diese SPS werden aber erst durch eine Software handhabbar: Seit 1995 wird STEP 7 unter dem Simatic Manager eingesetzt (Bild 1.1), ergänzt bzw. abgelöst seit 2009 durch das TIA Portal V10, das die bisherigen Programme unter einer Oberfläche vereint. Programmierung SPS, Panels und Frequenzumrichter sowie deren Simulation sind im TIA Portal über eine einheitliche Oberfläche handhabbar.

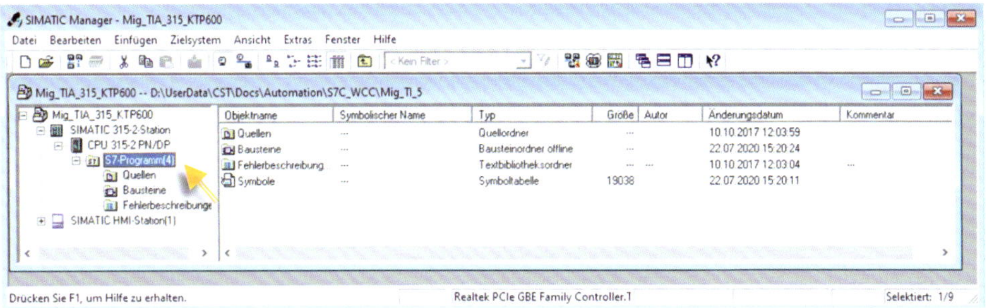

Bild 1.1 *Simatic Manager STEP7 Classic*

Neben dem Simatic Manager sind auch noch die Programme Hardware Manager, NetPro, Starter, WinCC, Safety und die Simulation für die unterschiedlichen Bereiche der Automatisierung zu erwähnen. Der Simatic Manager und seine Hilfsprogramme werden zukünftig noch weiter im Einsatz bleiben, solange die Altanlagen noch existieren und Service benötigen und die Umstellung auf das TIA Portal noch nicht vollzogen ist.

Das TIA Portal als neue Programmierumgebung findet mit den neueren CPU – namentlich S7-1200 und S7-1500 – sowie den Panels der Comfort-Baureihe, mittlerweile auch den Panels der zweiten Basic-Baureihe weiter Verbreitung. Aber auch durch die Integration der alten CPU-Baureihen S7-300 und S7-400 ist ein weitgehend nahtloser Umstieg auf das TIA Portal möglich.

Für das TIA Portal existieren zwei verschiedene Oberflächen: die Portalansicht – vielfach der Einstieg ins TIA Portal – und die Projektansicht, die eigentliche Bedienoberfläche des Programmpaketes.

Die Portalansicht (Bild 1.2) liefert einen Überblick über die wesentlichen Funktionsgruppen und bietet die Möglichkeit, neue Hard- und Software anzulegen. Mit dem Anlegen neuer Objekte verzweigt das Programm dann in die Projektansicht.

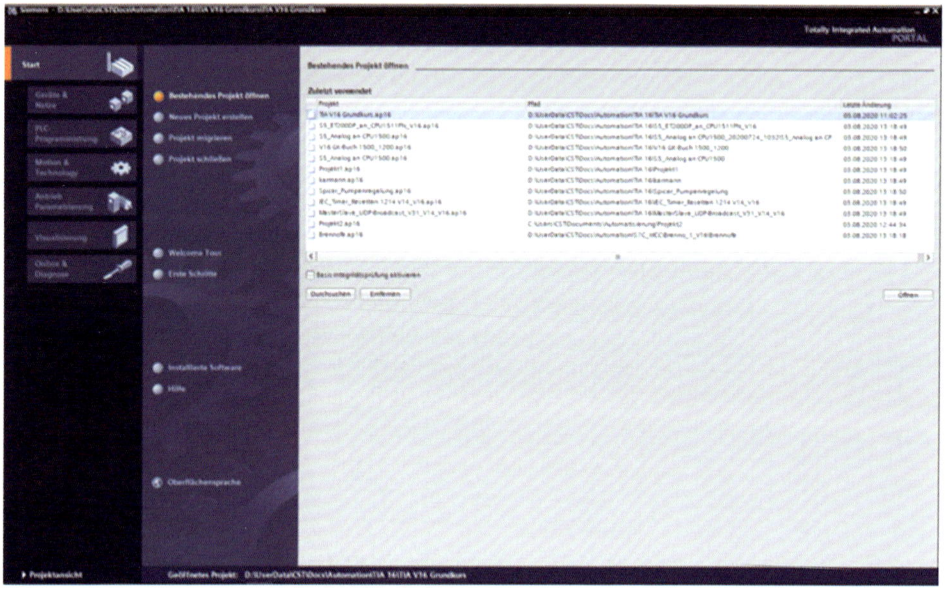

Bild 1.2 *TIA Portal V16 in der Portalansicht*

Je nach Kontext in der Portalansicht variiert das Aussehen der Bedienoberfläche.

Die zweite Bedienoberfläche des TIA Portals – die Projektansicht (Bild 1.3) – hat auch die Wahlmöglichkeiten der Portalansicht, wenn auch auf engem Raum zusammengedrängt. Hier werden in der Regel die Hardware nebst Peripherie konfektioniert, die SPS-Programme programmiert und Fehler gesucht und beseitigt. Die Fülle an Informationen und Auswahlmöglichkeiten macht es dem neuen Benutzer erst einmal schwer sich zu orientieren.

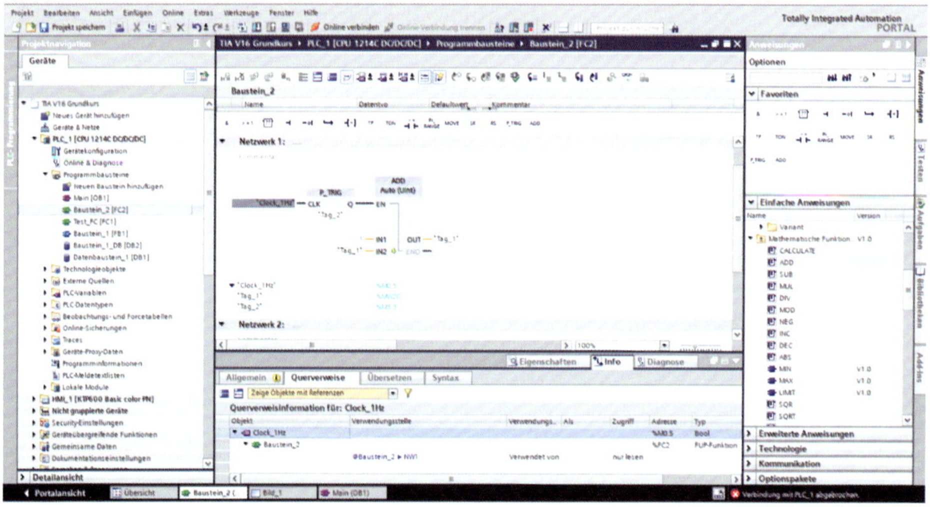

Bild 1.3 *TIA Portal V16 in der Projektansicht mit geöffnetem Projekt*

Das TIA Portal ist aber noch mehr als ein einfaches Programmierwerkzeug, nämlich eine durchgängige Automatisierungslösung, die von der Feldebene (Sensoren/Aktoren) über die Steuerungsebene (SPS) und die Prozessleitebene (SCADA) bis zur Betriebsleiter- und Unternehmensebene reicht.

Es werden sowohl die hardwaretechnischen Komponenten der Automatisierung, die zugehörigen Softwarewerkzeuge als auch ein entsprechender Ersatzteilservice angeboten.

Programmiert werden die Siemens-Systeme mit dem TIA Portal, die CPU mit der Software STEP 7 Professional V16. Bei deren Installation werden noch etwaige Servicepakete und Updates als zusätzliches Unterscheidungskriterium angegeben. Für die Panels wird WinCC Comfort V16, für etwaige Simulationen S7-PLCSIM V16 benutzt. Die Simulation für die älteren CPU-Baureihen von S7-300/400 CPU ist mit einem älteren Simulationsprogramm realisiert worden, für die S7-1200/1500 mit einem neueren. Die Prozedur des Aufrufs der Simulation ist in TIA V16 identisch, je nach verwendeter CPU wird im Hintergrund auf das passende Programm verzweigt.

2 SPS-Funktionen und Einsatzmöglichkeiten

Die früher angewandte fest verdrahtete Programmierung von Steuerungen wird nach und nach von den speicherprogrammierbaren Steuerungen (SPS) verdrängt.

Damit ist eine SPS prädestiniert komplexe Aufgaben zu übernehmen, wie z. B. die Steuerung oder Regelung von Fertigungsanlagen und Fertigungsprozessen.

Die SPS besteht in der Regel aus einer CPU (Zentralprozessor), die über ein Bussystem mit digitalen sowie analogen Ein-Ausgabebaugruppen kommuniziert. In der CPU wird das vom Anwender geschriebene SPS-Programm sequenziell und zyklisch abgearbeitet. Alle logischen Funktionen im SPS-Programm werden in der CPU bearbeitet und ausgeführt. Die CPU besitzt je nach Ausführung Verbindungsschnittstellen über die (unter anderem) das Programm vom Programmiergerät eingespielt werden kann. Bei einem vorhandenen Netzwerk kann die CPU mit anderen Teilnehmern zum Datenaustausch verbunden werden. Das verwendete Netzwerk ist dafür unerheblich, sofern SPS und Teilnehmer über entsprechende Schnittstellen verfügen.

Über die Eingabebaugruppen werden externe Signale (Sensoren) digital und analog in die SPS eingelesen und im Programm verarbeitet. Über die Ausgabebaugruppen werden die Programmergebnisse digital sowie analog an die angeschlossenen Aktoren ausgegeben. Zusätzlich können nach Bedarf noch weitere Baugruppen wie Kommunikationsprozessoren (CP), Zählerbaugruppen, Positionierbaugruppen usw. in die SPS eingebaut werden. Auf dem Markt stehen je nach Hersteller und Anwendung verschiedene SPS-Ausführungen zur Verfügung, wie z. B. Kompakt-SPS, Modulare-SPS und Safety-SPS (Sicherheits-SPS). Im weitesten Sinne kann man auch periphere Hardware wie Panels, Frequenzumrichter usw. noch zu den Steuerungen zählen. Letztlich darf auch ein entsprechendes Programmiergerät nicht fehlen, zur Programmierung einerseits und zur Fehlersuche und -beseitigung andererseits.

Die Programmierung einer SPS wird auf digitaler Basis vorgenommen, damit erreicht man eine leichte Änderbarkeit und so eine hohe Flexibilität zur Anpassung an sich ändernde Anforderungen. Damit ist die digitale Programmierung prädestiniert für automatisch ablaufende Anlagen und Prozesse in allen Bereichen der Wirtschaft.

Die Automatisierung wird gerne in verschiedene Ebenen unterteilt und als Pyramide dargestellt (Bild 2.1). Jede Ebene hat eigene Anforderungen an die Automatisierung, die so klar abgegrenzt von anderen Ebenen realisiert werden können.

Die Automatisierungspyramide stellt die industrielle Produktion verteilt auf verschiedenen Ebenen dar. Auf jeder Ebene werden verschiedene Systeme der Leittechnik angewandt, die die unterschiedlichen Aufgaben in der Produktion abbilden. Die Grenzen sind dabei fließend, die angewandten Techniken sind an die Spezifika der Produktion angepasst.

Die Programmierung im TIA Portal V16 umfasst Feld- und Steuerungsebene, reicht aber auch in die (Prozess-) Leitebene hinein.

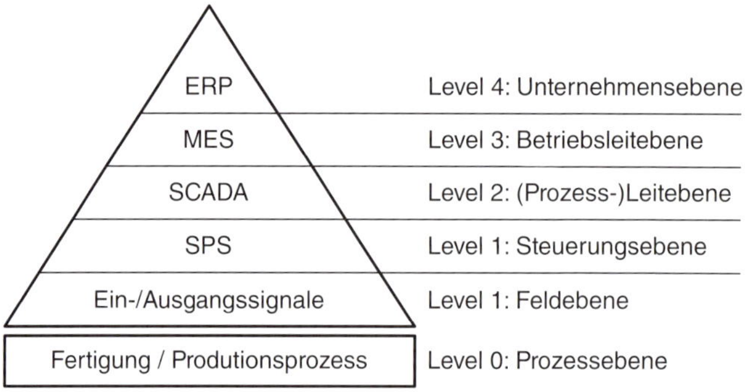

Bild 2.1 *Automatisierungspyramide*
ERP: Enterprise Ressource Planning – Unternehmerische Einsatzplanung (für Menschen und Maschinen, aber auch Kapital und Rohstoffe)
MES: Manufacturing Execution System – System zur effizienten Steuerung der Produktion, auch Produktionsleitsystem
SCADA: Supervisory Control and Data Acquisition – Überwachen und Steuern von Technischen Prozessen (Anlagen) mittels Rechentechnik (Computer)

Für eine automatisierte Anlage ergibt sich entsprechend der Automatisierungspyramide das in Bild 2.2 dargestellte Bild.

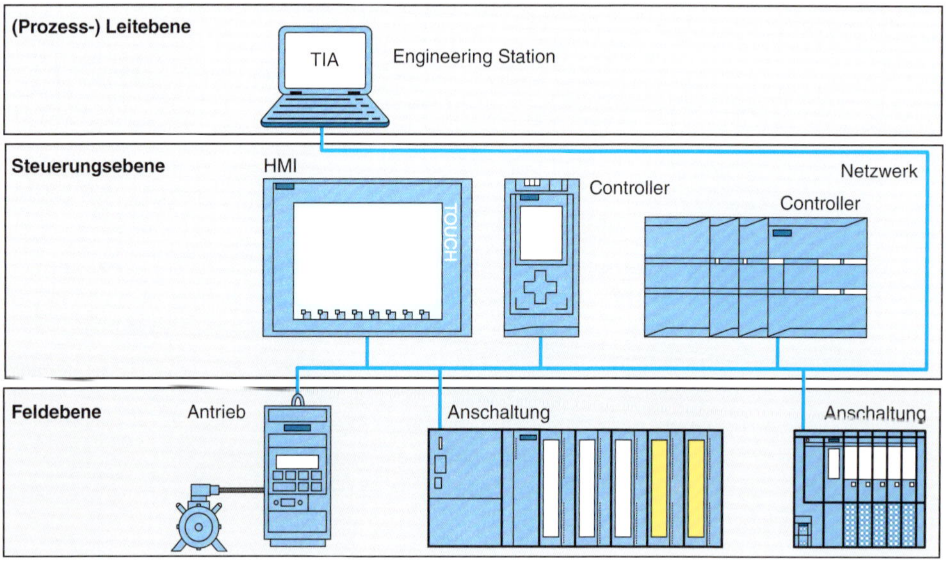

Bild 2.2 *Ebenen in der Automatisierung*

Die speziellen Automatisierungslösungen können auch anders aussehen: Es müssen keine zwei Anschaltungen oder keine zweite CPU oder ein HMI vorhanden sein; umgekehrt sind auch noch zahlreichere CPU (ggf. auch mit direkt angebundenen E/A), eine zweite und dritte HMI und natürlich noch mehr als ein Antrieb möglich. Die weitgehend beliebige Kombinierbarkeit unterschiedlicher Komponenten macht eine SPS zum umfassenden Problemlöser für Automatisierungsaufgaben aller Art. Dabei werden auch immer wieder Komponenten unterschiedlicher

Hersteller zusammen eingesetzt und tauschen ihre Daten über genormte Schnittstellen und Protokolle aus.

Die höheren Unternehmens- und Betriebsleiterebenen können ggf. über das Netzwerk auf die Automatisierung zugreifen, wobei dieser Teil des Netzwerks hier nicht dargestellt wurde. Auch wurde der Typ des Netzwerkes nicht näher spezifiziert. Ob Profinet oder Profibus eingesetzt wird, hängt von den Anforderungen an das Netz ab oder auch vom vorhandenen Netztyp. Die Verbreitung des Profinet wird insbesondere durch die in den S7-1200- und S7-1500-CPU standardmäßig implementierte Profinet-Schnittstelle weiter zunehmen. Die Entwicklung ist aber auch dort nicht abgeschlossen: Die Geschwindigkeit der Übertragung nimmt immer mehr zu und die Verkabelung wird weiter vereinfacht – Stichwort Zweidraht-Ethernet.

Programmiert wird das System mit der Software STEP 7 Professional V16. Für die Panels wird WinCC Comfort V16, für etwaige Simulationen S7-PLCSIM V16 benutzt. Diese Programme wurden bereits am Ende von Kapitel 1 kurz beschrieben.

Mit STEP 7 Professional V16 können folgende Funktionen für die Automatisierung einer Anlage genutzt werden:

- Konfigurierung und Parametrierung der Hardware, Festlegung der Kommunikation
- Programmierung und Dokumentation
- Test, Inbetriebnahme und Service mit den Betriebs-/Diagnosefunktionen
- Erstellung von Visualisierungen für die Simatic Basic Panels mit dem integrierten WinCC Basic und höheren Varianten
- Mit weiteren WinCC-Paketen können auch Visualisierungslösungen für Comfort Panels, PC und andere Panels erstellt werden.

3 SPS-S7-Baureihen: Ausstattungsmerkmale und Unterschiede

3.1 Ausstattung Hard- und Software

Die SPS-Baureihen S7-1500 und Sz-1200 verfügen über unterschiedliche Ausstattungen mit Hard- und Software, die in Tabelle 3.1 zusammengestellt sind.

Tabelle 3.1 *Ausstattung und Hard- und Software*

	S7-1500	S7-1200
Erweiterbarkeit	31 Module	Min. 2, max. 8 Erweiterungsmodule
Integriertes Display mit Firmware, Betriebszustand, Diagnosepuffer, Beobachtungstabellen	Ja	Nein
Profilschiene	Siemens	DIN 35 mm
Diagnosefähige Systemstromversorgung	Ja	Nein
Profinetschnittstellen	1-2	1
Profibusschnittstellen	0-1	0
Bitoperationszeit	1..60 ns	80..90 ns
Wortoperationszeit	2..80 ns	12000 ns
Gleitkommaoperationszeit	6..400 ns	18000 ns
Merker	8 kByte	4 kByte
Pufferung	Ohne Batterie	Ohne Batterie
Ladespeicher	Bis 32 GB steckbar	1 ...2 MB integriert Bis 24 MB steckbar
KOP FBS / FUP SCL	Ja	Ja
AWL	Ja	Nein
Siemens-Timer	Ja	Nein
Siemens-Counter	Ja	Nein
Migrierbarkeit von S7-300	Ja	Nein
Migrierbarkeit von S7-400	Ja	Nein
64-Bit Datentypen	Ja	Ja, eingeschränkt
64-Bit Anweisungen	Ja	Ja
Safety CPU und Baugruppen	Ja	Ja

3.2 Die Baureihen S7-1500 und S7-1200 sowie S7-300 und S7-400

Bei den Siemens SPS unterscheidet man verschiedene Baureihen. Die S7-300 und S7-400 sind Vertreter der älteren Generation, die für das Jahr 2020 abgekündigt sind. Sie sollten dann nicht mehr für neue Projekte eingesetzt werden. Die Verfügbarkeit von Ersatzgeräten aus diesen

Baureihen ist für eine gewisse Zeit gewährleistet, jedoch wird sich Lieferbarkeit und Nachfrage in Abhängigkeit vom Preis einpendeln.

Die Baureihen S7-300 und S7-400 sind vielfach noch in STEP 7 Classic programmiert, dem Vorläufer des TIA Portals. Das STEP 7 Classic wird oft im Zusammenspiel mit WinCC flexible – für die Panels – und dem Starter – für die Frequenzumrichter – eingesetzt. Dies sind drei eigenständige Programme, natürlich jeweils auch mit einer eigenen Bedienungsoberfläche.

Die älteren S7-Baureihen – S7-300 und S7-400 – sind aber auch im TIA Portal projektierbar. Damit ist ein gleitender Übergang von STEP 7 Classic in das TIA Portal möglich. Einige sehr alte Baugruppen der S7-300- und S7-400-Baureihen sind allerdings im TIA Portal und dem dortigen Hardware-Katalog nicht mehr vertreten.

Siemens hat für die Übertragung eines STEP 7-Projektes ins TIA Portal den Begriff Migration geprägt. Als Teil des TIA Portals wird eine Migrationssoftware geladen, mit deren Hilfe Projekte aus STEP 7 Classic ins TIA Portal überführt werden. Zur Vereinfachung der Programmpflege wird man eine komplette Migration – SPS mit Panel – anstreben, alternativ ist auch eine alleinige Migration des Panels ins TIA Portal möglich, unter Beibehaltung des SPS-Programms unter STEP 7 Classic.

Falls erforderlich lässt sich in einem zweiten Migrationsschritt im TIA Portal ein Wechsel der Hardware von S7-300 und S7-400 auf eine CPU der Baureihe S7-1500 vornehmen.

Eine Migration auf eine S7-1200-Hardware wird wegen des eingeschränkten Funktionsumfanges der S7-1200 CPU nicht angeboten.

Die neueren Baureihen S7-1200 und S7-1500 sowie die Panels der neueren Generation sind ausschließlich im TIA Portal zu projektieren.

Aufgrund der mangelnden Verfügbarkeit von Panels der älteren Generation liegt hierin vielfach der Grund für einen Umstieg ins TIA Portal.

Bilder S7-1500 und S7-1200

Es folgen einige Bilder von Aufbauten mit CPU der S7-Baureihen. Bild 3.1 bis Bild 3.7 zeigen Beispiele mit S7-1500 und S7-1200.

Bild 3.1 *S7-1500 -SPS, mit Netzteil (links) und Baugruppen*

Bild 3.2 *Display der S7-1500, von links nach rechts: Netzteil, S7-1500, Baugruppen DI und DO*

Bild 3.3 *S7-1500 «intern», von links nach rechts: Netzteil, S7-1500, Baugruppen DI und DO, mit geöffneten Abdeckungen*

Bild 3.4 *S7-1500 komplett*

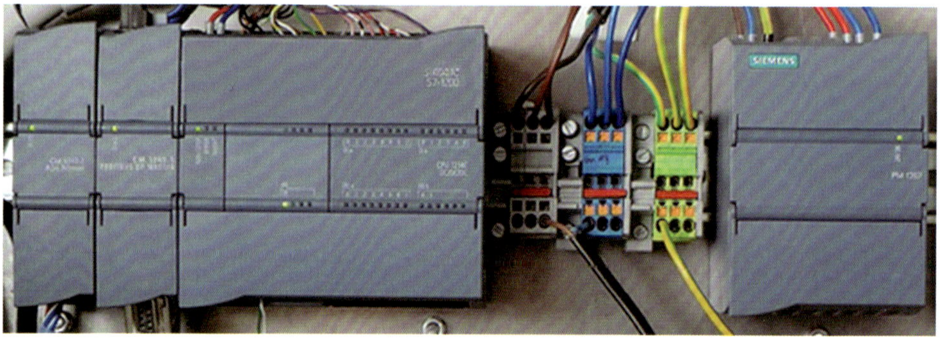

Bild 3.5 *S7-1200-CPU, mit zwei Kommunikationsmodulen (links) und Netzteil (ganz rechts)*

Bild 3.6 S7-1200 «intern», mit zwei Kommunikationsmodulen (links), ohne Abdeckungen

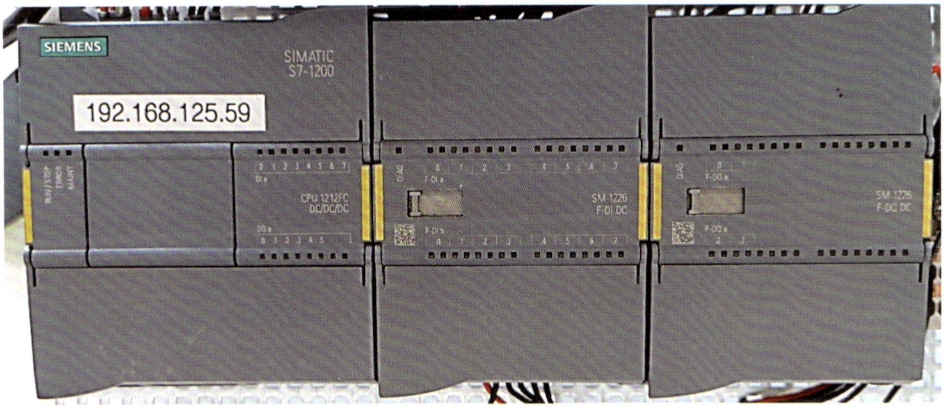

Bild 3.7 S7-1200 mit Safety

Bilder S7-300 und S7-400

Bild 3.8 und Bild 3.9 zeigen zwei Aufbauten mit S7-300 bzw. S7-400.

Bild 3.8 *S7-300 CPU SPS*

Bild 3.9 *S7-400 CPU SPS*

3.3 Panels

Unterschiedliche Paneltypen können mit verschiedener Software gesteuert werden, wie in der Matrix in Bild 3.10 dargestellt.

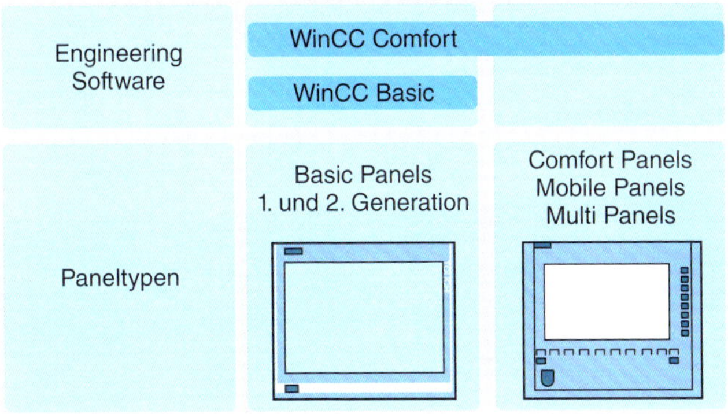

Bild 3.10 *Paneltypen und Engineering Software*

3.4 Datentypen im Vergleich

Für den Einsatz der Anweisungen stehen verschiedene elementare Datentypen zur Verfügung, ein kleiner Teil davon ist in der S7-1200 nicht implementiert. Zusammengestellt sind die Informationen hierzu in Tabelle 3.2 bis Tabelle 3.13. Die S7-300 und S7-400 haben andere Umfänge bei den Datentypen, die hier nicht weiter aufgeführt werden, aber Teil der Datentypen der S7-1500 sind.

Tabelle 3.2 *Gegenüberstellung der Datentypen der S7-1500 und S7-1200*

Datentypen	Hinweis	S7-1500	S7-1200
Binärzahlen			
BOOL	-	X	X
Bitfolgen			
BYTE	-	X	X
WORD	-	X	X
DWORD	-	X	X
LWORD	Nicht als Merkervariable projektierbar	X	
Ganzzahlen			
SINT	-	X	X
USINT	-	X	X
INT	-	X	X
UINT	-	X	X
DINT	-	X	X
UDINT	-	X	X

Tabelle 3.2 Gegenüberstellung der Datentypen der S7-1500 und S7-1200 – Fortsetzung

Datentypen	Hinweis	S7-1500	S7-1200
LINT	Nicht als Merkervariable projektierbar	X	
ULINT	Nicht als Merkervariable projektierbar	X	
Gleitpunktzahlen			
REAL	-	X	X
LREAL	Nicht als Merkervariable projektierbar	X	X
Zeiten			
TIME	-	X	X
LTIME	Nicht als Merkervariable projektierbar	X	
Datum und Uhrzeit			
DATE	-	X	X
TOD	-	X	X
LTOD	Nicht als Merkervariable projektierbar	X	
LDT	Nicht als Merkervariable projektierbar	X	

Nicht als Merkervariable projektierbar bedeutet: Eine Variable dieses Datentyps kann nur in DB oder in Bausteinschnittstellen von FC oder FB eingesetzt werden, eine Definition als Merker ist nicht möglich, das gilt für alle 64-Bit-Datentypen.

Tabelle 3.3 Vergleich Anweisungen der S7-1200 und S7-1500

Allgemein				
S7-1500	S7-1200	Beschreibung	KOP	FBS/FUP
x	x	Netzwerk einfügen	x	x
x	x	Leerbox einfügen	x	x
x	x	Verzweigung öffnen	x	x
x	x	Verzweigung schließen	x	x
x	x	Eingang einfügen	-|	
x	x	Boolsches Ergebnis Invertieren	-|NOT|-	-o|

Tabelle 3.4 Vergleich Bitverknüpfungen

Bitverknüpfungen				
S7-1500	S7-1200	Beschreibung	KOP	FBS/FUP
x	x	UND-Verknüpfung	x	&
x	x	ODER-Verknüpfung	x	>=1
x	x	EXKLUSIV	x	X
x	x	Zuweisung	-( )-	-[=]
x	x	Zuweisung negieren	-(/)-	-[/=]
x	x	Ausgang rücksetzen	-(R)-	-[R]
x	x	Ausgang setzen	-(S)-	-[S]

Tabelle 3.4 Vergleich Bitverknüpfungen – Fortsetzung

Bitverknüpfungen				
S7-1500	S7-1200	Beschreibung	KOP	FBS/FUP
x	x	Flipflop setzen/rücksetzen	SR	SR
x	x	Flipflop rücksetzen/setzen	RS	RS
x	x	Operand auf pos. Signalflanke abfragen	-|P|-	-|P|-
x	x	Operand auf neg. Signalflanke abfragen	-|N|-	-|N|-
x	x	Operand bei pos. Signalflanke setzen	-(P)-	-(P)-
x	x	Operand bei neg. Signalflanke setzen	-(N)-	-(N)-
x	x	Boolesches Ergebnis auf pos. Signalflanke abfragen	P-TRIG	P-TRIG
x	x	Boolesches Ergebnis auf neg. Signalflanke abfragen	N-TRIG	N-TRIG
x	x	Positive Signalflanke erkennen	R-TRIG	R-TRIG
x	x	Negative Signalflanke erkennen	F-TRIG	F-TRIG
x	x	Schließerkontakt	-| |-	
x	x	Öffnerkontakt	-|/|-	

Tabelle 3.5 Vergleich IEC-Zeiten

Zeiten IEC-Zeiten				
S7-1500	S7-1200	Beschreibung	KOP	FBS / FUP
x	x	Impuls erzeugen	TP	TP
x	x	Einschaltverzögerung erzeugen	TON	TON
x	x	Ausschaltverzögerung erzeugen	TOF	TOF
x	x	Zeit akkumulieren	TONR	TONR
x	x	Zeit akkumulieren (Timer starten)	-(TONR)-	-[TONR]-
x	x	Zeit rücksetzen	-(RT)-	-[RT]-
x	x	Zeitdauer laden	-(PT)-	-[PT]-
x	x	Zeit als Impuls starten	-(TP)-	-[TP]-
x	x	Zeit als Einschaltverzögerung starten	-(TON)-	-[TON]-
x	x	Zeit als Ausschaltverzögerung starten	-(TOF)-	-[TOF]-

Tabelle 3.6 Vergleich IEC-Zähler

Zähler IEC-Zähler				
S7-1500	S7-1200	Beschreibung	KOP	FBS / FUP
x	x	Vorwärts zählen	CMP ==	CMP ==
x	x	Rückwärts zählen	CMP <>	CMP <>
x	x	Vorwärts und rückwärts zählen	CMP >=	CMP >=

Tabelle 3.7 *Vergleich Vergleicher*

<table>
<tr><th colspan="5">Vergleicher</th></tr>
<tr><th>S7-1500</th><th>S7-1200</th><th>Beschreibung</th><th>KOP</th><th>FBS/FUP</th></tr>
<tr><td>x</td><td>x</td><td>Gleich</td><td>CMP ==</td><td>CMP ==</td></tr>
<tr><td>x</td><td>x</td><td>Ungleich</td><td>CMP <></td><td>CMP <></td></tr>
<tr><td>x</td><td>x</td><td>Größer gleich</td><td>CMP >=</td><td>CMP >=</td></tr>
<tr><td>x</td><td>x</td><td>Kleiner gleich</td><td>CMP <=</td><td>CMP <=</td></tr>
<tr><td>x</td><td>x</td><td>Größer</td><td>CMP >></td><td>CMP >></td></tr>
<tr><td>x</td><td>x</td><td>Kleiner</td><td>CMP <<</td><td>CMP <<</td></tr>
<tr><td>x</td><td>x</td><td>Wert innerhalb Bereichs</td><td>IN_RANGE</td><td>IN_RANGE</td></tr>
<tr><td>x</td><td>x</td><td>Wert außerhalb Bereichs</td><td>OUT_RANGE</td><td>OUT_RANGE</td></tr>
<tr><td>x</td><td>x</td><td>Gültigkeit prüfen</td><td>-|OK|-</td><td>-|OK|-</td></tr>
<tr><td>x</td><td>x</td><td>Ungültigkeit prüfen</td><td>-|NOT_OK|-</td><td>-|NOT_OK|-</td></tr>
</table>

Tabelle 3.8 *Vergleich Mathematische Funktionen*

Mathematische Funktionen				
S7-1500	**S7-1200**	**Beschreibung**	**KOP**	**FBS/FUP**
x	x	Berechnen	CALCULATE	CALCULATE
x	x	Addieren	ADD	ADD
x	x	Subtrahieren	SUB	SUB
x	x	Multiplizieren	MUL	MUL
x	x	Dividieren	DIV	DIV
x	x	Absolutwert bilden Safety Anweisung	ABS	ABS
x	x	Divisionsrest gewinnen	MOD	MOD
x	x	Zweierkomplement erzeugen	NEG	NEG
x	x	Inkrementieren	INC	INC
x	x	Dekrementieren	DEC	DEC
x	x	Minimum ermitteln	MIN	MIN
x	x	Maximum ermitteln	MAX	MAX
x	x	Limitieren	LIMIT	LIMIT
x	x	Quadrat bilden	SQR	SQR
x	x	Quadratwurzel bilden	SQRT	SQRT
x	x	Natürlichen Logarithmus bilden	LN	LN
x	x	Exponentialwert bilden	EXP	EXP
x	x	Sinuswert bilden	SIN	SIN
x	x	Cosinuswert bilden	COS	COS
x	x	Tangenswert bilden	TAN	TAN
x	x	Arcussinuswert bilden	ASIN	ASIN
x	x	Arcuscosinuswert bilden	ACOS	ACOS

Tabelle 3.8 Vergleich Mathematische Funktionen – Fortsetzung

Mathematische Funktionen				
S7-1500	S7-1200	Beschreibung	KOP	FBS/FUP
x	x	Arcustangenswert bilden	ATAN	ATAN
x	x	Nachkommastelle ermitteln	FRAC	FRAC
x	x	Potenzieren	EXPT	EXPT

Tabelle 3.9 Vergleich Verschieben

Verschieben				
S7-1500	S7-1200	Beschreibung	KOP	FBS / FUP
x	x	Wert kopieren	MOVE	MOVE
x	x	Datentyp aus ARRAY of BYTE kopieren (Deserialisieren)	Deserialize	Deserialize
x	x	Datentyp in ARRAY of BYTE kopieren (Serialisieren)	Serialize	Serialize
x	x	Bereich kopieren	MOVE_BLK	MOVE_BLK
x	x	Bereich nicht unterbrechbar kopieren	UMOVE_BLK	UMOVE_BLK
x	x	Bereich kopieren	MOVE_BLK_VARIANT	MOVE_BLK_VARIANT
x	x	Bereich befüllen	FILL_BLK	FILL_BLK

Tabelle 3.10 Vergleich Umwandler

Umwandler				
S7-1500	S7-1200	Beschreibung	KOP	FBS / FUP
x	x	Wert konvertieren, wird implizit vorgenommen, daher meist nicht notwendig.	CONVERT	CONVERT
x	x	Zahl runden	ROUND	ROUND
x	x	Aus Gleitpunktzahl nächsthöhere Ganzzahl erzeugen	CEIL	CEIL
x	x	Aus Gleitpunktzahl nächstniedere Ganzzahl erzeugen	FLOOR	FLOOR
x	x	Ganzzahl erzeugen	TRUNC	TRUNC
	x	Skalieren	SCALE	SCALE
x	x	Skalieren	SCALE_X	SCALE_X
x	x	Normieren	NORM_X	NORM_X
x		Unskalieren	UNSCALE	UNSCALE
x	x	Allgemein können Sie Zahlenformate und Datentypen in andere Zahlenformate und Datentypen umwandeln.	CONVERT	CONVERT

Tabelle 3.11 *Vergleich Programmsteuerung*

Programmsteuerung				
S7-1500	**S7-1200**	**Beschreibung**	**KOP**	**FBS / FUP**
x	x	Baustein verlassen	RET	RET
x	x	Springen bei VKE = 1	-(JMP)	-[JMP]
x	x	Springen bei VKE = 0	-(JMPN)	-[JMPN]
x	x	Sprungmarke	LABEL	LABEL
x	x	Sprungliste definieren	JMP_LIST	JMP_LIST
x	x	Sprungverteiler	SWITCH	SWITCH
x	x	Zurück springen	-(RET)	-[RET]

Tabelle 3.12 *Vergleich Wortverknüpfungen*

Wortverknüpfungen				
S7-1500	**S7-1200**	**Beschreibung**	**KOP**	**FBS / FUP**
x	x	Einerkomplement erzeugen	INVERT	INVERT
x	x	Decodieren	DECO	DECO
x	x	Encodieren	ENCO	ENCO
x	x	Selektieren	SEL	SEL
x	x	Demultiplexen	DEMUX	DEMUX
x	x	Wortweise nach UND verknüpfen	AND	AND
x	x	Wortweise nach ODER verknüpfen	OR	OR
x	x	Wortweise nach EXKLUSIV ODER verknüpfen	XOR	XOR
x	x	Doppelwortweise nach UND verknüpfen	AND	AND
x	x	Doppelwortweise nach ODER	OR	OR
x	x	Doppelwortweise nach EXKLUSIV ODER verknüpfen	XOR	XOR

Tabelle 3.13 *Vergleich Schieben und Rotieren*

Schieben und Rotieren				
S7-1500	**S7-1200**	**Beschreibung**	**KOP**	**FBS / FUP**
x	x	Wortweise nach rechts schieben	SHR	SHR
x	x	Wortweise nach links schieben	SHL	SHL
x		Doppelwortweise nach rechts rotieren	SHR	SHR
x		Doppelwortweise nach links rotieren	SHL	SHL

4 Programmbearbeitung und -organisation

Die Bedienung des Programms TIA V16 ist anspruchsvoll, die Möglichkeiten überwältigend, die Fähigkeiten ausgewogen. Dennoch wird man viel Zeit damit aufwenden, das Programm zu bedienen, sodass es sich auszahlen wird, Zeit in eine gute Programmierung investiert zu haben. Insbesondere bei ungeübten Programmierern werden so im Vorfeld etwaige Probleme und Fehler gemeldet, die dann nicht in die Anlage eingespielt werden. Fehler im Programm oder ein ungewollter Betriebszustand STOP werden so vermieden.

4.1 Menüs

Im Folgenden werden die wichtigsten Menüs des Programms kurz besprochen. Einzelne Menüpunkte oder Unterpunkte sind je nach Kontext, aus dem das Menü aufgerufen wird, ausgegraut und damit nicht anwählbar. Für viele Menüpunkte existieren sogenannte Shortcuts – Tastenkombinationen zum Auslösen der einen oder anderen Funktion ohne Mausbedienung. Manche Menüs sind auch erst nach Herstellen einer Online-Verbindung selektierbar.

4.1.1 Menü Projekt

Hier finden sich die wesentlichen Menüpunkte zum Öffnen, Löschen, Anlegen («Neu»), Migrieren, Speichern, Archivieren und Drucken (Bild 4.1). Die Funktionen dieser Punkte sind fast selbsterklärend.

Das **Archivieren** dient der Sicherung eines Projektes in einer gezippten Datei. Diese enthält das gesamte Projekt nebst peripheren Daten und ist nicht auf die verschiedenen Verzeichnisse verteilt. Zum Entpacken einer solchen Archivdatei existiert kein entsprechender Eintrag zum Dearchivieren, dies wird über die Funktion «Öffnen» abgewickelt.

Migrieren ist eine spezielle Funktion mit der nach entsprechenden Vorarbeiten Projekte aus STEP 7 Classic ins TIA Portal konvertiert werden können.

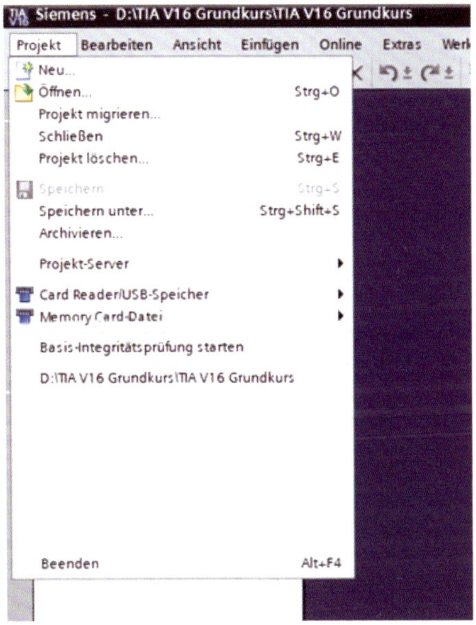

Bild 4.1 *Menü Projekt mit Untermenüs*

4.1.2 Menü Bearbeiten

Im Menü **Bearbeiten** (Bild 4.2) finden sich unter anderem die Funktionen zum Kopieren, Übersetzen und Suchen.

Zu den anderen Funktionen gehört das Umschalten der Programmiersprache für den selektierten Baustein und die Eigenschaften des selektierten Bausteins. Hiermit kann man die Einstellungen der CPU, Main, DB, FC und FB aufrufen und Änderungen vornehmen.

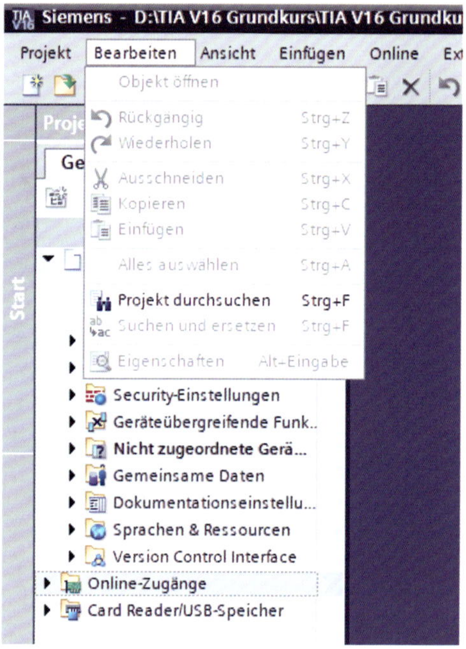

Bild 4.2 Menü Bearbeiten mit Untermenüs

4.1.3 Menü Ansicht

Das Menü **Ansicht** (Bild 4.3) ist von der Bedienung leider etwas inkonsistent. Die Projektnavigation, Task Card, Detailansicht und das Inspektorfenster lassen sich minimieren und maximieren. Die Übersicht wird im Editorfenster eingeblendet, verändert aber auch gleichzeitig die Darstellung in der Projektnavigation. Die Referenzprojekte können komplett ein- und ausgeblendet werden. Für ein konkretes Projekt sollte eine eigene Ansicht gestaltet werden.

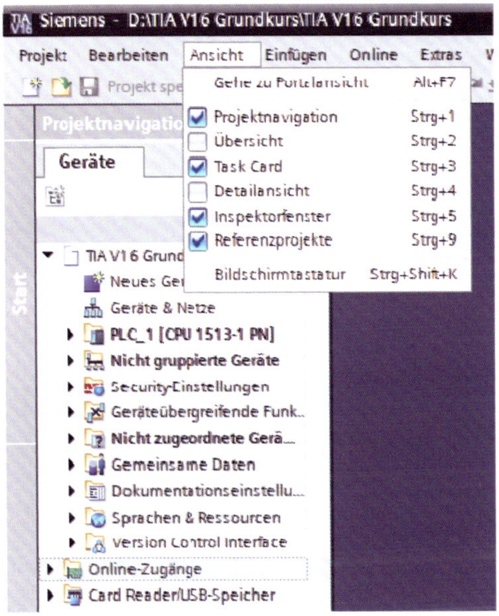

Bild 4.3 Menü Ansicht mit Untermenüs

4.1.4 Menü Einfügen

Untermenüs des Menüs **Einfügen** (Bild 4.4) sind **Gruppe** und **Baustein**, die je nach Kontext aktiviert bzw. deaktiviert sind – im entsprechenden Kontext ist die Funktionalität eindeutig.

Bild 4.4 Menü Einfügen mit Untermenüs 1

Im Kontext **Programmbausteine** enthält das Menü **Einfügen** andere Einträge (Bild 4.5).

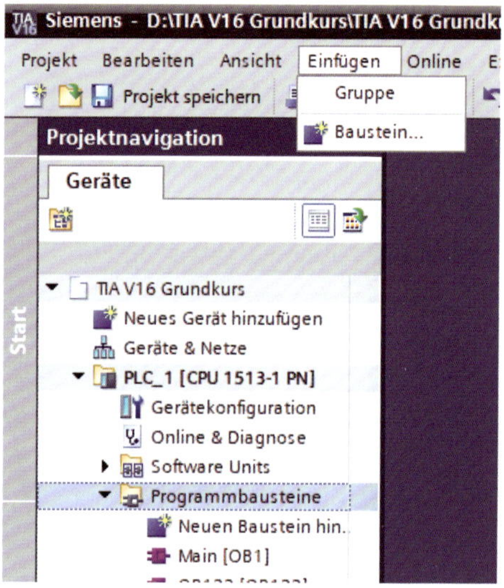

Bild 4.5 Menü Einfügen mit Untermenüs 2

4.1.5 Menü Online

Im Menü **Online** verbergen sich Funktionen, die immer wieder benötigt werden (Bild 4.6). In den meisten Fällen existieren für sie auch kleine Icons, so dass sie per Mausklick auslösbar sind. Diese Funktionen sind: **Online verbinden**, **Simulation**, **Laden in Gerät**, **Erreichbare Teilnehmer**, **CPU starten**, **CPU stoppen** und **Online & Diagnose**.

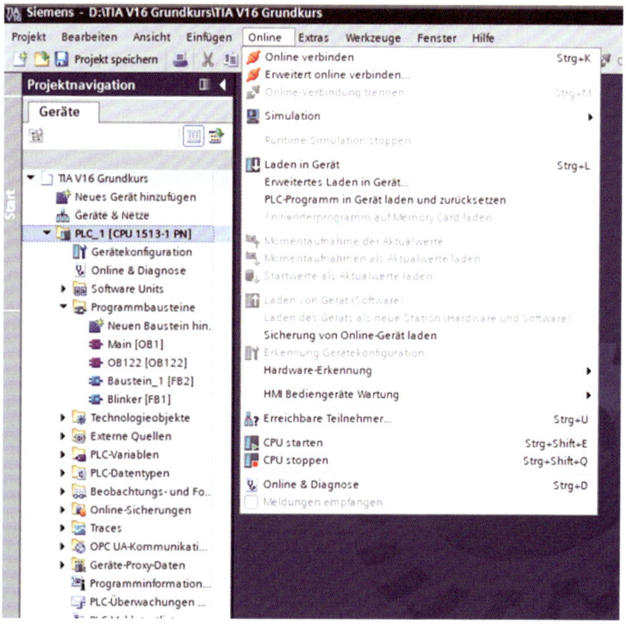

Bild 4.6 Menü Online mit Untermenüs

4.1.6 Menü Extras

Ein wesentlicher Menüpunkt – die Einstellungen – ist im Menü **Extras** zu finden (Bild 4.7). Die Support Packages helfen, das TIA Portal mit neuer Gerätesoftware zu versorgen und verwalten die Gerätebeschreibungsdateien, die Fremdherstellern Möglichkeiten verschafft, Hardware ins TIA Portal einzubinden.

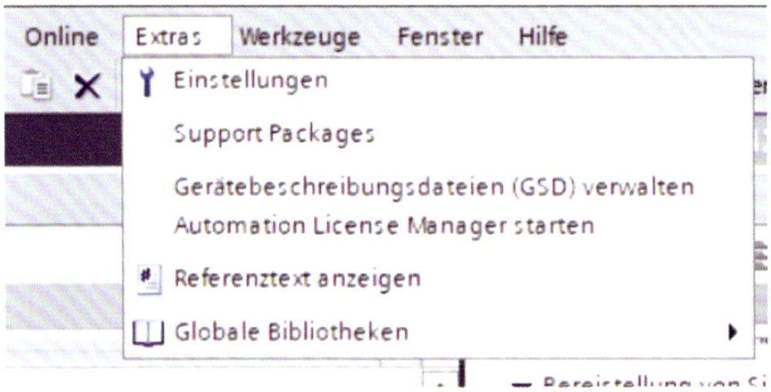

Bild 4.7 *Menü Extras*

Einstellungen

In diesen Einstellungen konfektioniert man die Bedienoberfläche des TIA Portals, also die Arbeitsumgebung (Bild 4.8). Die Einstellungen sind vielfach als Voreinstellung anzusehen. Im TIA Portal selbst sind diverse Schaltflächen für eine temporäre Umschaltung einzelner Parameter der Bedienoberfläche vorhanden, je nachdem was gerade sichtbar gemacht werden soll. Weiterhin sind noch Supportpackages und Gerätebeschreibungsdateien anwählbar.

Unter **Benutzerspezifische Einstellungen** sind die Punkte Oberflächensprache und Mnemonik beachtenswert. Ob man nun die Texte in Deutsch oder Englisch bekommt, bedeutet nur einen kleinen Unterschied, allerdings werden auch Bausteinbezeichnungen übersetzt. Bei den genormten Timern ist dies unerheblich, sie bleiben im englischen Sprachraum. Ändern sich allerdings die Siemens-Timer ins Englische, dann benötigt man schon die «Hilfe», um deren Eigenschaften korrekt abzuschätzen. Bei der Mnemonik einen Ausgang z. B. mit *%A2.4* oder *% Q2.4* zu benennen, dürfte gleichwertig sein.

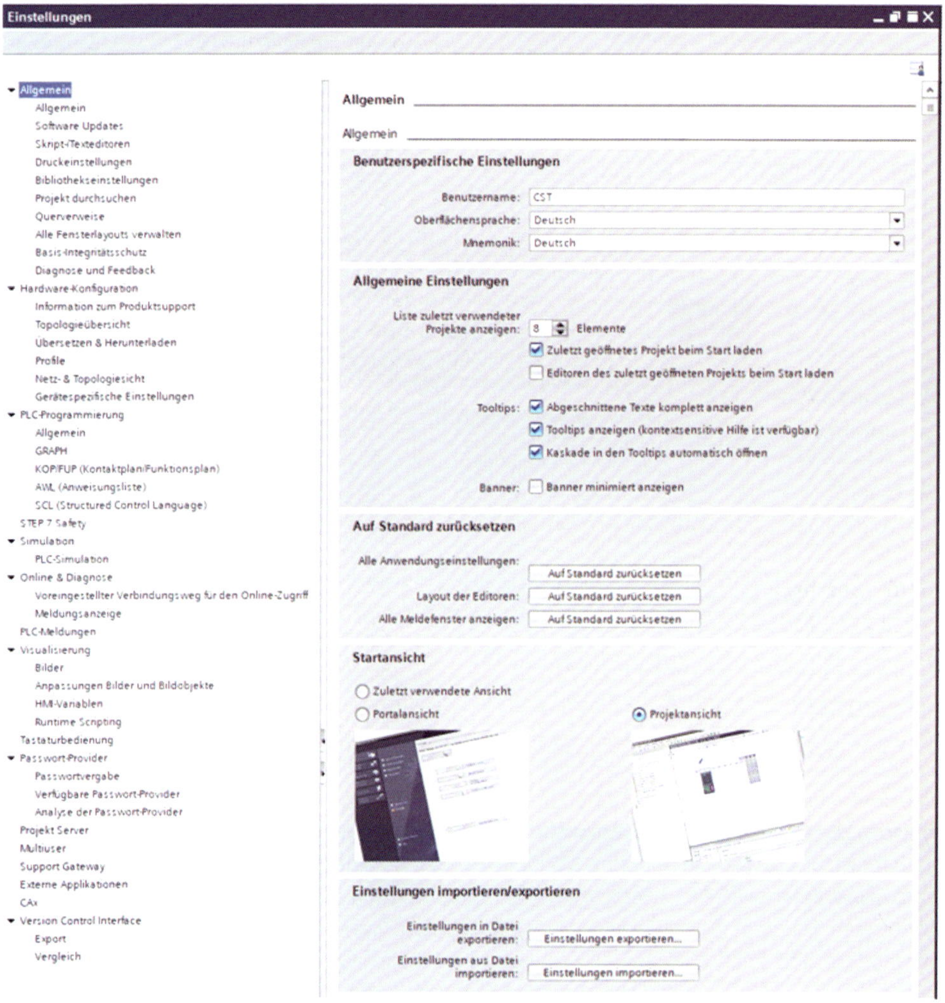

Bild 4.8 *Untermenüs zu Extras – Einstellungen*

Ob man den Haken bei **Zuletzt geöffnetes Projekt beim Start laden** setzt, sollte man vom aktuellen Einsatz des Programms abhängig machen. Bei verstärkter Programmierung empfiehlt es sich, das letzte Projekt zu laden. Ist man mehrheitlich mit der Störungsbeseitigung und wechselnden Projekten beschäftigt, verliert man mit dieser Einstellung Zeit dafür, auf die Störung zu reagieren, insbesondere wenn keine permanente Internetverbindung zur Verfügung steht.

Auch das Festlegen der Startansicht sollte nach den gleichen Kriterien entschieden werden. Die Speichereinstellungen sind ein wichtiges Thema in puncto Datensicherheit. Eine zentrale Datenablage zum Schutz gegen Datenverlust sollte Standard sein, ist es aber leider nicht immer.

Unter der Hardware-Konfiguration findet man als ersten Eintrag den **Produktsupport**, der per Internet bestens funktioniert, falls Internet verfügbar ist. Ansonsten geht zu viel Zeit verloren, wenn immer wieder versucht wird, eine Verbindung aufzubauen.

Weiterhin ist die **Temporäre Zuweisung der IP-Adressen** auch angenehm, wenn man zwischen verschiedenen Netzsegmenten häufiger wechseln muss.

Für die Voreinstellung der Programmieroberfläche in puncto Operandendarstellung mögen die Vorlieben unterschiedlich sein. Da die Programmierung auf symbolischen Adressen aufsetzt, ist dies die bevorzugte Einstellung, insbesondere in Verbindung mit einer Darstellung der Variableninformation.

Die Programmieroberfläche **Simulation** lässt sich bequemer handhaben, wenn Hard- und Software automatisch geladen werden.

Der Menüpunkt **Online & Diagnose** liefert Voreinstellungen und Auswahlmöglichkeiten für die Schnittstelle. Profinet ist meist eine gute Wahl, da die S7-1200 und S7-1500 standardmäßig mit Profinet-Schnittstellen ausgestattet sind und dieser Netztyp vermutlich Anwendung findet.

Für die Programmieroberfläche der **Visualisierungen**, also der Panels, existieren eigene Einstellungen. Interessant sind die **Anpassungen Bilder und Bildobjekte**, die beim Austausch von Panels und etwaigen Anpassungen zum Tragen kommen. Hier ist **An Bild anpassen** eine gute Voreinstellung; sollten die Bilder nach einem Paneltausch nicht ganz passen, kann man auch mit anderen Einstellungen «spielen».

Support Packages

Die Support Packages ergänzen den Katalog im TIA Portal um neu hinzugekommene Hardware.

Gerätebeschreibungsdateien verwalten

Mit den Gerätebeschreibungsdateien wird ebenso der Katalog ergänzt, insbesondere um Geräte anderer Hersteller, aber auch von Siemens.

4.1.7 Menü Werkzeuge

Die Untermenüpunkte vom Menü **Werkzeuge** sind stark vom Kontext abhängig, unter dem das Menü aufgerufen wurde (Bild 4.9). Ob ein Panel oder eine CPU bearbeitet wird, ist an den Einträgen erkennbar. Teilweise werden sie ausgegraut oder auch gar nicht dargestellt. Zum Teil wird erst nach der Anwahl deutlich, dass der weitere Weg nicht gangbar ist. Zu Gunsten der Übersichtlichkeit beschränken wir uns hier auf die wesentlichen Einträge.

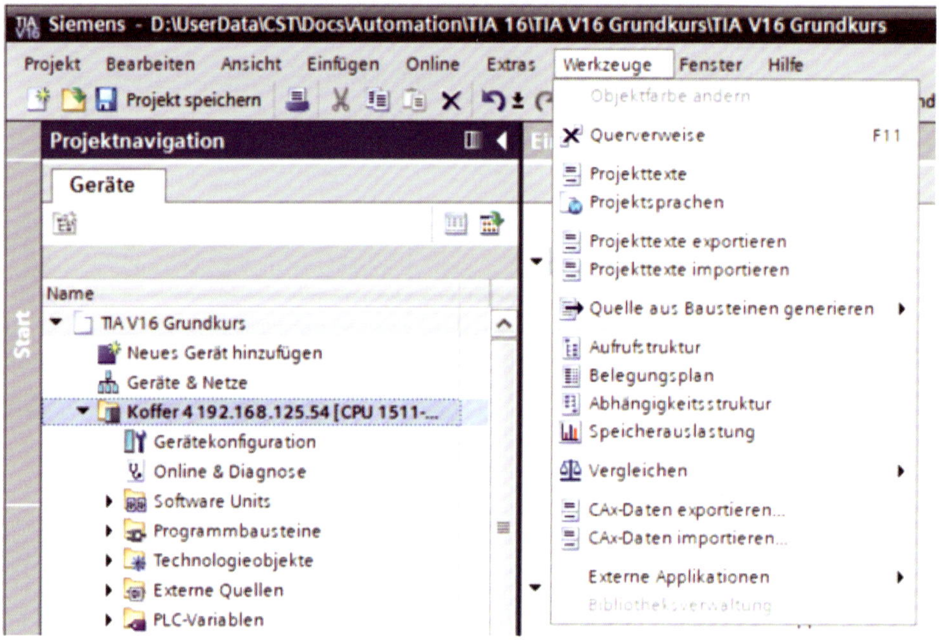

Bild 4.9 Menü Werkzeuge mit Untermenü

Querverweise

Unter **Querverweise** wird im Editorfenster eine Querverweisliste geöffnet (Bild 4.10), die für das gesamte Projekt gültig ist – sehr viele spezifische Informationen, die erst auf ein brauchbares Maß reduziert werden müssen.

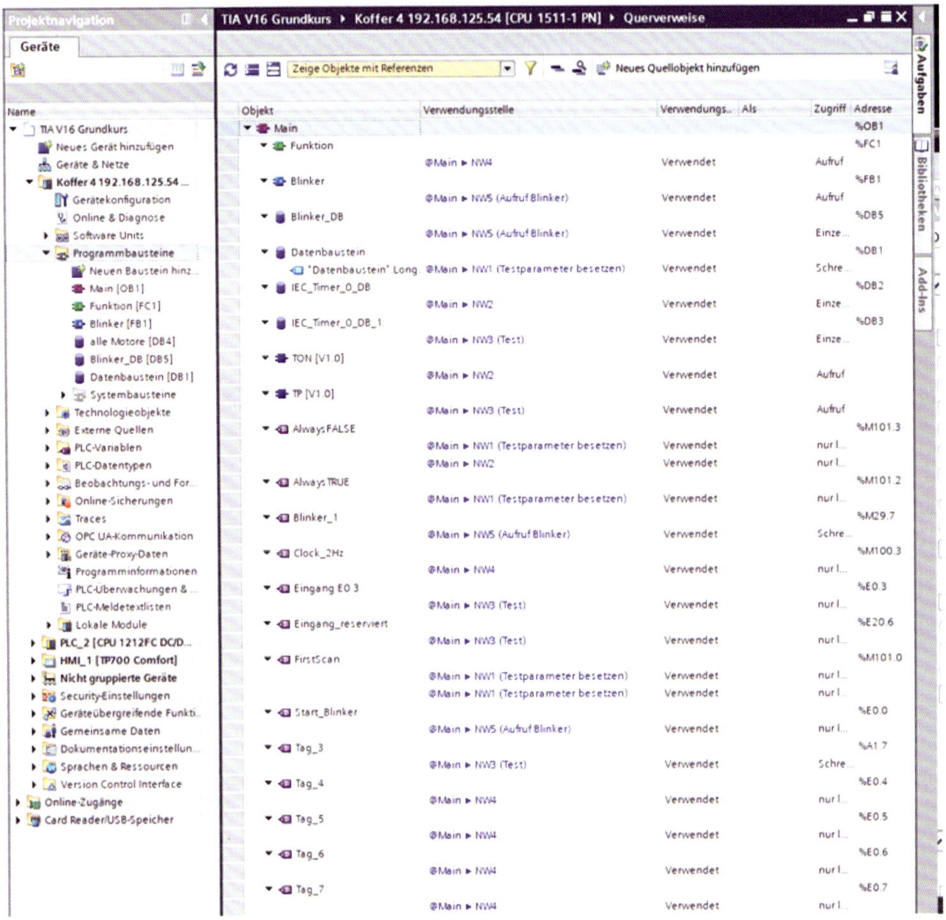

Bild 4.10 Querverweise – im Editorfenster

Es existiert im Inspektorfenster noch eine zweite Darstellung der Querverweisliste, die für viele Fälle besser geeignet ist. Für eine Variable, die im Editorfenster selektiert wurde, wird im darunter stehenden Inspektorfenster die Querverweisliste aktualisiert. Eine Verfolgung von Variablen – woher/wohin, lesen/schreiben – ist kaum besser realisierbar.

Projekttexte und Projektsprachen

Projekttexte (Bild 4.11) und **Projektsprachen** werden insbesondere dann verwendet, wenn ein Projekt mehrsprachig ausgeführt wird. In der Regel ist Deutsch die vorherrschende Sprache.

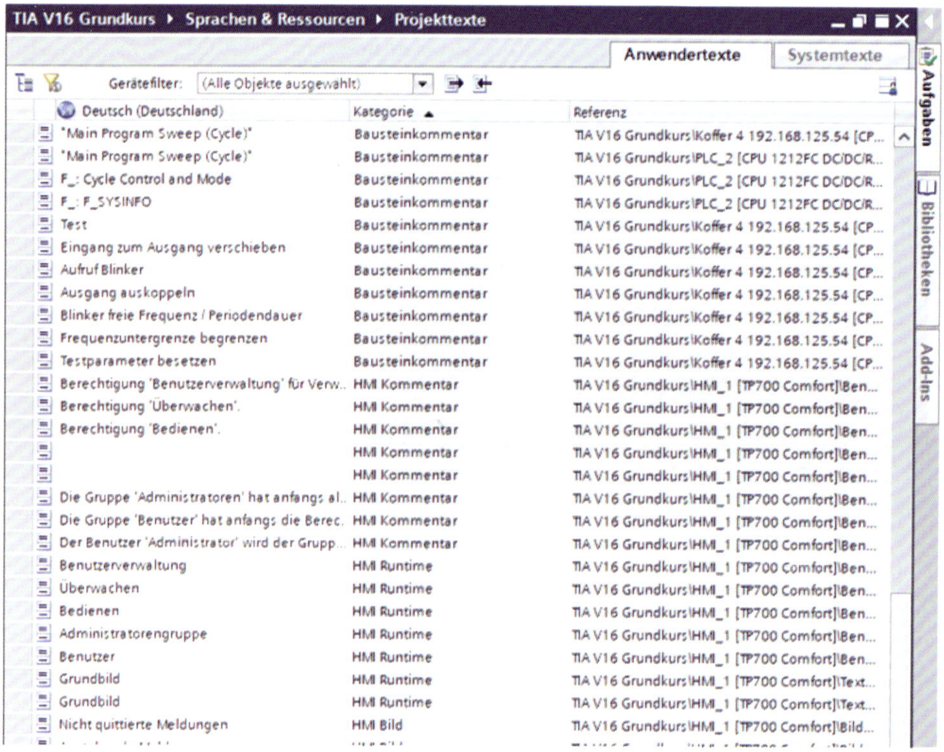

Bild 4.11 Projekttexte

Im TIA Portal besteht die Möglichkeit, Texte in mehreren Sprachen zu verwalten. Das beinhaltet jedoch keine Rechtschreibprüfung, sondern mehrspaltige Texttabellen für die verschiedenen Sprachen (Bild 4.12). Bei der Weitergabe von Projekten ist darauf zu achten, dass gleiche Spracheinstellungen vorliegen, weil nur Texte in aktivierten Sprachen dargestellt werden.

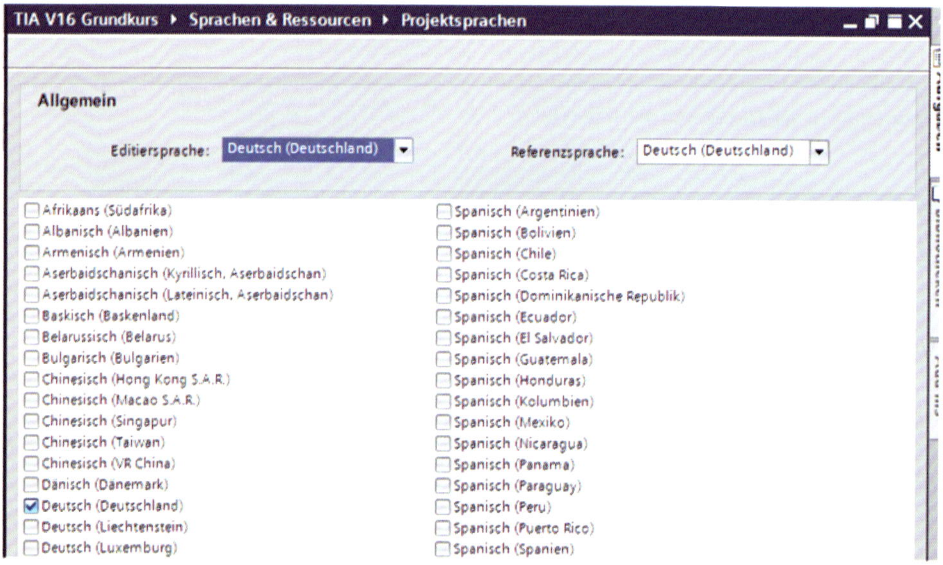

Bild 4.12 Projektsprachen

Aufrufstruktur – Belegungsplan – Abhängigkeitsstruktur und Speicherauslastung

Interessanter ist der nächste Block des Menüs **Werkzeuge** mit den Punkten **Aufrufstruktur**, **Belegungsplan**, **Abhängigkeitsstruktur** und **Speicherauslastung**. Ein besonderes Augenmerk sollte man auf den Belegungsplan legen, dieser liefert einen Überblick über freie Adressen, die nicht im Programm verwendet wurden. Das können Merker, aber auch Siemens-Timer und Siemens-Counter sein, außerdem auch Ein- und Ausgänge.

Eine unüberlegte manuelle Vergabe von Merkeradressen kann zu Überschneidungen der Adressbereiche führen, der hier dann visualisiert wird.

Auch können nicht verwendete und somit freie Ein- und Ausgänge leicht identifiziert werden. Ebenso sind Zugriffe auf nicht vorhandene Ein- und Ausgänge nach einer Programmübersetzung mit einer gelblichen Markierung gekennzeichnet – wenn die Warnmeldung am Ende der Übersetzung übersehen wird (Bild 4.13).

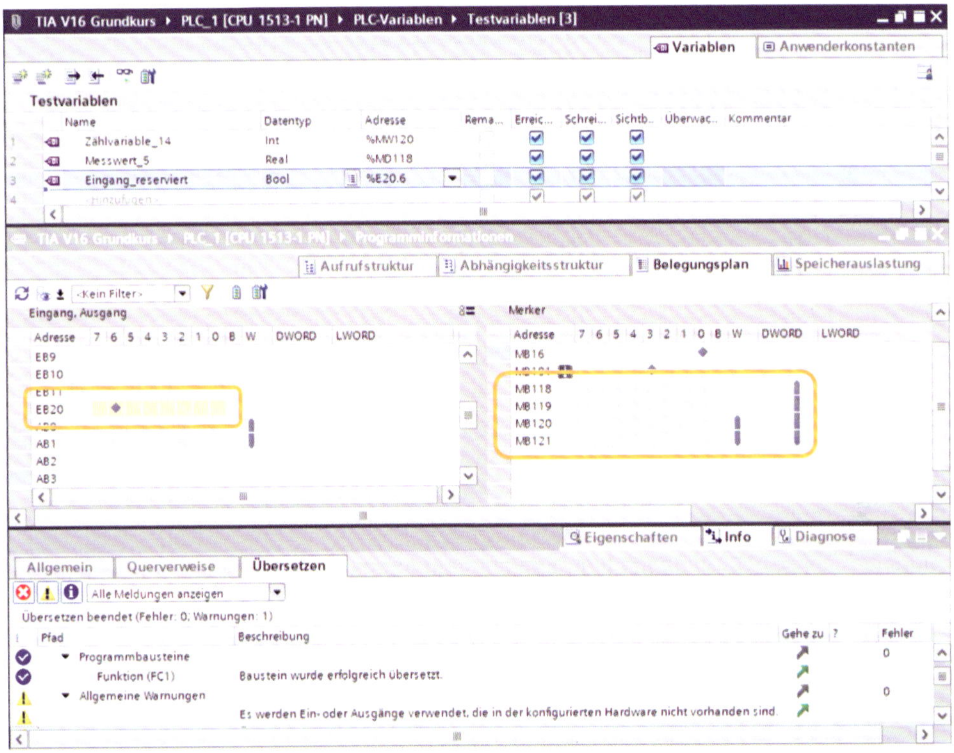

Bild 4.13 Belegungsplan mit Programmfehlern: Überschneidung von Merkern, nicht verfügbarer Eingang, belegter Ausgang, Doppelbelegung Wort / Doppelwort / Bool-Variable und Meldung der Übersetzung mit Hinweis auf nicht vorhandene E/A in Hardware

Vergleichen

Das Vergleichen von Programmen und Programmbausteinen ist im Servicebereich eine häufig verwendete Funktionalität, um festzustellen, ob das Programm auf dem Programmiergerät mit dem auf der CPU übereinstimmt, und wo bei Nichtübereinstimmung die Abweichungen vorliegen. Ein Vergleich zweier Offline-Projekte ist auch möglich.

Die Anwahl des Punkts **Vergleichen** ist nur möglich, wenn der Focus auf der CPU liegt (Bild 4.14).

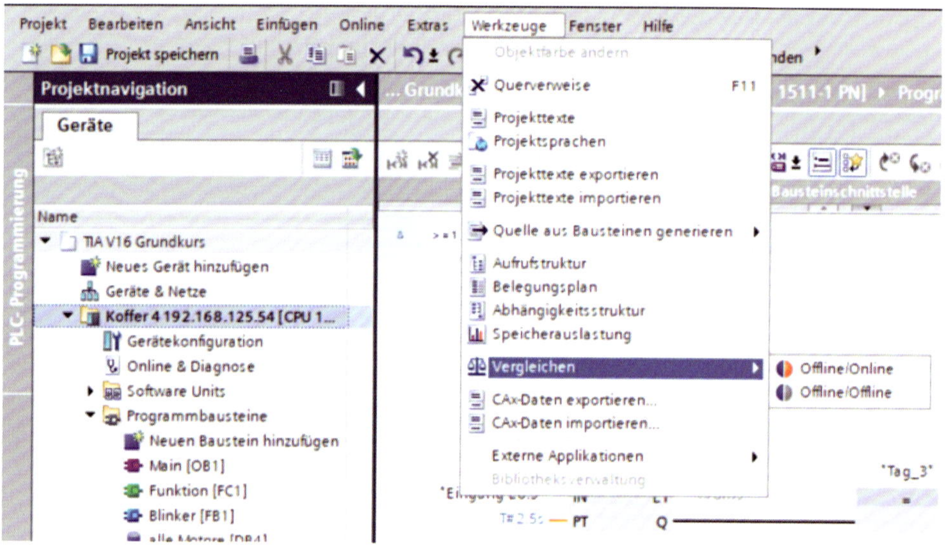

Bild 4.14 *Projektvergleich, Focus auf der CPU*

Ein Schnellvergleich auf Bausteinebene ist auch möglich, jedoch nicht über die Menüleiste, sondern per Rechtsklick auf den Baustein innerhalb der Projektnavigation und dann im zugehörigen Kontextmenü.

Dies ist in Bild 4.15 dargestellt. Hier wurde im FC-Ablauf ein leeres Netzwerk eingefügt, im Offline-Editorfenster ist das **Netzwerk 5** – ohne Benennung. Im Online-Editorfenster meldet das TIA Portal: **Ein entsprechendes Netzwerk wurde nicht gefunden.**

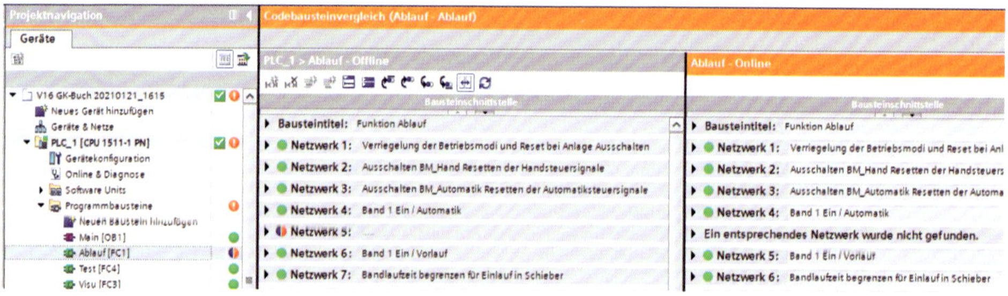

Bild 4.15 *Schnellvergleich Focus auf dem FC-Ablauf*

Gibt es mehrere Unterschiede, so wird es schnell unübersichtlich und die Unterschiede können nicht mehr so gut erkannt werden (Bild 4.16).

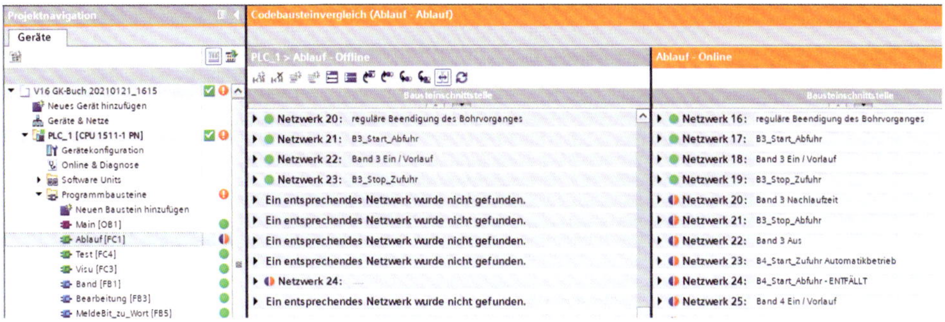

Bild 4.16 *Schnellvergleich bei mehreren Unterschieden*

4.1.8 Menü Fenster

Im Menü **Fenster** (Bild 4.17) finden sich die Anweisungen **Editorbereich horizontal teilen, Editorbereich vertikal teilen, Alle schließen** oder **Alle minimieren**, **Fensterlayout speichern** oder **Standard-Fensterlayout** (Grundeinstellungen für die Fenster vornehmen). Sie sind des Öfteren nötig, um sich neu zu orientieren und um den Überblick wiederzugewinnen. Die Fülle an Informationen im TIA Portal macht eine häufige Änderung von Fenstergrößen erforderlich, insbesondere wenn man nur einen kleinen Monitor zur Verfügung hat.

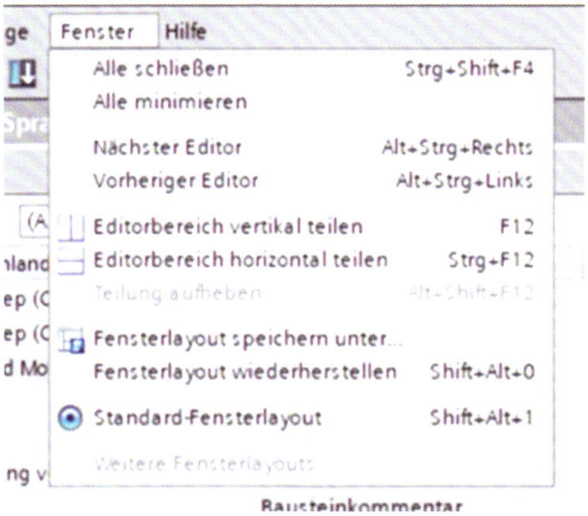

Bild 4.17 *Menü Fenster mit Untermenü*

4.1.9 Menü Hilfe

Oft unterschätzt, aber auch dringend benötigt ist das Menü **Hilfe** (Bild 4.18). Dahinter verbirgt sich eine Datenbank mit ausführlichen Erläuterungen zu den verschiedensten Anwendungen, Anweisungen, Datentypen usw.

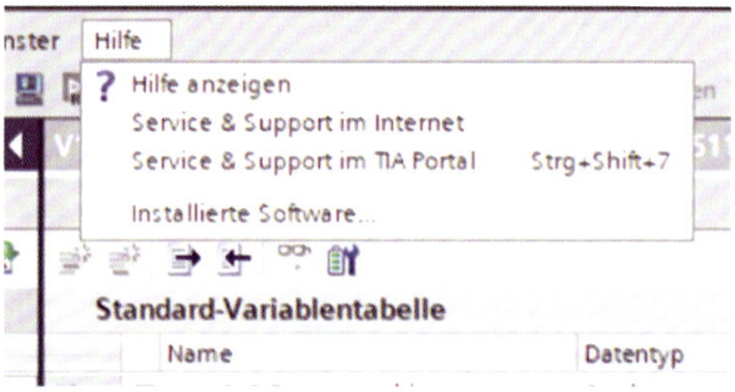

Bild 4.18 Menü Hilfe mit Untermenü

Der Aufruf der Hilfe kann auch durch Selektion der entsprechenden Anweisung und dann mit <F1> vorgenommen werden.

Hat man beispielsweise einen Timer Pulse (TP) aufgerufen, weiß aber nicht so recht, ob am Eingang über die Laufzeit ein dauerhaftes Signal anliegen muss oder eine Flanke zur Ansteuerung reicht, so befragt man kurzerhand die Hilfe und drückt dazu <F1>.

Ein Bild sagt mehr als tausend Worte – die textlichen Erläuterungen der Hilfe werden hier nicht besprochen, sondern das Impulsdiagramm (Bild 4.19) betrachtet. Unter der Darstellung der verschiedenen Eingangssignale – Basis ist die ablaufende Zeit – ist das Ausgangssignal dargestellt. Dieses hat immer die gleiche Länge, egal ob die Ansteuerung länger dauert als der Impuls am Ausgang oder kürzer ist. Somit reicht eine Flanke zum Auslösen des Timers TP.

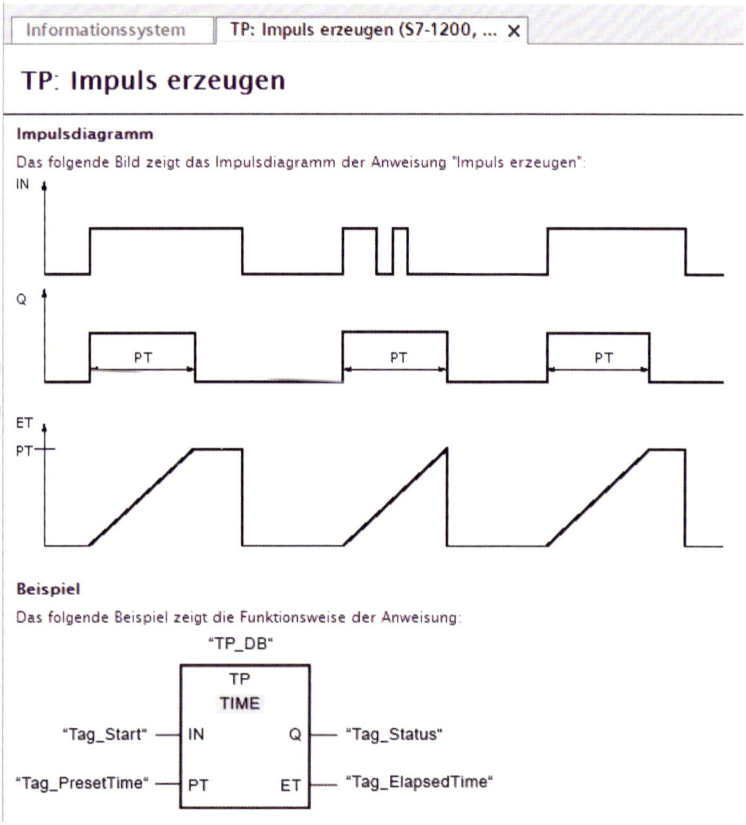

Bild 4.19 Hilfe F1 auf TP Impulsdiagramm

Unter dem Hilfe-Menü existiert ein weiterer Menüpunkt, der **installierte Software** und darin **Versionsstände** ermittelt (Bild 4.20). Dort kann man auch nach Updates suchen lassen, sofern nicht eine automatische Suche nach neuer Software aktiviert ist.

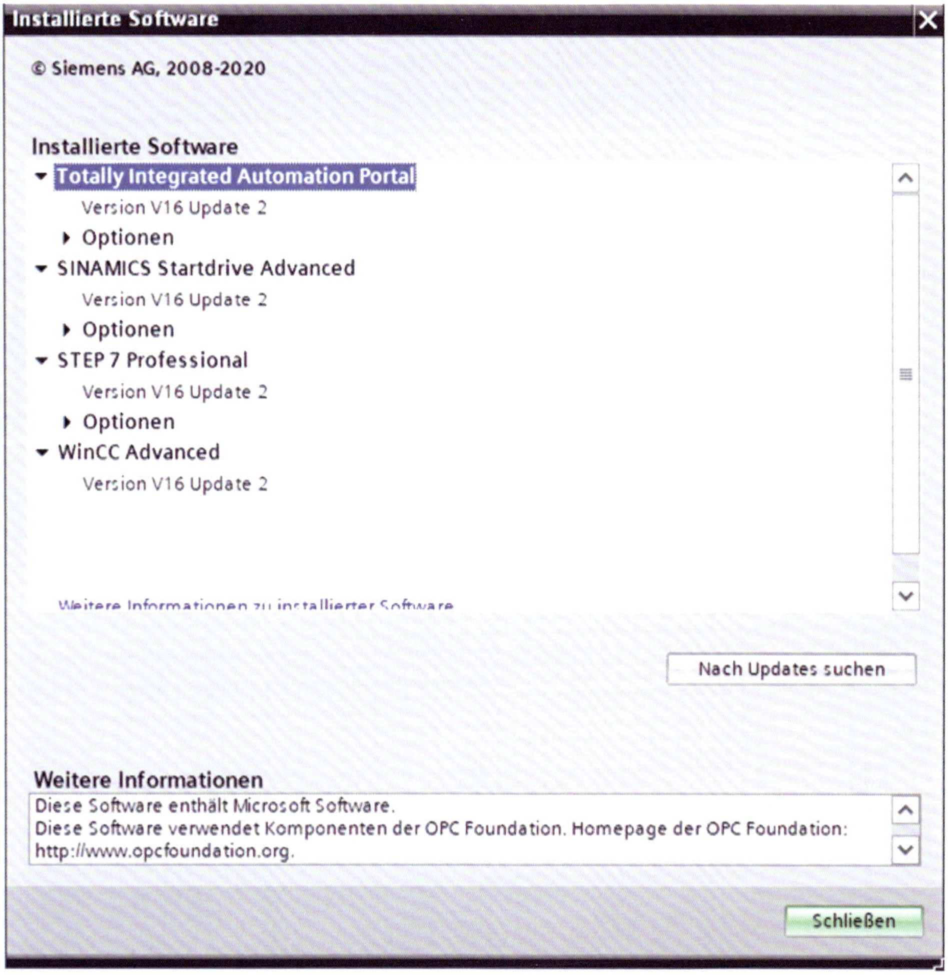

Bild 4.20 *Installierte Software V16*

Nach der Suche kann man sich immer noch entscheiden, ob man die Installation der neuen Software vornehmen will, mit allen Vor- und Nachteilen.

Die erwähnte automatische Suche – aktivierbar in den Einstellungen (Bild 4.21) – wird sofort nach Programmstart des TIA Portals ausgeführt und verzögert das Öffnen des Projektes, insbesondere wenn keine Internetverbindung existiert. Im Rahmen der Programmentwicklung ist man natürlich bestrebt, die neueste Software mit den neuesten Fehlerkorrekturen zu verwenden.

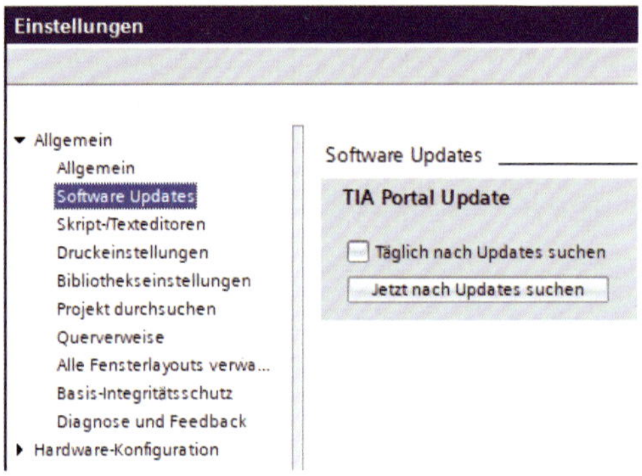

Bild 4.21 *Einstellungen Software Updates V16*

Das Aktualisieren des Programmpaketes ist nur als Ganzes möglich, d. h. eine einmal begonnene Aktualisierung ist für alle Programmteile auszuführen. Dies kann sich über mehrere Stunden hinziehen, das Programmiergerät ist dann nicht für andere Aufgaben nutzbar. Im Bereich der Störungsbeseitigung ist ein nicht nutzbares Programmiergerät eher kontraproduktiv, daher sollte man Updates nur anstoßen, wenn sie erforderlich sind und die Zeit zur Verfügung steht

4.2 Icons / Shortcuts

Neben den textlichen Menüeinträgen gibt es auch solche, die fast nur als Grafiksymbol existieren. Sie sind in den Icon-Leisten (Bild 4.22 und Bild 4.23) zu sehen. Bei einem aktivierten Tooltip wird eine gelb unterlegte Textmeldung unter dem Mauszeiger eingeblendet mit der Bezeichnung des Icons.

Bild 4.22 *Icon-Leiste links*

Bild 4.23 *Icon-Leiste rechts*

Icon Neu

Ein Dialog zum Anlegen eines neuen Projektes öffnet sich, das ggf. offene alte Projekt wird geschlossen.

Bild 4.24 *Icon Neu*

Icon Öffnen

Hier öffnet sich eine Liste von zuletzt bearbeiteten Projekten, sollte das passende nicht dabei sein, so kann man auch das Programmiergerät durchsuchen lassen. Die Darstellung ist leider nur wenig anpassbar, sodass ein Teil der Informationen nicht dargestellt wird. Ein wenig besser sieht es in der Portalansicht aus – die Informationen werden breiter dargestellt

Bild 4.25 *Icon Öffnen*

Icon Projekt speichern

Dieses Icon ist kaum erklärungsbedürftig: Der Inhalt aller offenen Editoren wird gespeichert. Allerdings ist danach die Rückgängig-Taste nicht mehr nutzbar. Sollten also Änderungen anstehen, bei denen man nicht sicher ist, ob sie dauerhaft sein sollen, dann sollte man erst Speichern und dann Änderungen vornehmen, die dann notfalls mit der Rückgängig-Taste zum Ursprungszustand zurückgeführt werden können.

Bild 4.26 *Icon Projekt Speichern*

Icon Drucken

Auch Drucken ist kaum erklärungsbedürftig. Hier sei die Vorschau empfohlen, da der Umfang der auszudruckenden Daten sehr groß werden kann. Manchmal ist ein Druck vorab in eine Datei oder als PDF sinnvoll, um sich einen Überblick zu verschaffen.

Bild 4.27 *Icon Drucken*

Icon Ausschneiden

Dieses Icon ist anwendbar auf Netzwerke, Programmbausteine, Anweisungen

Bild 4.28 *Icon Ausschneiden*

Icon Kopieren

Das Icon Kopieren ist anwendbar auf Programm, Netzwerke, Anweisungen und auch Hardwarebausteine.

Bild 4.29 *Icon Kopieren*

Icon Einfügen

Was man ausgeschnitten oder kopiert hat, will man in der Regel auch wieder einfügen.

Bild 4.30 *Icon Einfügen, mit Tooltip bei auf dem Icon ruhender Maus*

Icon Löschen

Gelegentlich heißt es Aufräumen, da ist Löschen auch eine beliebte Methode.

Bild 4.31 *Icon Löschen*

Icon Rückgängig

Diese Funktion ist nicht verfügbar direkt nach dem Speichern, erst muss eine Änderung vorgenommen werden. Werden also Änderungen eingespielt und liefern ein unerwünschtes Ergebnis, so kann man mit dem Icon Rückgängig wieder zum ursprünglichen Stand zurückkehren.

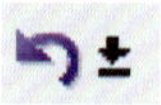

Bild 4.32 *Icon Rückgängig*

Icon Wiederholen

Wiederholt die zuletzt ausgeführte Funktion.

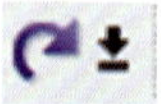

Bild 4.33 *Icon Wiederholen*

Icon Übersetzen

Dieses Icon bewirkt eine einfache Übersetzung für das Objekt im Focus. Das kann die Hardware sein oder ein Programmbaustein oder alle Programmbausteine. Etwaige Meldungen werden im Inspektorfenster unter **Info/Übersetzen** ausgegeben. Dabei ist auf deaktivierte Filter zu achten, da sonst gefundene Fehler nicht angezeigt werden.

Bild 4.34 *Icon Übersetzen*

Icon Laden in Gerät

Nach erfolgreicher Übersetzung wird üblicherweise das Programm auf die CPU (reale oder auch simulierte CPU) übertragen. Dazu kommuniziert das Programmiergerät mit der CPU, genauer mit dem Betriebssystem der CPU, und damit kann ein Programm in die CPU geladen werden. Im Ladedialog werden verschiedene Texte ausgegeben, die kleine Informationen bereithalten und letztlich damit über die automatisierten Abläufe im TIA Portal Auskunft geben. Gelegentlich sind auch Auswahlen hinsichtlich der Initialisierung von Datenbausteinen oder dem konsistenten Laden möglich, die kleine Bedienungsfehler verhindern.

Bild 4.35 *Icon Laden in Gerät*

Icon Laden von Gerät

Dieser Button ist nur anwählbar, wenn eine Online-Verbindung zur CPU besteht, etwaiger Programmcode wird dann vom Gerät (der CPU) in das Projekt auf dem Programmiergerät geladen. Das kann dazu genutzt werden um den eigenen Programmstand mit dem der CPU abzugleichen. Bei irrtümlicher Anwahl überschreibt man sich etwaige Änderungen auf dem Programmiergerät.

Bild 4.36 *Icon Laden von Gerät (inaktiv)*

Icon Simulation starten

Setzt man den Focus auf eine CPU, ein Panel oder einen Panel-PC und betätigt die Simulationstaste, dann startet das Simulationsprogramm. Bei den 1200- und 1500-CPU wird zuerst eine Kompaktansicht der Simulation präsentiert, in die das aktuelle Projekt geladen wird. Man kann danach in die Projektansicht der Simulation wechseln und ein Simulationsprojekt starten, wenn die Kompaktdarstellung der Simulation für die Testzwecke nicht ausreichend ist.

Bild 4.37 *Icon Simulation starten*

Icon Runtime auf dem PC starten

Setzt man den Focus auf ein PC-System und betätigt die Taste **Runtime auf dem PC starten**, so startet das Simulationsprogramm für das PC-System. Etwaige PC-Panel-Projekte können damit getestet werden.

Bild 4.38 *Icon Runtime auf dem PC starten*

Icon Online verbinden

Nach dem erfolgreichen Laden eines Projektes – unerheblich ob reale oder simulierte CPU – hat man die Möglichkeit, sich online zu verbinden. In Netzwerken steht dann das Icon **Beobachten** zur Verfügung. Damit wird auch eine Onlineverbindung aufgebaut, falls sie vorher nicht existiert hat.

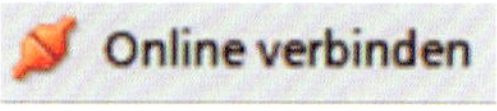

Bild 4.39 *Icon Online verbinden*

Icon Online-Verbindung trennen

Trennen ist insbesondere bei einer realen CPU wichtig, will man nicht irrtümlich durch unbedachte Änderungen die CPU und damit die Anlage in STOP versetzen.

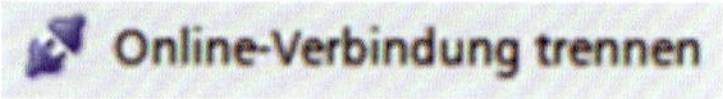

Bild 4.40 *Icon Onlineverbindung trennen*

Icon Erreichbare Teilnehmer

Ein etwas unscheinbares Icon, jedoch ist die Funktion Dreh- und Angelpunkt für den Aufbau einer Verbindung. Für das eingestellte Übertragungsprotokoll – abhängig von der Schnittstelleneinstellung – wird das anliegende Netz nach erreichbaren Teilnehmern untersucht. Die erreichbaren Teilnehmer können die SPS, Panels, Umrichter, Drehgeber oder auch etwaige am Netz angeschlossene Programmiergeräte sein.

Bild 4.41 *Icon Erreichbare Teilnehmer*

Icon CPU Starten

Weiterhin bietet das Programmiergerät mit diesem Button die Möglichkeit, die CPU zu starten und zu stoppen. In der Regel besitzen die CPU Betriebsartenschalter, um die CPU zu stoppen und neu zu starten, um sie also aus einem STOP-Zustand in den RUN-Zustand zu bringen. Es existieren aber auch CPU ohne diesen Schalter, diese lassen sich fast ausschließlich mit einem Programmiergerät in RUN versetzen. Für die Umschaltung der Betriebsart muss man eine Online-Verbindung zur CPU haben.

Bild 4.42 *Icon CPU Starten*

Icon CPU Stoppen

Analog zum Button **CPU Starten** lässt sich mit dem Icon **CPU Stoppen** die CPU in den STOP-Zustand bringen. Auch hier ist eine Online-Verbindung zur CPU erforderlich.

Bild 4.43 *Icon CPU Stoppen*

Icon Querverweise

Mit diesem Icon wird im Editorfenster für das in der Projektnavigation selektierte Objekt eine Querverweisliste erstellt und ausgegeben, allerdings wird der aktuelle Fensterinhalt damit überblendet. Mit einem geteilten Editorbereich sind die Informationen hier übersichtlicher. Erwähnt sei an dieser Stelle auch noch die Querverweisliste im Inspektorfenster, die prinzipiell dieselben Informationen ausgibt, das Editorfenster jedoch nicht tangiert.

Bild 4.44 *Icon Querverweise*

Icon Editorbereich horizontal/vertikal teilen

Das Icon ist schon fast selbsterklärend: anklicken, austesten und mit erneutem Klick kommt man zurück zur ursprünglichen Darstellung.

Bild 4.45 *Icon Editorbereich horizontal/vertikal teilen*

Icon Projekt durchsuchen

Nach Aktivieren dieses Buttons wird ein Begriff eingegeben; dieser wird dann im Programm gesucht und in der Trefferliste aufgeführt. Die Suche kann noch verfeinert werden.

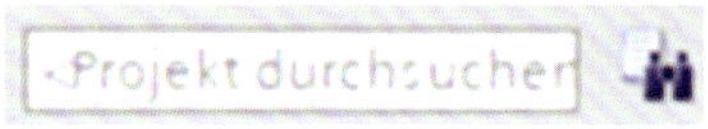

Bild 4.46 *Icon Projekt durchsuchen*

4.3 Fenster

Bei Aufruf der Software TIA V16 zeigen sich auf dem Bildschirm eine Reihe von Fenstern, einen schematischen Überblick bietet Bild 4.47. Die verschiedenen Fenster haben eigene Namen, aber unterschiedliche Eigenschaften und bei einem Fenster – der Task Card – wechseln sogar die Inhalte je nach Kontext. Alle Fenster können über Schaltflächen verkleinert, vergrößert und verschoben werden. Mit diesen Funktionalitäten sollte man sich zu Beginn vertraut machen, da sie im Verlauf der Arbeit öfter benötigt werden. Der Platz zur Darstellung und die Fülle an Informationen schließen einander immer wieder aus. Besonderes Augenmerk sei auf die kleinen Dreiecke gerichtet, hier werden Änderungen in der Darstellung ausgelöst.

Bild 4.47 *Schematische Aufteilung der Fenster und ihre Bezeichnungen*

Die Projektnavigation, die Task-Card und das Inspektorfenster, hier als Werkzeuge dargestellt, können auch minimiert werden.

4.3.1 Projektnavigation

Die Projektnavigation ist der Ausgangspunkt für die Programmierung und die Fehlersuche, aber auch für die Konfektionierung neuer Hardware und Verbindungen der Hardware untereinander. In einer Baumstruktur werden sowohl Funktionen als auch die Objekte mit ihren zugehörigen Funktionen und Komponenten dargestellt (Bild 4.48). Auch hier weisen die kleinen schwarzen Dreiecke zu weiteren Informationen in der Baumstruktur. Detaillierte Informationen zu den Inhalten in der Projektnavigation finden sich in Kapitel 4.4.

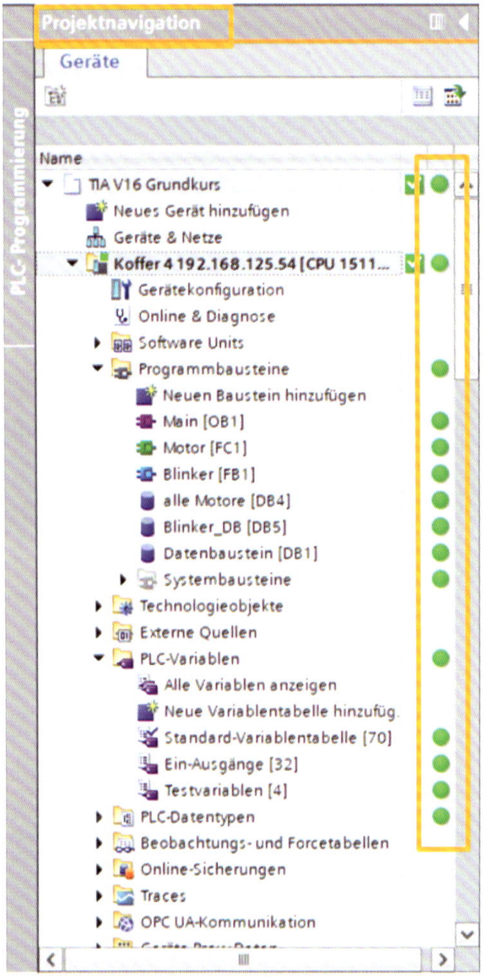

Bild 4.48 *Projektnavigation, hier mit Symbolik bei Online-Verbindung*

4.3.2 Detailansicht

Die Detailansicht liefert für ausgewählte Elemente der Projektnavigation detaillierte Infos wie Datenbausteine, Variablentabellen, PLC-Datentypen und andere (Bild 4.49). Das hat bei der Programmierung den Vorteil, dass einzelne Elemente eines DB nach und nach abgearbeitet werden können, ohne den DB im Editorfenster zu öffnen oder dazu das Editorfenster teilen zu müssen. Die Detailansicht kann über das Ansicht-Menü minimiert oder maximiert werden oder alternativ über das Dreieck/den Winkel.

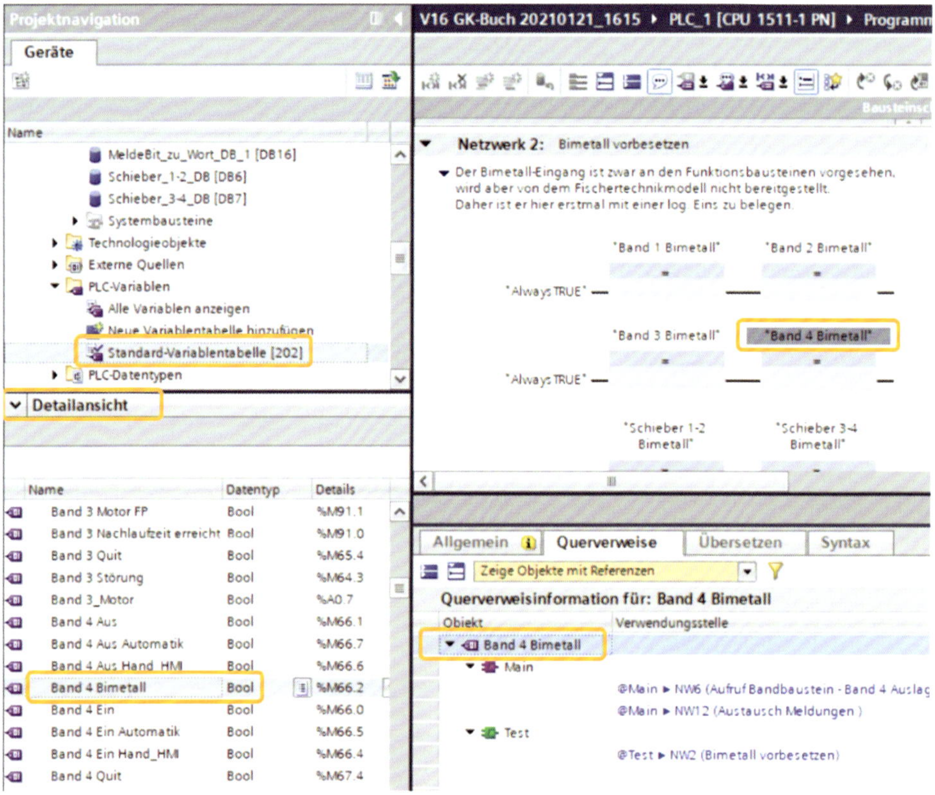

Bild 4.49 *Detailansicht Standard-Variablentabelle*

4.3.3 Referenzprojekte

Da im TIA Portal nicht zwei Projekte nebeneinander bearbeitet werden können, hat Siemens hier die Möglichkeit geschaffen, ein oder mehrere Referenzprojekte zu öffnen, um Programmcode zu vergleichen oder wiederzuverwenden (Bild 4.50). Der Vorteil dieser Struktur ist, dass das Referenzprojekt so nicht verändert werden kann. Unbedachte Änderungen sind unmöglich, die Referenz bleibt Referenz. Variablen lassen sich auch in größerem Umfang vom Referenzprojekt ins aktuelle Projekt kopieren, ebenso Netzwerke, Programmbausteine und PLC-Datentypen. Mit Einschränkungen ist es sogar möglich, aus einem S7-300 Programm im TIA Portal Bausteine und Code auf eine S7-1200 bzw. S7-1500 zu übertragen. In geringem Umfang mag das sinnvoll sein, bei größeren Projekten sollte eher auf die Migrationsfunktion von einer S7-300 bzw. S7-400 auf eine S7-1500 zurückgegriffen werden. Für die S7-1200 bleibt nur der mühsame manuelle Weg, bei einer Wirtschaftlichkeitsanalyse wird bei größeren zu migrierenden Projekten die Entscheidung zugunsten der S7-1500 fallen.

Das Fenster **Referenzprojekt** kann über das Ansicht-Menü ein- oder ausgeblendet werden, das Minimieren oder Maximieren wird am Fenster selbst initiiert.

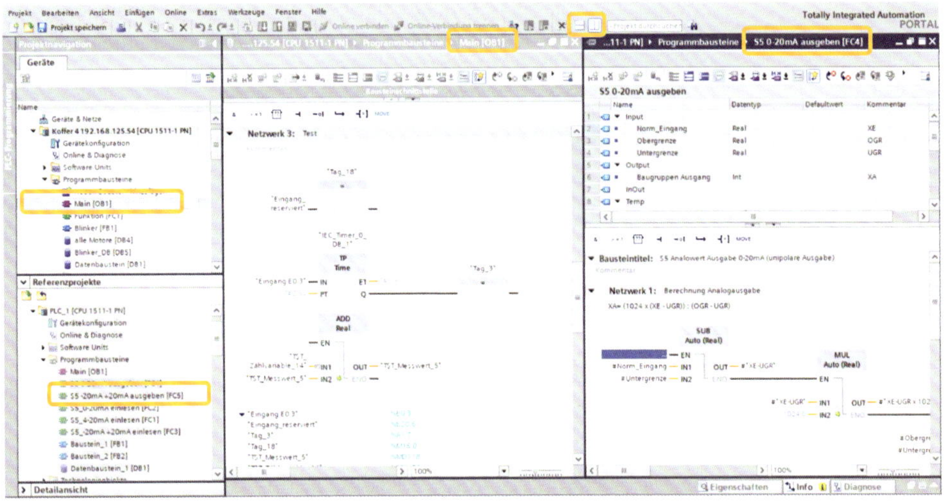

Bild 4.50 *Referenzprojekt im rechten Editorfenster eingeblendet*

4.3.4 Editorfenster

Das Editorfenster – zentral gelegen, horizontal oder vertikal teilbar – ist je nach Kontext mit unterschiedlichen Inhalten ausgefüllt.

Unter **Geräte & Netze** in der Projektnavigation wird im Editorfenster die Netzkonfiguration angezeigt: Welche Geräte sind im Netz über welches Medium physikalisch und auch logisch miteinander verbunden (Bild 4.51). Fehlende Vernetzungen und auch die zugehörigen Verbindungen können per Mausklick angelegt und verändert werden. Dabei ist die Vernetzung der «physikalische» Teil einer Verbindung, also für den Bustyp zuständig; die Verbindung ist der «logische» Teil, also die Verbindung eines Panels zu einer bestimmten CPU oder eines Frequenzumrichters zu einer CPU.

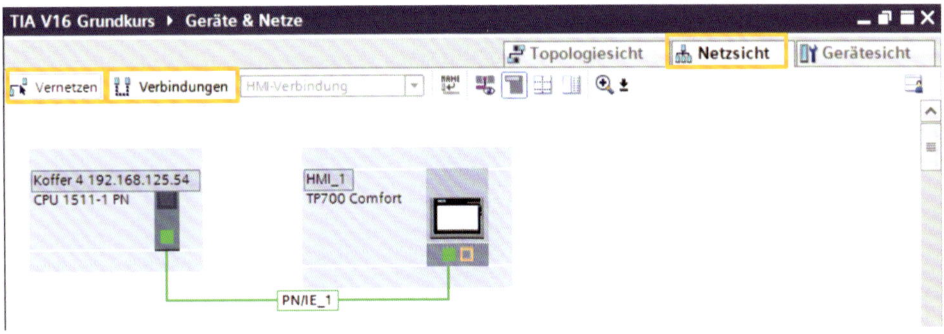

Bild 4.51 *Editorfenster, Focus auf Geräte und Netze – Netzsicht*

Unter **PLC_n –** oder **HMI_n** (in der Projektnavigation) wird im Editorfenster die Gerätesicht der ausgewählten Hardware dargestellt (n von 1 bis 999 als Nummer der CPU bzw. HMI). Hier stellt man die Hardware zusammen, im Zusammenspiel mit der Task-Card und darin dem Hardwarekatalog. Von hier ist dann ein Wechsel zu anderen Geräten oder in die Netzsicht möglich. Da die

Hardwarekomponenten diverse Einstellungen besitzen, ist unter dem Editorfenster das Inspektorfenster positioniert. Hier kann man nach Auswahl der entsprechenden Komponente – CPU oder Modul – die Eigenschaften konfektionieren (Bild 4.52).

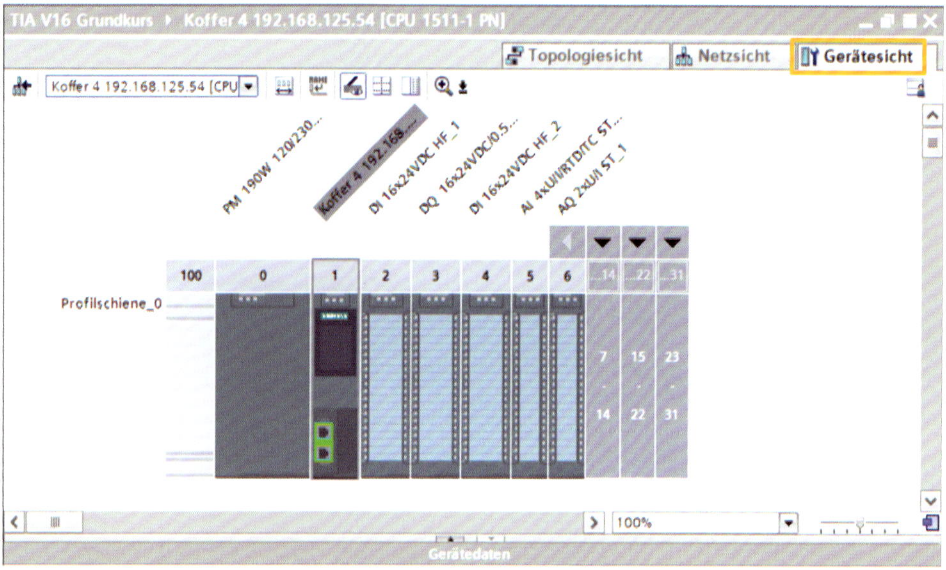

Bild 4.52 Editorfenster, Focus auf Geräte und Netze – Gerätesicht

Ist das Projekt mit der Programmierung weiter fortgeschritten, so finden sich im Editorfenster die Inhalte der **Programmbausteine** OBm, FCn, FBo und DBp (m..p als Nummer des Programmbausteins), aber auch der **PLC-Variablen**, **PLC-Datentypen**, **Beobachtungstabellen** usw. (Bild 4.53).

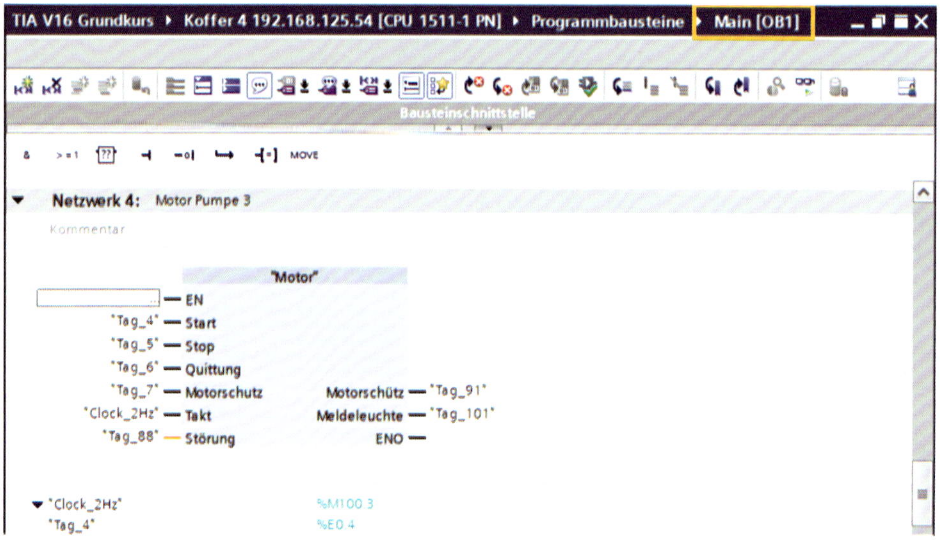

Bild 4.53 Editorfenster, Focus auf Programmbaustein Main

Die Fülle an Informationen kulminiert in den **Gerätedaten**, die am rechten oder unteren Rand des Editorfensters ein- bzw. ausgeblendet werden können. Darin werden gebündelt die E/A-Adressen des gewählten Objektes, seine Bestellnummern und die jeweilige Firmware gelistet. (Bild 4.54) Die E/A-Adressen sind neben den Modulnamen praktischerweise auch editierbar. Diese Adress-Informationen sind auch in den Eigenschaften im Inspektorfenster zu finden, allerdings hier verteilt auf die einzelnen Komponenten CPU-, DI-, DQ-, AI- und AQ-Module (Bild 4.55).

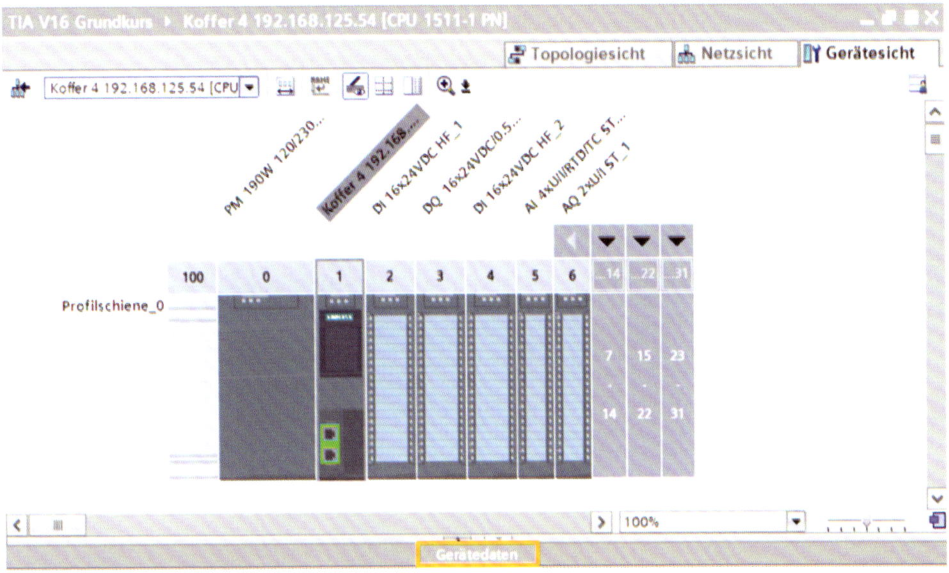

Bild 4.54 *Editorfenster, Focus auf Geräte und Netze - Gerätesicht. Unter Gerätedaten werden nach eingesetzter Baugruppe die konfektionierten Adressen, Bestellnummern, jeweilige Firmware usw. angezeigt.*

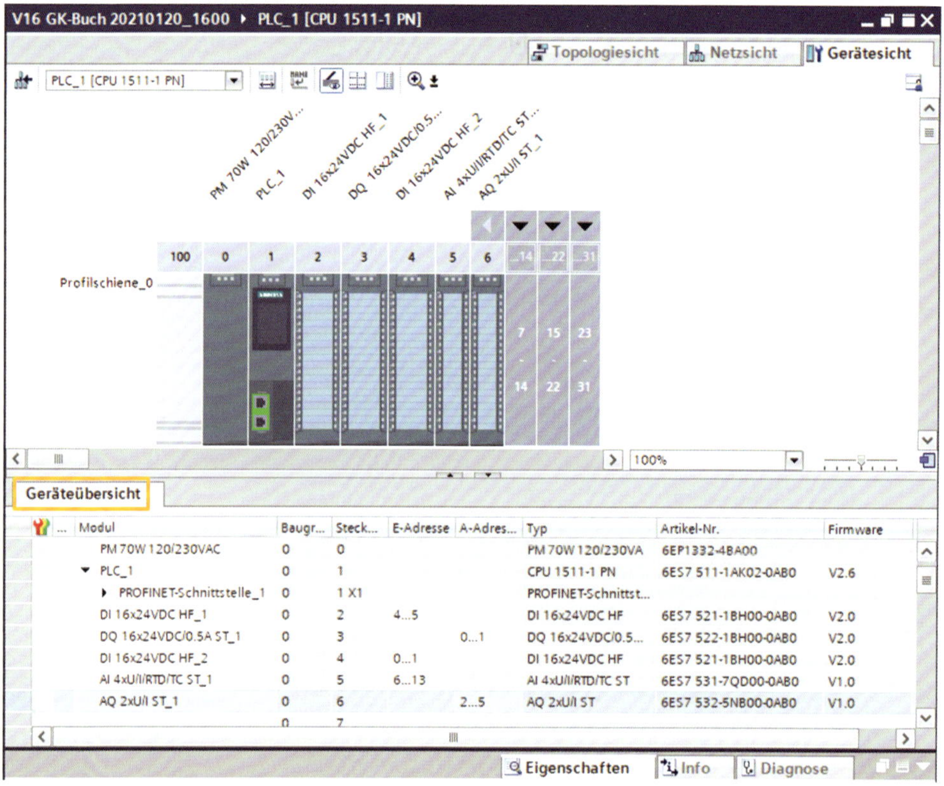

Bild 4.55 *Gerätekonfiguration – Gerätedaten geöffnet mit Blick auf Geräteübersicht, darin konfektionierte Adressen Bestellnummern und jeweilige Firmware.*

4.3.5 Inspektorfenster

Unter dem Editorfenster befindet sich das Inspektorfenster. Zum Vergrößern/Verkleinern besitzt es die üblichen Schaltflächen rechts oben. Darin sind Karteikarten enthalten, die wiederum in einzelne Blätter unterteilt sind. Anzahl und Inhalt dieser Blätter hängt vom Kontext ab. Für den Neueinsteiger ist spätestens jetzt die Verwirrung komplett. Zur besseren Orientierung ist die Struktur tabellarisch in Tabelle 4.1dargestellt.

Tabelle 4.1 *Inspektorfenster Struktur*

	OB	FC	FB	DB	PLC-Var.	PLC-Typ	B-Tab	Geräte-sicht	Netz-sicht
Eigen-schaften									
	Allgemein	Ja	Ja	Ja	Ja	Ja	Ja	Ja	Ja
	Texte	Ja	Ja	Ja	Ja	Ja	Nein	Ja	Nein
	Überwach-ungen		Ja	Ja	Ja	Ja	Nein	Nein	Nein

Tabelle 4.1 *Inspektorfenster Struktur – Fortsetzung*

	OB	FC	FB	DB	PLC-Var.	PLC-Typ	B-Tab	Gerätesicht	Netzsicht
	System-kon-stan-ten	Nein	Nein	Nein	Nein	Nein	Nein	Ja	Nein
	IO-Varia-blen	Nein	Nein	Nein	Nein	Nein	Nein	Ja	Nein
Info									
	Allgemein	Ja	Ja	Ja	Ja	Ja	Ja	Ja	Ja
	Querver-weise	Ja	Ja	Ja	Ja	Ja	Ja	Ja	Ja
	Übersetzen	Ja	Ja	Ja	Ja	Ja	Ja	Ja	Ja
	Syntax	Ja	Ja	Ja	Nein	Nein	Nein	Nein	Nein
Diagnose									
	Geräte-in-formation	Ja	Ja	Ja	Ja	Ja	Ja	Ja	Ja
	Verbin-dungs-in-formation	Ja	Ja	Ja	Ja	Ja	Ja	Ja	Ja
	Meldungs-anzeige	Ja	Ja	Ja	Ja	Ja	Ja	Ja	Ja
	Beobach-tungswert	Ja	Ja	Nein	Nein	Nein	Nein	Nein	Nein

Letztlich erschließt sich die Struktur beim Benutzen des Programms: Was man braucht, ist auch irgendwo zu finden.

Bei einer anderen Hardware wie dem Panel oder einem Frequenzumrichter sind Abweichungen der Inhalte möglich.

Eigenschaften des Inspektorfensters

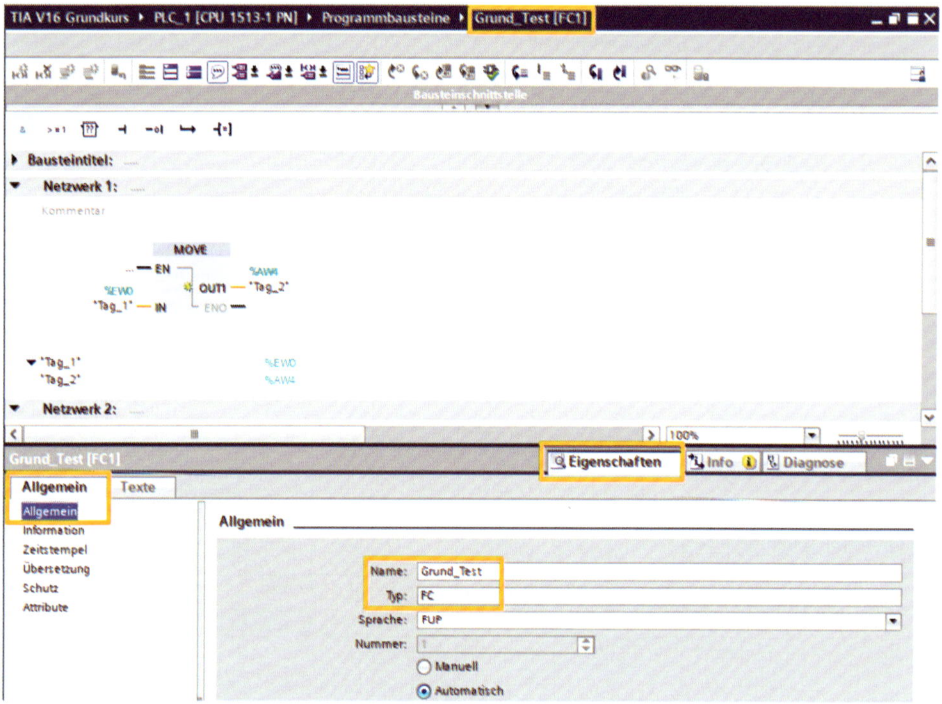

Bild 4.56 *Inspektorfenster – Eigenschaften allgemein für eine FC*

Bild 4.56 zeigt die Grundeinstellung des Inspektorfensters. In einem anderen Kontext – wie in Bild 4.57 ein Datenbaustein mit vier Variablen vom Typ Banddatentyp – werden auch andere Inhalte im Inspektorfenster dargestellt.

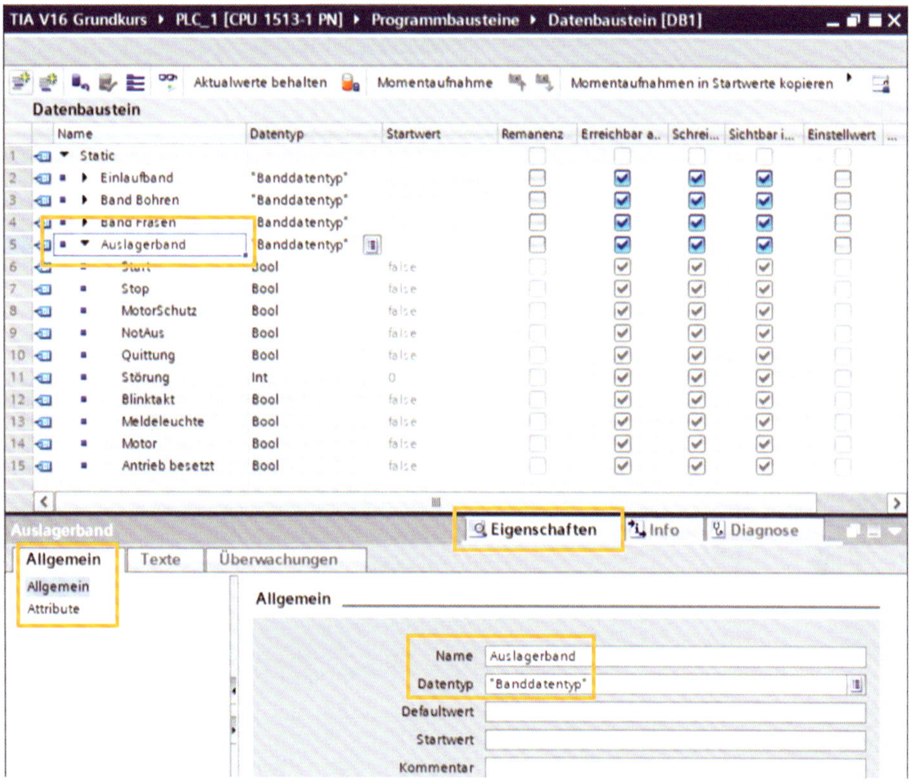

Bild 4.57 *Inspektorfenster – Eigenschaften Variable im DB*

Info

Treten bei der Übersetzung Fehler auf, so werden hier unter dem Blatt **Übersetzen** entsprechende Fehlerinformationen ausgegeben. Die Beschreibung der Fehler ist meist so aussagekräftig, dass die Problemlösung zielgerichtet ausgeführt werden kann. Per Mausklick kann an die Stelle des Auftretens gesprungen werden. Dabei landet man nicht immer direkt an der Fehlerstelle, manchmal ist der Fehler eine Anweisung davor zu suchen. Nach Beseitigung der Fehler – in der Reihenfolge von oben nach unten, da auch Folgefehler gelistet werden – stößt man eine neue Übersetzung an. Die Übersetzung kann auch implizit mit der Ladefunktion ausgelöst werden, auch dann werden etwaige neue Übersetzungsfehler hier ausgegeben.

Der Focus wurde in der Projektnavigation auf den Funktionsbaustein Bearbeitung gelegt. In Inspektorfenster → Info → Querverweise werden die Querverweise aktualisiert dargestellt – das Editorfenster ist leer (Bild 4.58).

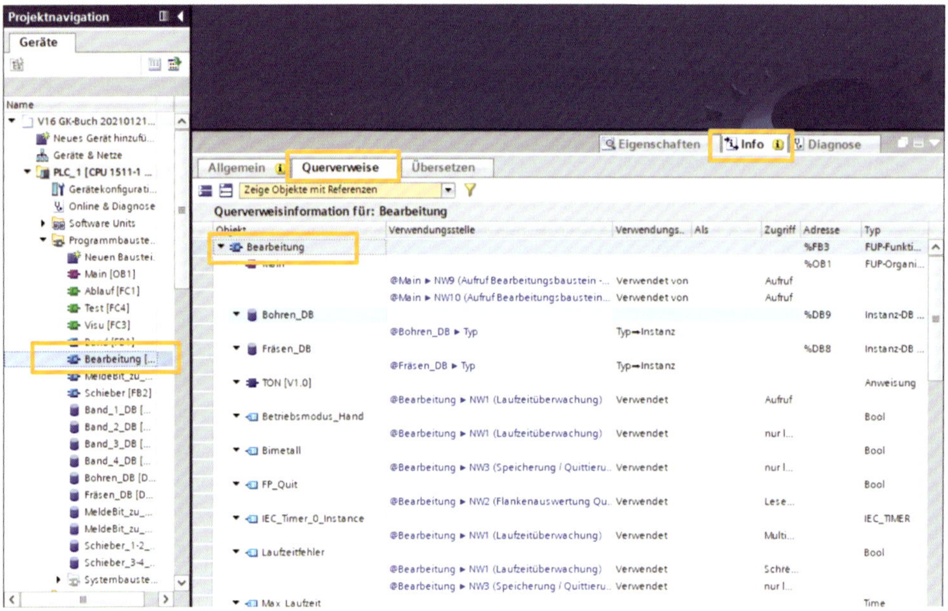

Bild 4.58 *Inspektorfenster → Info → Querverweise*

Öffnet man den FB Bearbeitung und löst dann das Übersetzen aus, so wird ausschließlich dieser Baustein übersetzt (Bild 4.59).

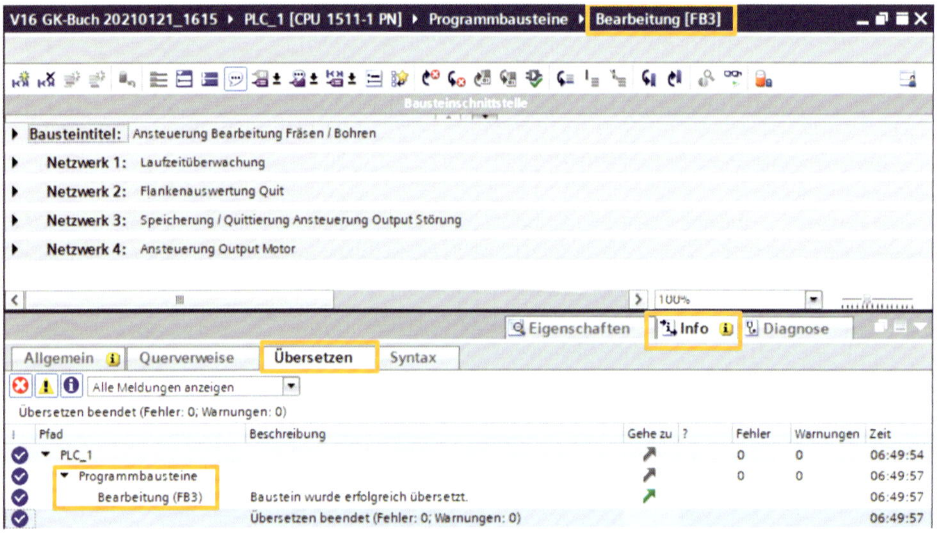

Bild 4.59 *Inspektorfenster → Info → Übersetzen*

Für eine CPU und deren Einstellungen sind die Fenster ähnlich, aber die Inhalte völlig verschieden (Bild 4.60).

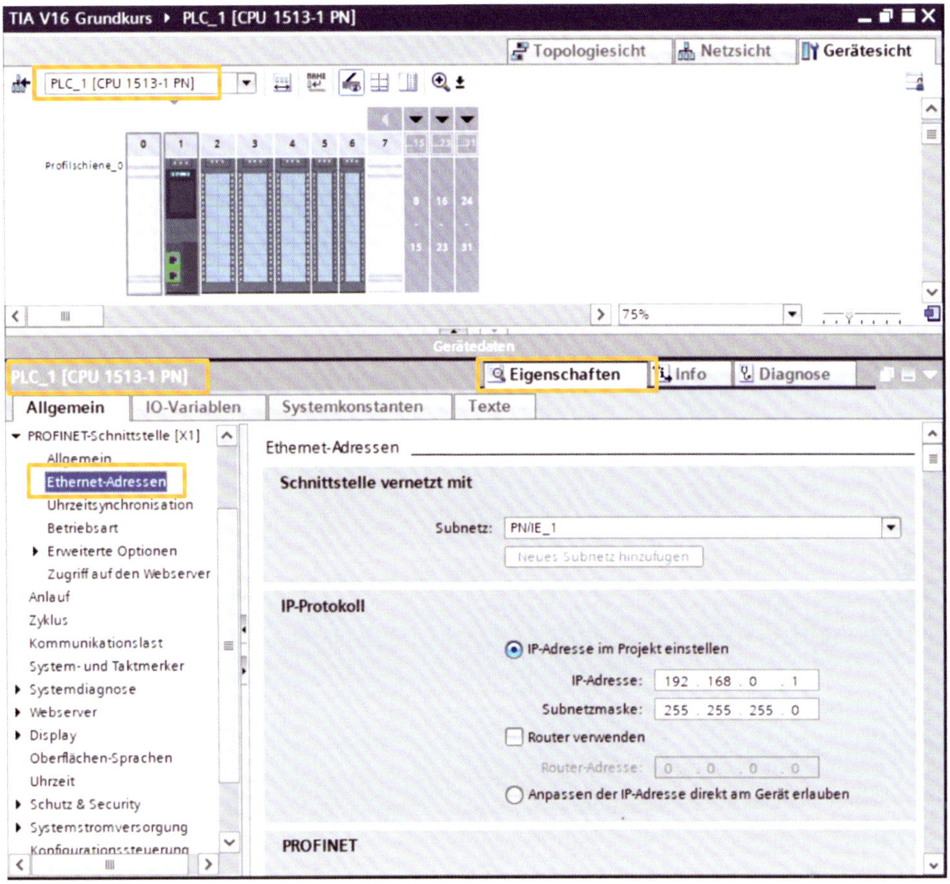

Bild 4.60 *Inspektorfenster Eigenschaften Allgemein – darin wiederum Ethernet-Adressen*

Fazit: im Inspektorfenster sind Eigenschaften zu Objekten im Focus oder Einstellungen zu finden; mit den Objekten variieren auch die Eigenschaften massiv.

Diagnose

Die Diagnose liefert nur mit einer Online-Verbindung zur CPU aussagekräftige Werte (Bild 4.61).

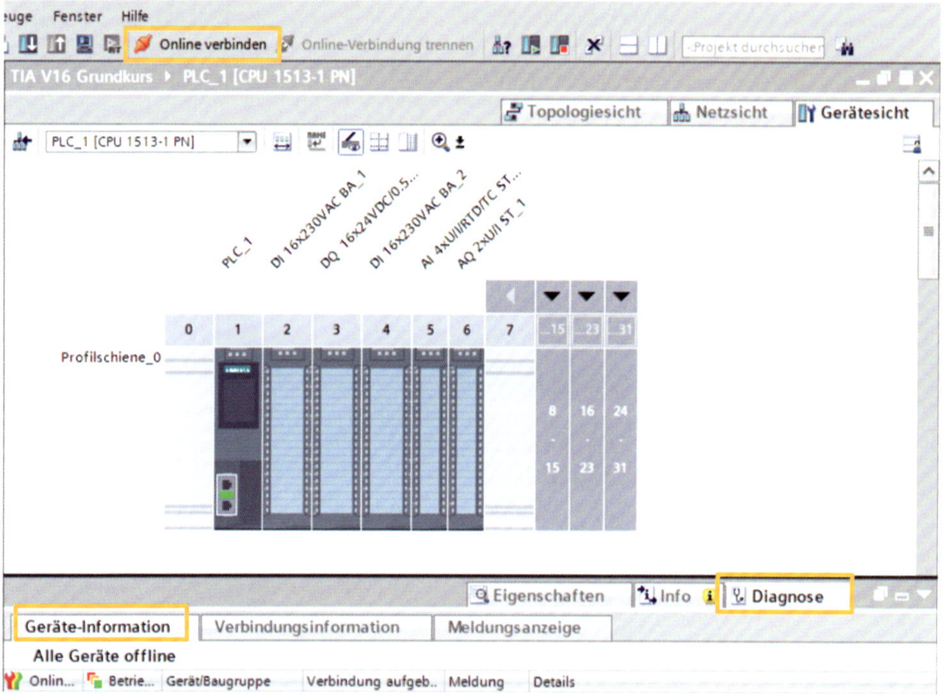

Bild 4.61 Diagnose

Sind mehrere Geräte im Projekt vereint, so muss man sich bei der Darstellung für eines entscheiden.

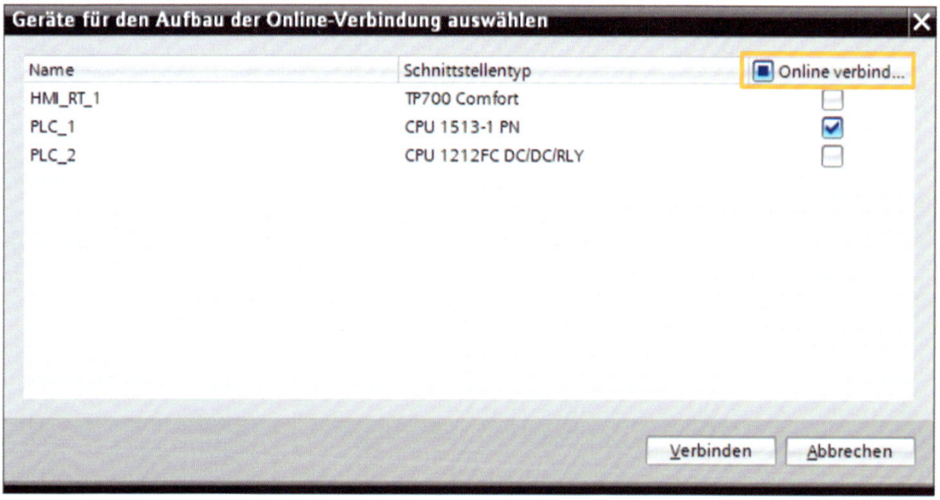

Bild 4.62 Online verbinden

Nach Aufbau der Online-Verbindung zur CPU 1513-1 PN (Bild 4.62) präsentiert sich das in Bild 4.63 dargestellt Bild.

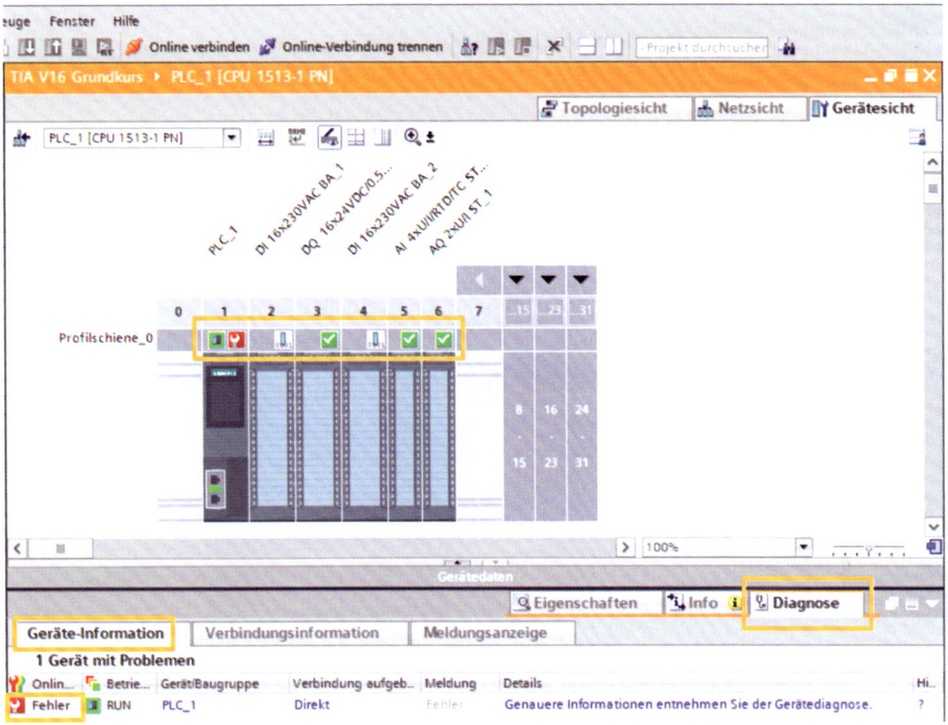

Bild 4.63 Diagnose Online

Durch Anklicken der Details springt die Darstellung zum Diagnosepuffer (Bild 4.64).

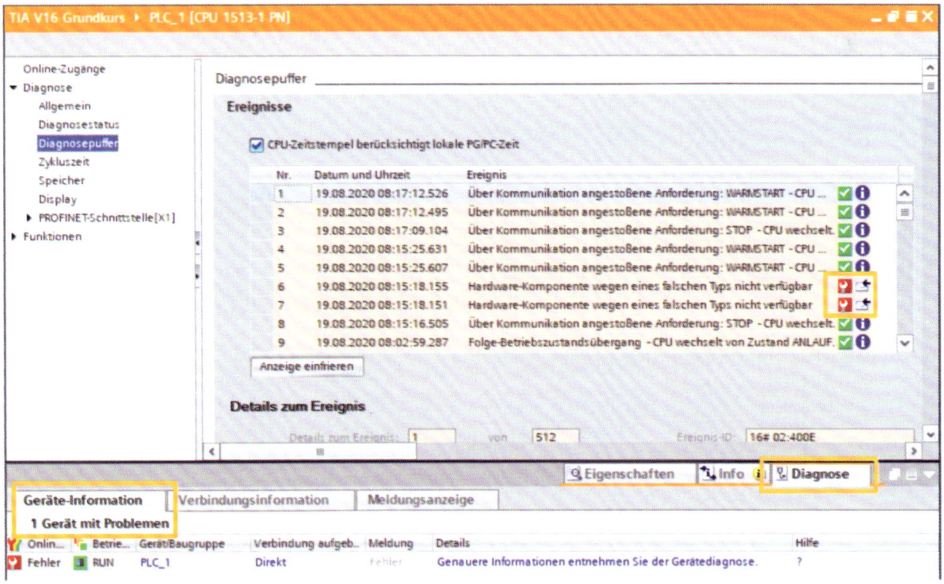

Bild 4.64 Diagnosepuffer

In den orange markierten Zeilen setzt sich die Fehlersuche fort, mit den zugehörigen Details kommt man einer Lösung näher, dazu muss das Inspektorfenster verkleinert werden.

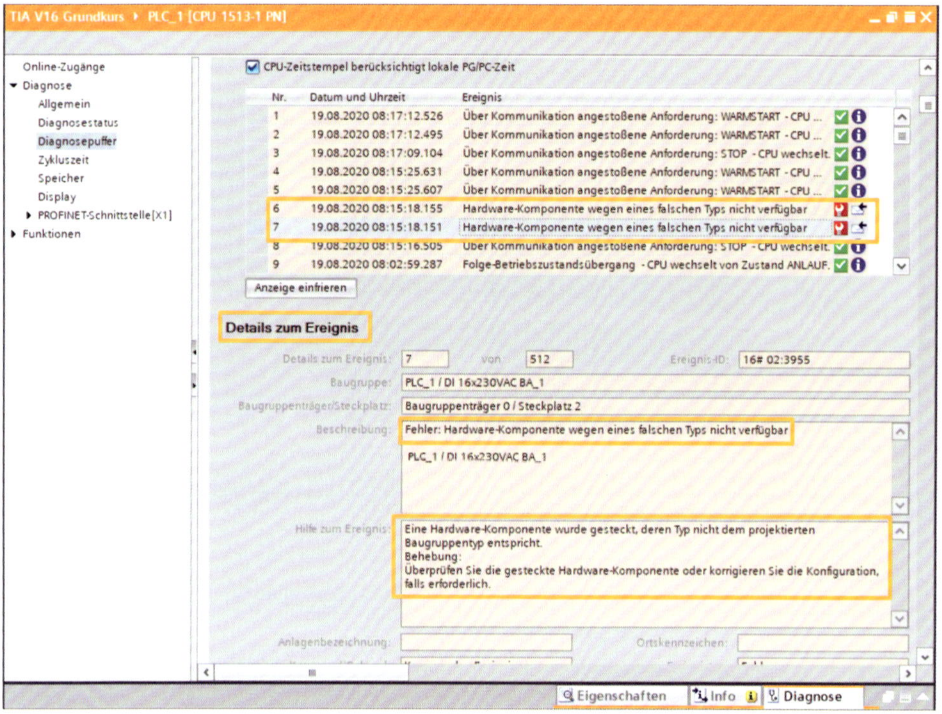

Bild 4.65 *Editorfenster mit Diagnosepuffer und Fehler zweier Hardware-Komponenten*

Die zwei digitalen Eingangsbaugruppen scheinen hier (Bild 4.65) das Problem zu verursachen – daher auch die zwei Meldungen (6 und 7) im Diagnosepuffer.

Eine Korrektur der Hardwarekonfektionierung und Übertragung auf die CPU bringt die Lösung (Bild 4.66).

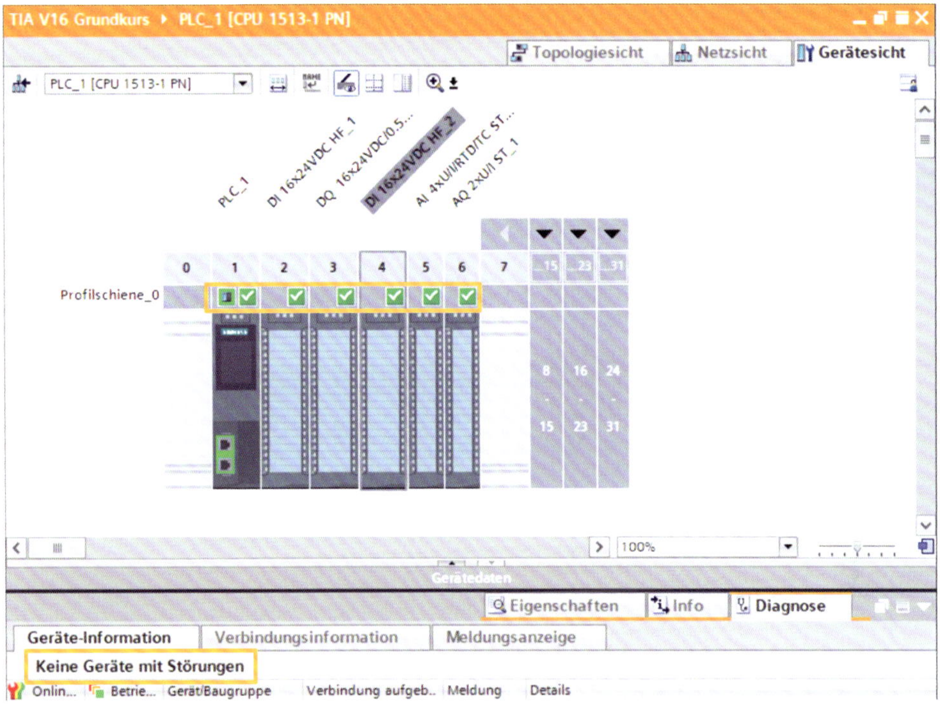

Bild 4.66 *Editorfenster mit Gerätesicht und korrekt konfektionierter Hardware*

4.3.6 Task Card

Im Kontext der Gerätekonfiguration/Gerätesicht ändert sich der Name der Task Card zu **Hardware-Katalog**. Darin ist sämtliche Hardware gelistet, die im TIA Portal konfiguriert werden kann. Neuere Geräte, die darin noch nicht zu finden sind, lassen sich über Updates, GSD-Dateien oder Service-Packs nachinstallieren.

Task Card (Hardware-Katalog) mit Focus auf Gerätesicht

In der Gerätesicht im Editorfenster wird die Hardware zusammengestellt (Bild 4.67). Dazu werden in der Task Card ein Hardwarekatalog und ein Informationsfenster eingeblendet. Nach dem Hinzufügen einer neuen CPU wechselt das TIA Portal in die Gerätesicht des Editorfensters. Man hat dann Zugriff auf den Katalog und die Module der CPU, um deren Peripherie zu ergänzen. Nach Auswahl eines Moduls werden im Informationsfenster Eigenschaften des gewählten Moduls sichtbar, ggf. ist dort ein Wechsel in der Firmwarevariante vorzunehmen, bevor das Modul platziert wird. Über das Suchen im Katalog lassen sich Baugruppen anhand ihrer Bestellnummer leicht lokalisieren.

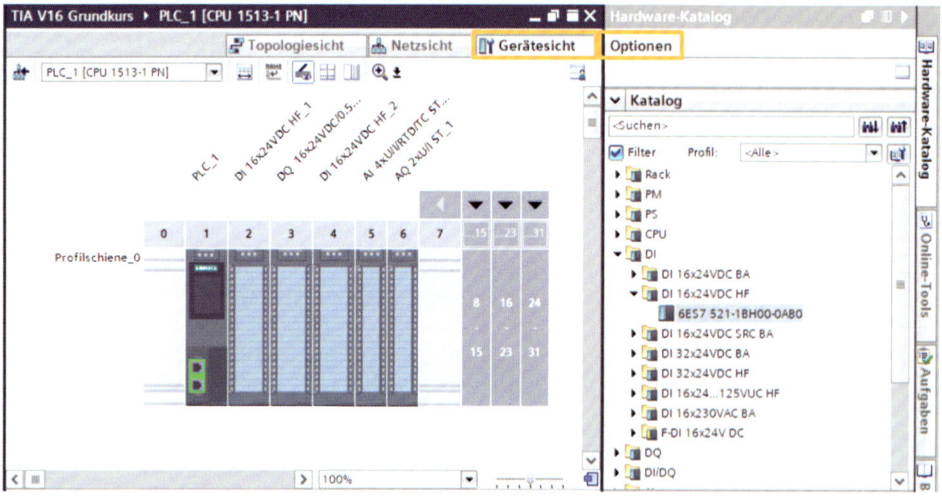

Bild 4.67 *Task-Card (Hardware-Katalog) mit Focus auf Gerätesicht*

Task Card (Hardware-Katalog) mit Focus auf Netzsicht

Nicht alle Baugruppen werden über die Gerätesicht neu eingerichtet, bei Anschaltungen oder Busteilnehmern ist vielfach die Netzsicht die einzig mögliche Wahl. Auch hier werden im Katalog in der Task Card Geräte zur Auswahl angeboten (Bild 4.68).

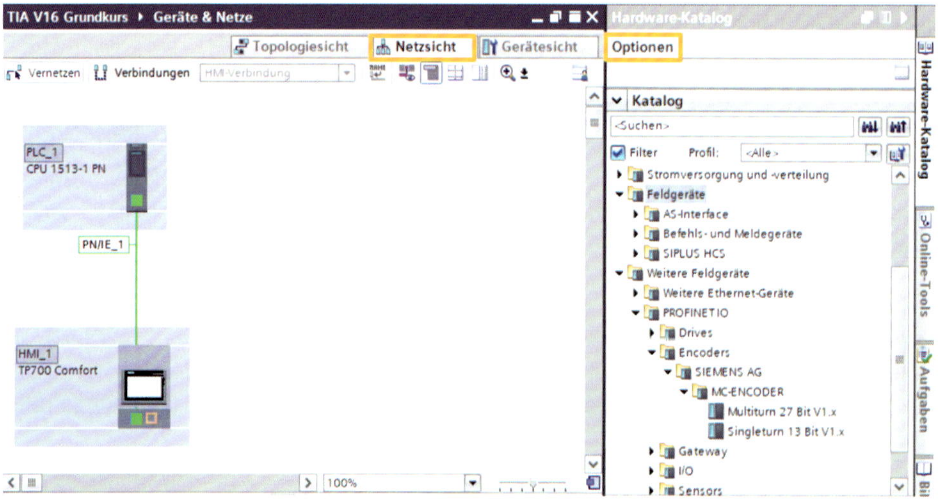

Bild 4.68 *Task-Card (Hardware-Katalog) mit Focus auf Netzsicht*

Task Card (Anweisungen) mit Focus auf Programmierung

Nach umfangreichen Vorarbeiten – der Konfiguration der Hardware – stellt man die Task Card auf Programmierung. Lehrbuchmäßig programmiert, liegen Ein- und Ausgänge in der PLC-Variablentabelle bereits vor, vielleicht schon ein paar temporäre Hilfsvariablen. Man beginnt im OB Main oder generiert neue Funktionen, Funktionsbausteine oder Datenbausteine. Die Task Card heißt jetzt **Anweisungen**, hier werden verschiedene Gruppierungen von Anweisungen gelistet, die sich je nach CPU-Baureihe im Umfang unterscheiden können (Bild 4.69).

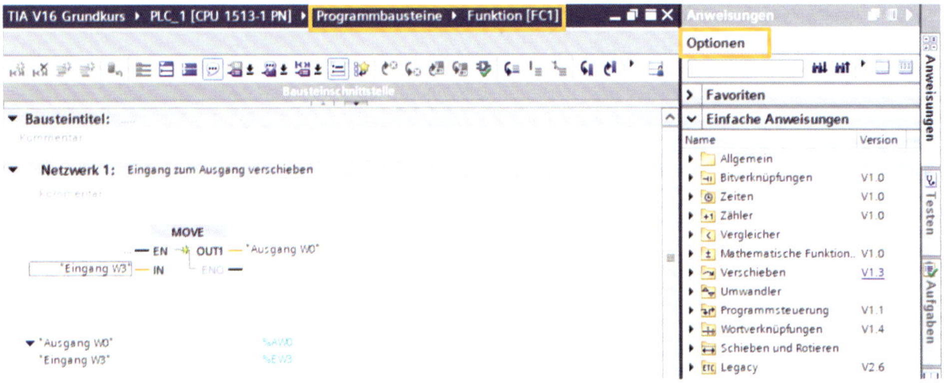

Bild 4.69 Task-Card (Anweisungen) mit Focus auf Programmierung

Task Card (Werkzeuge) mit Focus auf Visualisierung

Nach dem Hinzufügen einer HMI, Panel im bisherigen Sprachgebrauch, werden in der Task Card aus den Anweisungen eines FB **Werkzeuge** eines Panels. Auch hier werden verschiedene Gruppierungen gebildet: Basisobjekte, Elemente, Controls und Grafiken (Bild 4.70). Mit diesen Elementen füllt sich das Panel mit Leben.

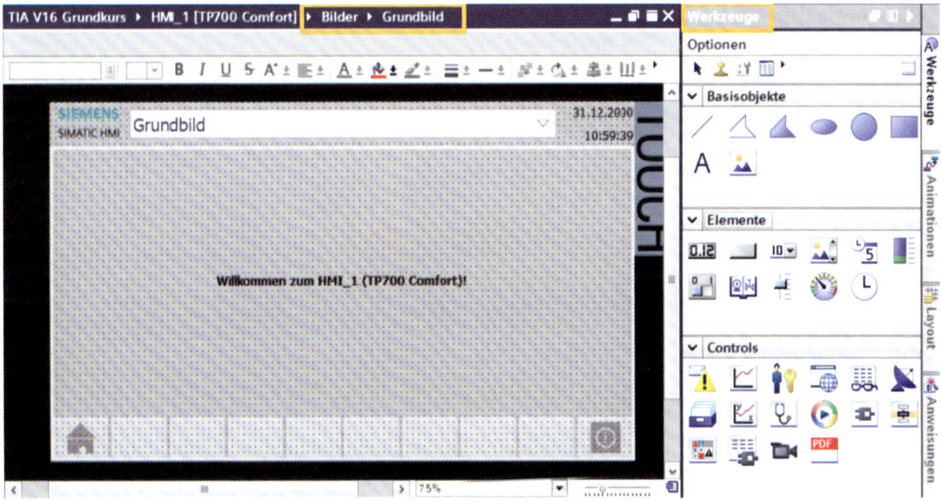

Bild 4.70 Task-Card (Werkzeuge) mit Focus auf Visualisierung

Task-Card (Online-Tools) mit Focus auf Diagnose

Vor der Inbetriebnahme stehen die Tests, danach die Diagnosen, um die bisherige Programmierung zu prüfen. Nach Aufbau einer Online-Verbindung hat man Zugriff auf ein CPU-Bedienpanel, die Zykluszeit und den Speicher, letztere nur lesend (Bild 4.71). Die Task-Card heißt jetzt Online-Tools.

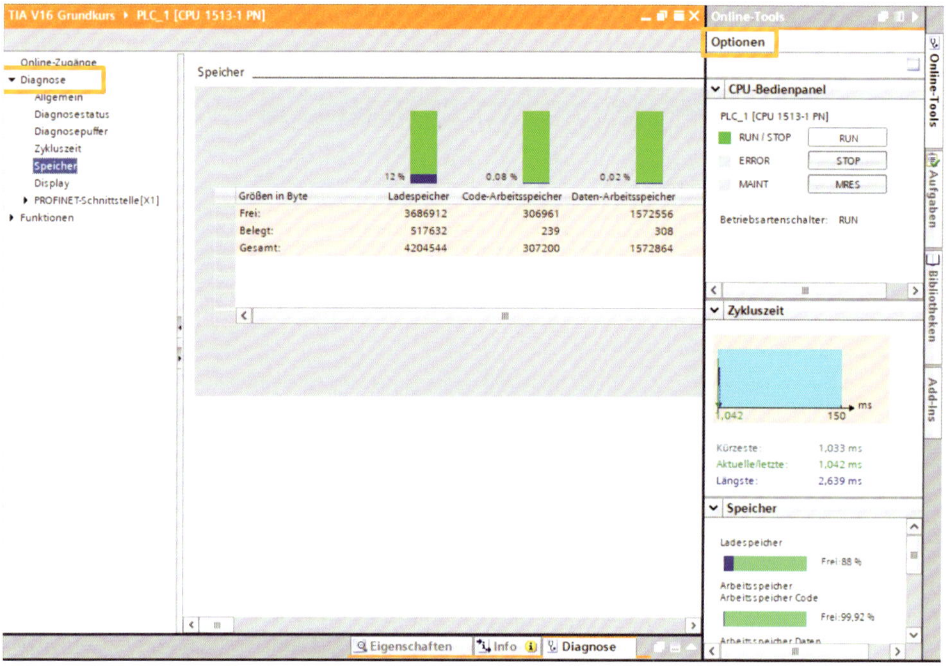

Bild 4.71 *Task-Card (Online-Tools) mit Focus Diagnose*

4.4 Projektnavigation (Fenster)

Das Fenster der Projektnavigation ist ein zentrales Element im TIA Portal. Hier wird das Projekt mit Hard- und Software angelegt, etwaige Verbindungen zu anderen Geräten gezogen, die Diagnose initiiert und Programminformationen ausgewertet, letztere sowohl für eine CPU, eine HMI oder auch für einen Frequenzumrichter.

4.4.1 Buttons Gruppe, Spaltenüberschrift, Übersicht

Links am oberen Rand der Projektnavigation unter **Geräte** befindet sich eine Schaltfläche zum Erstellen einer neuen Gruppe (Bild 4.72). Die Gruppe wird auf dem Eintrag erstellt, auf dem sich der momentane Focus befindet. Es sind nicht alle Einträge für das Erstellen einer Gruppe freigegeben, erkennbar an der Darstellung des Icons: farbig – Gruppe erstellen möglich oder farblos – Gruppe erstellen nicht möglich.

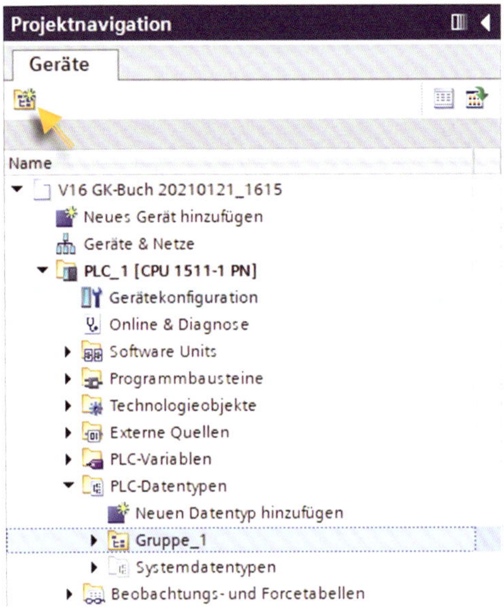

Bild 4.72 *Projektnavigation: Gruppe-erstellen-Button mit neuer Gruppe*

Gruppen können für die PLC unter **Programmbausteine**, **Software Units**, **PLC-Variablen, PLC-Datentypen** und anderen erstellt werden, aber auch beim Panel sind Gruppen möglich. Diese Gruppen können der Übersichtlichkeit des Projektes dienen, werden aber nicht auf der CPU gespeichert, sondern nur im Projekt auf dem Programmiergerät. Beim Rückladen des Projektes von der CPU auf das Programmiergerät werden die Gruppen also nicht wiederhergestellt. Der Gruppenname kann individuell angepasst werden.

Am oberen Rand rechts in der Projektnavigation unter **Geräte** befinden sich Schaltelemente für die Darstellung der Spaltenüberschrift und um die Übersicht zu minimieren oder maximieren. Das Ein- und Ausblenden der Spaltenüberschrift bringt allenfalls eine Zeile mehr Darstellungsplatz.

Das Maxi- bzw. Minimieren der Übersicht entspricht funktional dem <Übersicht>-Button in der Fensterleiste (Bild 4.73). Mit dieser Funktionalität können mehr Informationen für die Programmbausteine dargestellt werden, allerdings dann im Editorfenster. Die Baum-Darstellung in der Projektnavigation wird entsprechend reduziert. In der Baum-Darstellung kommt man über die Eigenschaften eines Objektes zu diesen Informationen. Diese zusätzlichen Informationen umfassen Änderungszeitstempel, optimierte Anlage, Größenangaben für Lade- und Arbeitsspeicherbedarf und anderes, also Informationen, die eher selten benötigt werden.

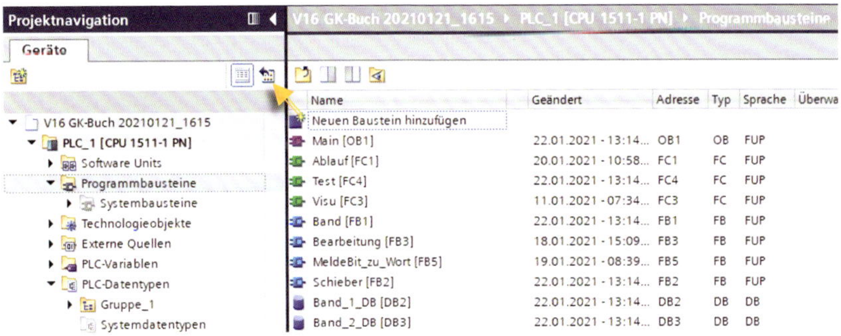

Bild 4.73 *Projektnavigation – Button Übersicht minimieren und maximieren*

4.4.2 Neues Gerät hinzufügen

Zu Beginn kommt man nicht umhin, ein neues Gerät hinzuzufügen. Ein Fenster bietet vier Kategorien zur Auswahl: Controller (CPU), HMI (Panel), PC-Systeme und Antriebe (Bild 4.74). Dann bietet ein Katalog zur Auswahl stehende Geräte, dem Gerät kann ein Name zugewiesen werden, die Bestellnummer mit Auswahl für die Firmwareversion und eine kurze Beschreibung des Gerätes runden das Fenster ab.

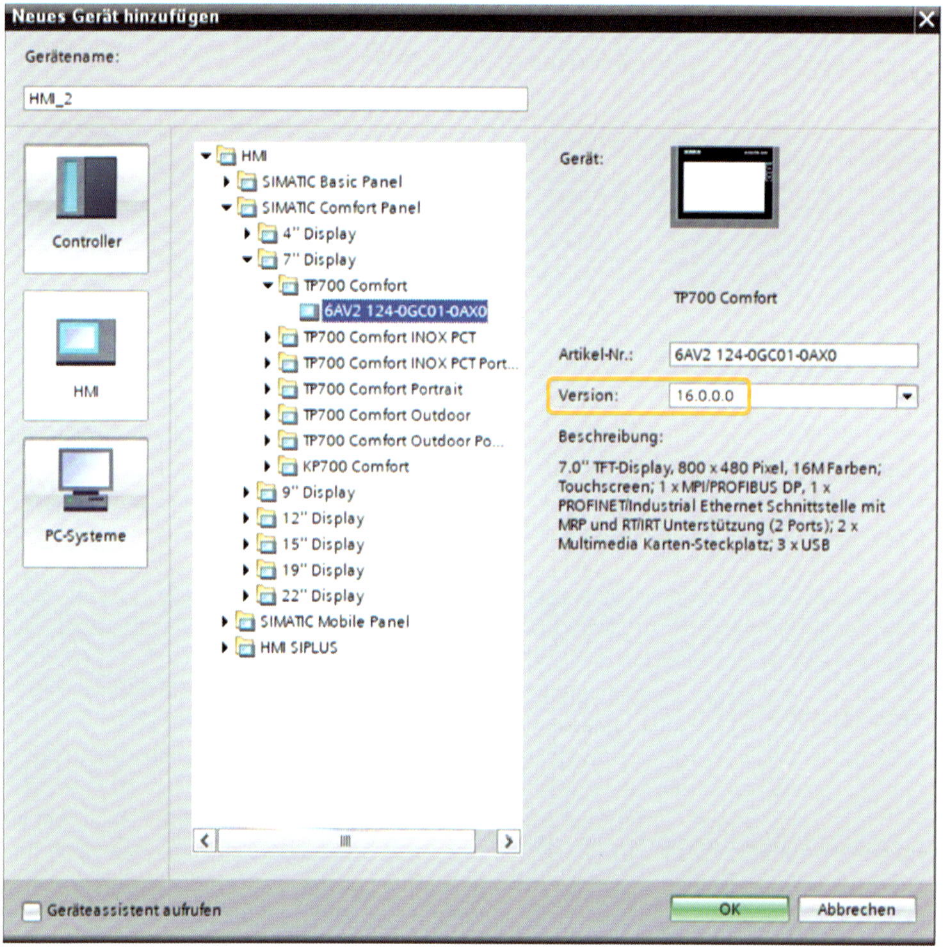

Bild 4.74 Neues Gerät hinzufügen

Je nach Installation verschiedener Programmpakete werden entsprechende Icons im Menü eingeblendet, beispielsweise werden hier die Antriebe nicht dargestellt.

Nach dem Hinzufügen eines Gerätes landet man in Dialog **Geräte und Netze**.

4.4.3 Geräte und Netze

Hier werden sowohl die Zusammenstellungen als auch die Einstellungen der Hardware vorgenommen. Geräte und Netze werden dann im Editorfenster dargestellt.

4.4.4 PLC_n oder HMI_m

Mit dem Hinzufügen einer CPU oder eines Panels wird im Baum der Projektnavigation ein entsprechender Eintrag geschaffen, der sich aus einem Symbolnamen, einer fortlaufenden Nummer und einer Typkennzeichnung zusammensetzt. Die Typkennzeichnung wird vom System generiert und hängt von der gewählten Hardware ab. Der Symbolname ist frei zu vergeben, als Platzhalter wird hier (Bild 4.75) ein PLC_1 generiert.

Unter diesem Geräteeintrag wird eine vom Gerätetyp abhängige Struktur aufgebaut.

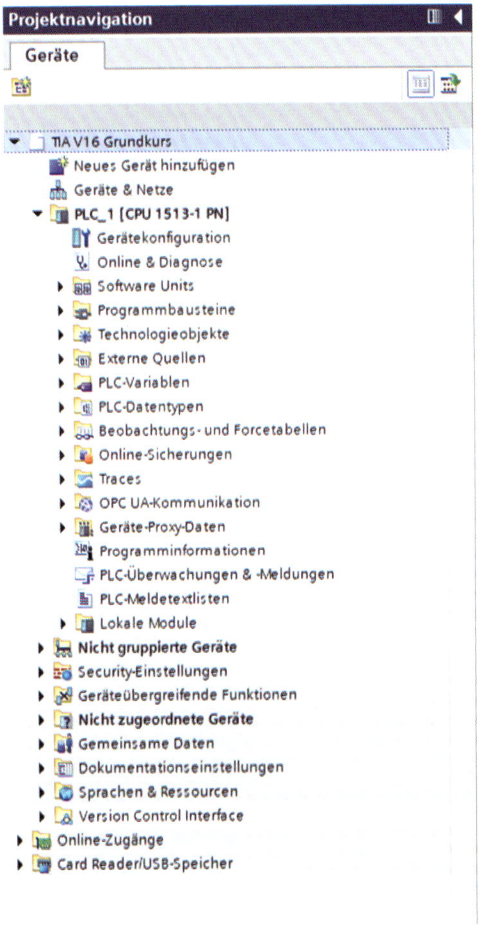

Bild 4.75 *Projekt-Struktur*

Hinter den kleinen nach rechts weisenden Dreiecken verbergen sich noch andere Strukturebenen. Hier sind bei der PLC_1 die darunterliegenden Ebenen geöffnet.

4.4.5 Online-Zugänge

Bevor eine Software auf eine CPU oder ein Panel übertragen wird, stellt man einmal fest, welche Teilnehmer für die eingestellte Schnittstelle erreichbar sind. Hat man mit der Funktion **erreichbare**

Teilnehmer entsprechende Netzwerkkomponenten gefunden (Bild 4.76), so werden diese mit Betätigen des Anzeigen-Buttons unter **Online-Zugänge** in der Projektnavigation abgelegt (Bild 4.77).

Dort hat der Benutzer die Möglichkeit, online auf eine CPU zuzugreifen und sie sowie ihr Programm näher zu untersuchen.

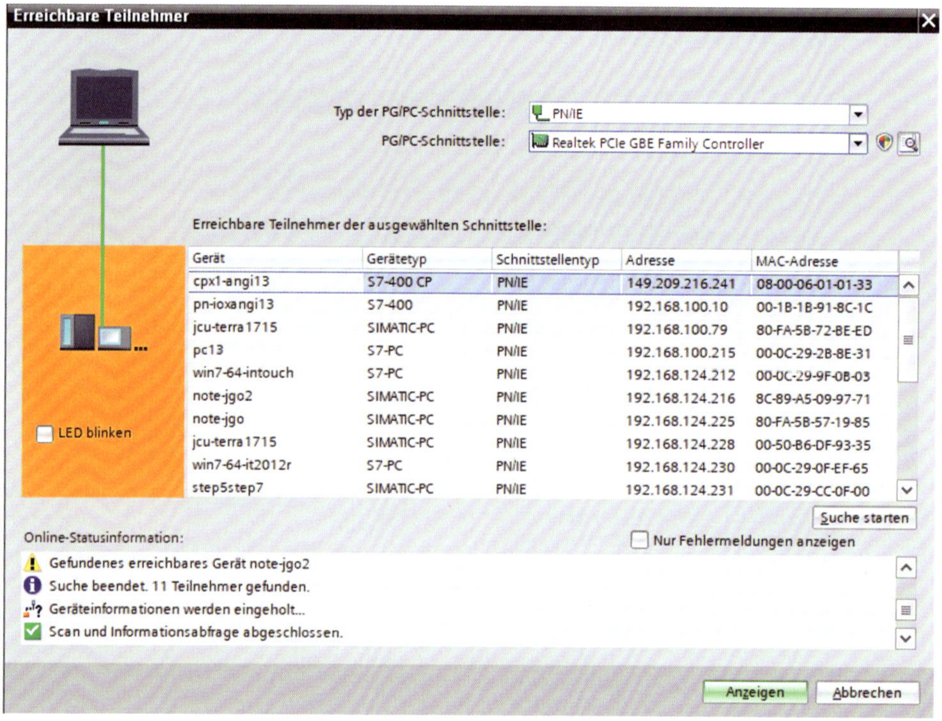

Bild 4.76 *Erreichbare Teilnehmer*

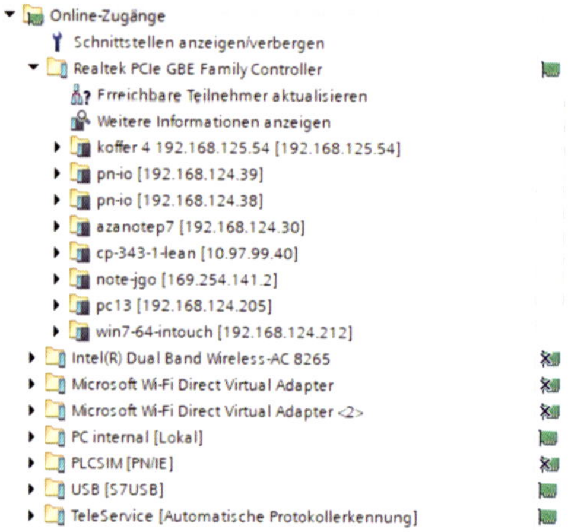

Bild 4.77 *Online-Zugänge*

4.4.6 Card-Reader/USB-Speicher

In den CPU werden Speicherkarten verbaut, die – sofern das Programmiergerät eine entsprechende Schnittstelle hat – auch vom Programmiergerät aus beschrieben werden können. Sollte einmal kein Zugriff auf die Hardware möglich sein, so kann der Programmierer eine entsprechende Speicherkarte beschreiben und in die CPU einsetzen (lassen).

Je nach Paneltyp und Speicherkarte kann der Programmierer genauso verfahren. Für ein Panel bietet sich zusätzlich die USB-Schnittstelle an (Bild 4.78), auf die ein Panelprojekt übertragen werden kann, und von dort auf das Panel.

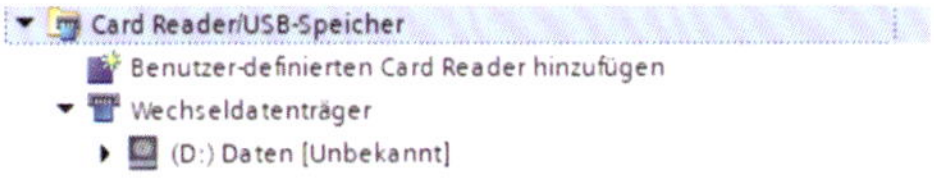

Bild 4.78 *Card Reader*

4.5 Programminformationen

Unter der jeweiligen CPU in der Projektnavigation findet sich der Eintrag **Programminformationen** (Bild 4.79). Nach dem Öffnen sieht man im Editorfenster vier Karteikarten: Aufrufstruktur, Abhängigkeitsstruktur, Belegungsplan und Speicherauslastung (Bild 4.80).

Bis auf den Belegungsplan sind die dargestellten Informationen nicht besonders spannend, die Informationen werden erst in Kombination mit dem Inspektorfenster nutzbar.

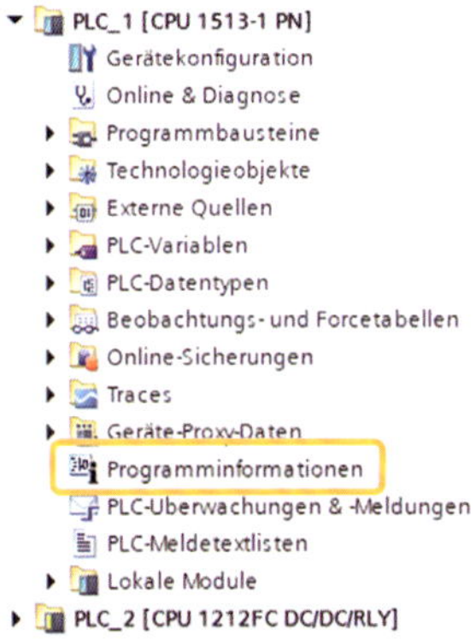

Bild 4.79 *Projektnavigation mit Programminformationen*

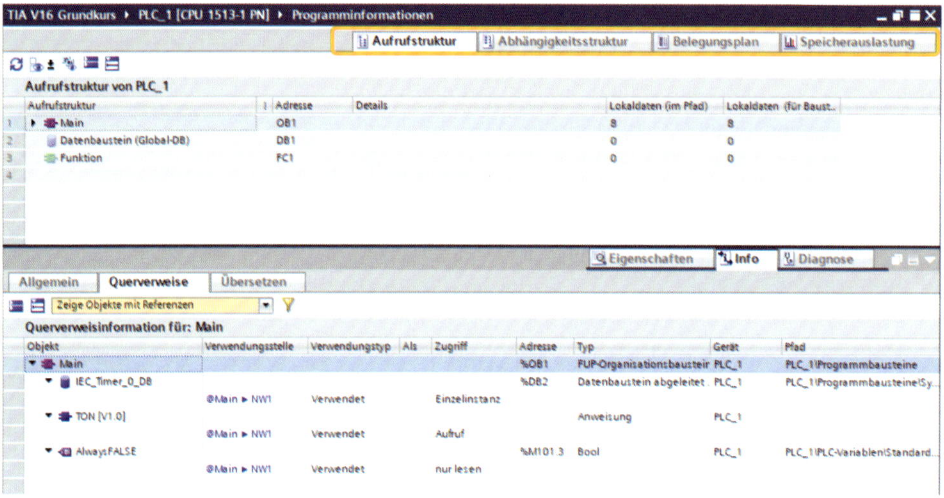

Bild 4.80 Editorfenster mit Programminformationen (obere Fensterhälfte)

4.5.1 Aufrufstruktur

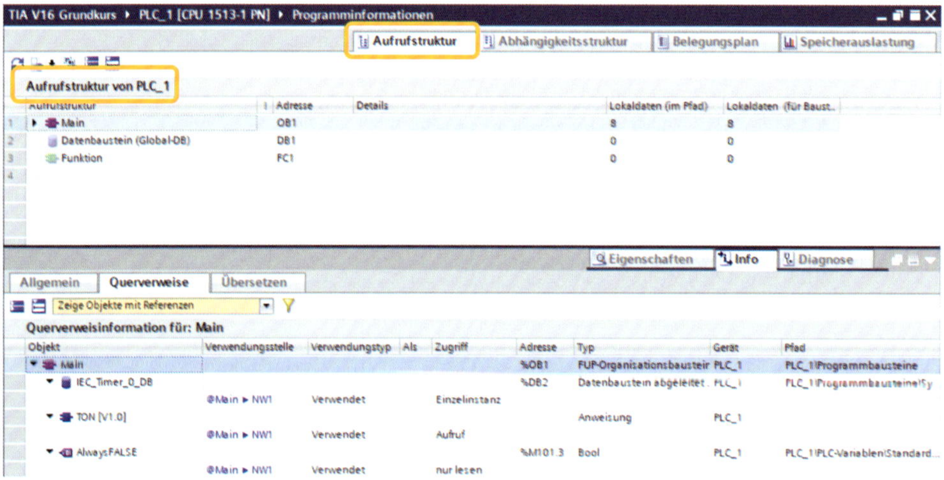

Bild 4.81 Editorfenster mit Aufrufstruktur

Zum Kennenlernen wähle man auch einmal die Seiten **Allgemein** und **Übersetzen** an und analysiere die Inhalte. Dasselbe Vorgehen ist auch für die Karteikarten **Eigenschaften** und **Diagnose** zu empfehlen.

4.5.2 Abhängigkeitsstruktur

Das «wer ist wer» des Programms: Hier wird dargestellt, welche Funktion bzw. welcher Funktionsbaustein von wem und wo aufgerufen wird (Bild 4.82).

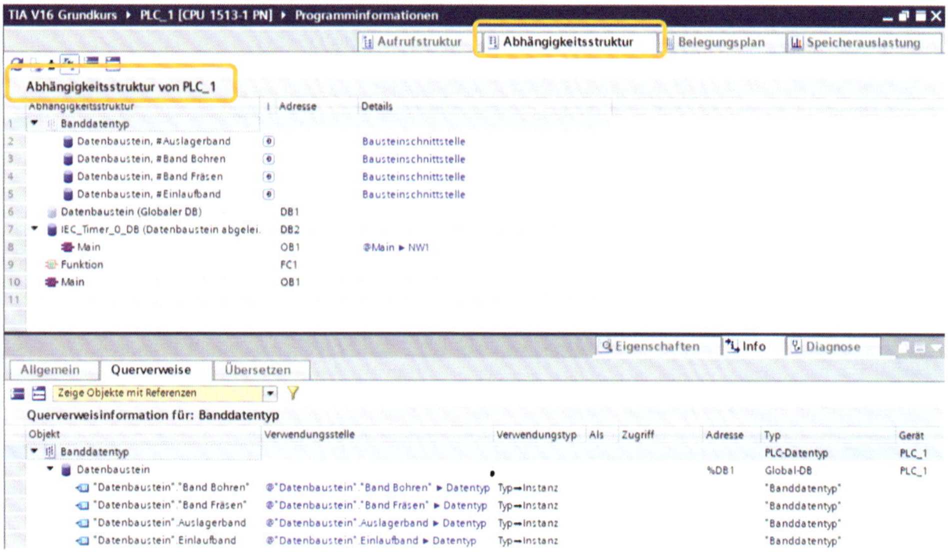

Bild 4.82 Programminformation Abhängigkeitsstruktur

Auch hier empfiehlt es sich, einmal mit der Maus durch die Karteikarten zu klicken, auch die im unteren Inspektorfenster, um die Tiefe der Karteikarten und Informationen auszuloten.

4.5.3 Belegungsplan

Unter dem dritten Reiter findet sich der Belegungsplan für Ein- und Ausgänge, Merker, Siemens-Timer und -Counter. Hier werden aber nur Variablen gelistet, die im Programm verwendet werden. Es reicht damit nicht, die Variablen nur in der PLC-Variablentabelle zu deklarieren (Bild 4.83).

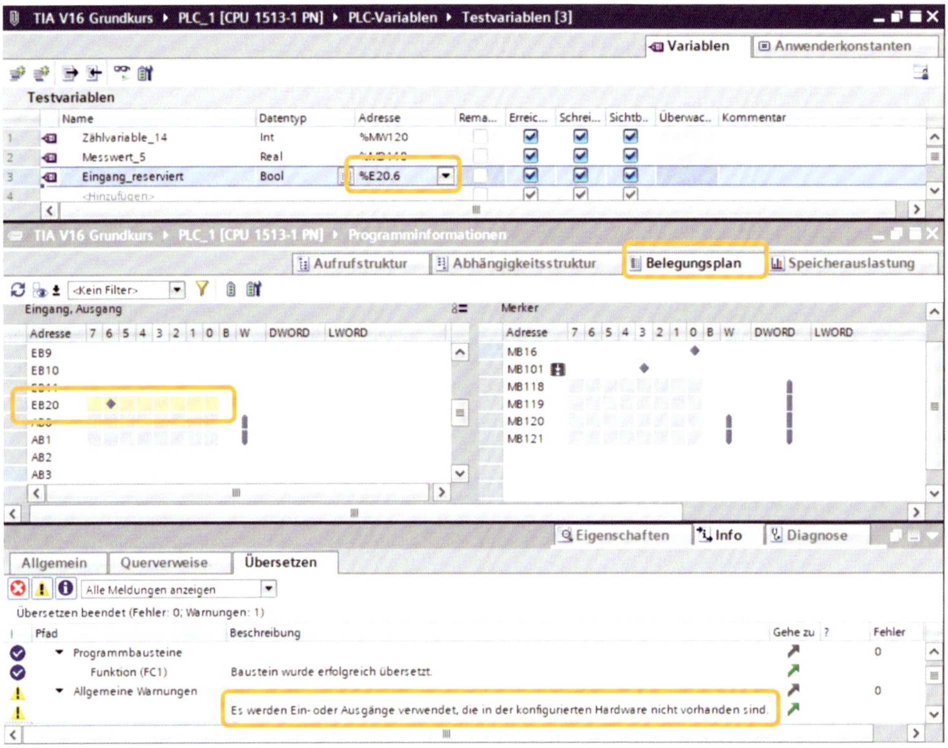

Bild 4.83 Variablendeklaration mit Verwendung der Testvariablen

Der Belegungsplan kann auch für eine Fehlersuche verwendet werden. Bei den Ein- und Ausgängen ist EB 20 gelb, E20.6 mit einer Raute markiert worden.

Eine gelbe Markierung weist auf eine Unstimmigkeit hin, weitere Informationen werden erst einmal nicht geliefert. Eine Übersetzung liefert eine Warnmeldung, die zunächst allein steht, mit einem Mausklick darauf wird aber auf den Belegungsplan umgeschaltet.

Durch Klicken auf einzelnen Eingangsadressen im Belegungsplan formt sich ein klares Bild (Bild 4.84).

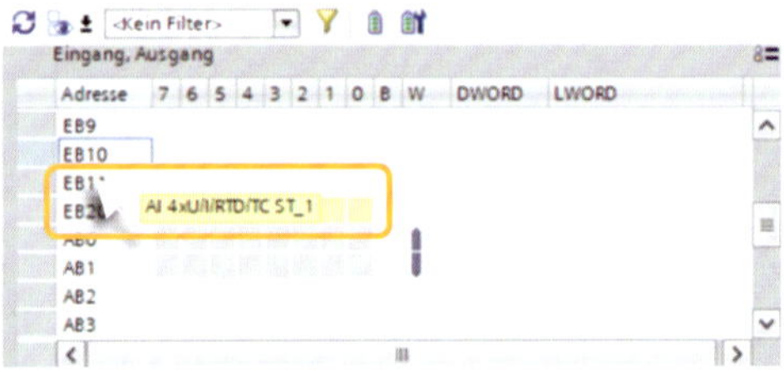

Bild 4.84 Belegungsplan 1

Die Anwahl von EB10 liefert den gelb unterlegten Tooltip: AI 4xU/I/RTD/TC ST_1, das entspricht dem Namen der Baugruppe (4-fach Analogeingang).

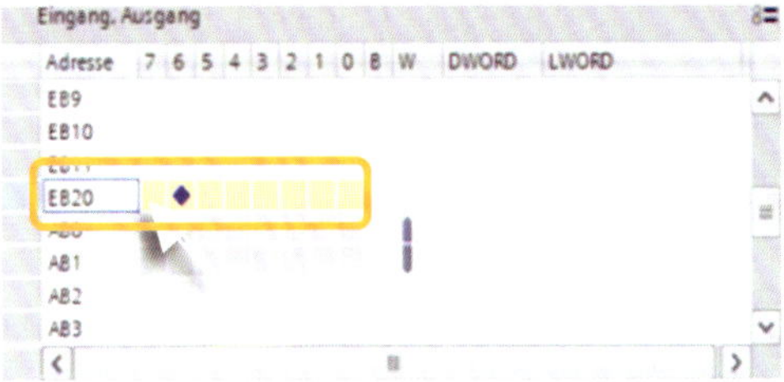

Bild 4.85 *Belegungsplan 2*

Im Gegensatz zum Bild 4.84 liefert die Anwahl von EB20 keinen Tooltip (Bild 4.85), im Umkehrschluss ist für dieses Adressbyte keine Hardware vorhanden.

Bei Anwahl der fehlerhaft verwendeten Variablen wird das Fehlerbild deutlicher (Bild 4.86).

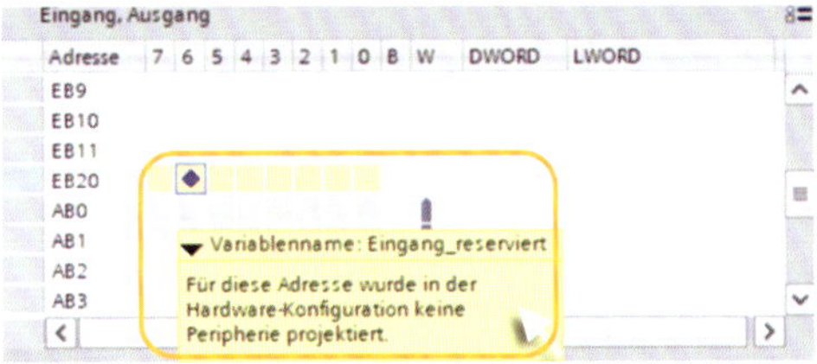

Bild 4.86 *Belegungsplan 3*

Auch wenn die Meldung der Übersetzung nicht wortgleich ist, wird ein Fehler deutlich; entweder hat sich der Programmierer bei der Vergabe der Adresse vertan oder bei der Konfektionierung der Hardware. Hier ist also eine Korrektur erforderlich.

Im Bereich der Merker droht ebenfalls ein Fehler, auch wenn die Übersetzung diesen nicht detektiert hat (Bild 4.87).

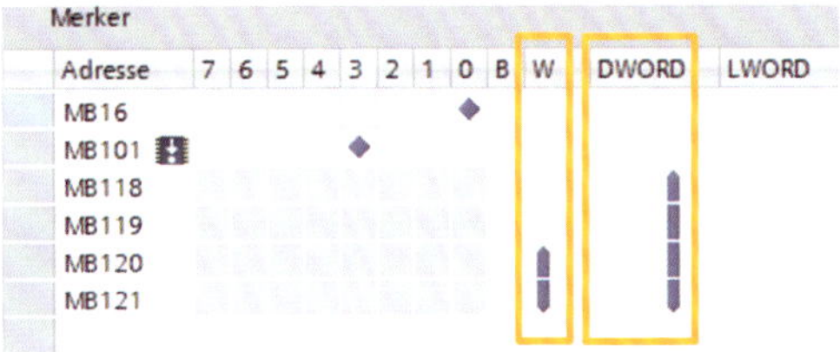

Bild 4.87 *Belegungsplan 4*

Das Merkerdoppelwort MD 118 und das Merkerwort MW 120 überschneiden sich, sehr schön an den Markierungen in den Spalten W und DWORD erkennbar. Somit ist hier Handlungsbedarf gegeben. Dieser potenzielle «Fehler» wird bei der Übersetzung nicht erkannt und damit auch nicht gemeldet, auch nicht als Warnung.

In besonderen Fällen kann ein solches Konstrukt zu sinnvollen Ergebnissen führen, entscheidend ist die Aufgabe, die damit erledigt werden soll.

Der Belegungsplan kann auch eine Hilfe bieten, um freie Merker zu finden, die noch nicht benutzt worden sind. Als Alternative bietet sich die PLC-Variablentabelle an, dort stehen aber auch

Merker, die zwar definiert, aber (noch) nicht verwendet worden sind. In der Regel werden bei den CPU S7-1200 und S7-1500 genügend Merker zur Verfügung stehen.

4.5.4 Speicherauslastung

Die Speicherauslastung liefert Informationen zum Speicherbedarf einzelner Programmbausteine und dem Programm als Ganzem; auch der Anteil am Gesamtspeicher wird angegeben, sodass etwaige Platzprobleme abschätzbar werden. In Bild 4.88 ist die Funktion FC1 angelegt, aber im Programm nicht verwendet worden. Der Speicherbedarf kann deswegen nicht bestimmt werden, daher die Darstellung mit «?».

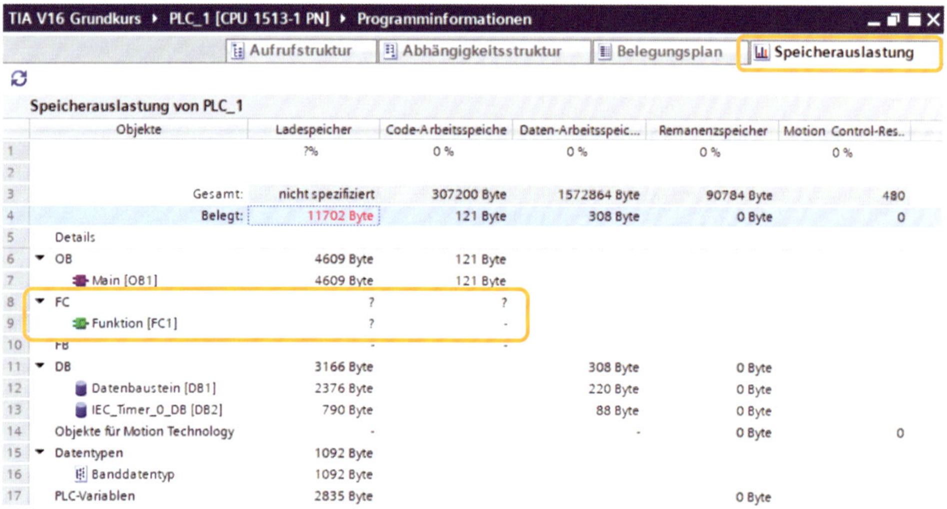

Bild 4.88 *Speicherauslastung*

4.6 Querverweise

Eines der wichtigsten Werkzeuge im TIA Portal sind die Querverweise – sie geben an, welche Variable wo und wie (gelesen oder geschrieben) verwendet wird. Bei der Fehlersuche und Signalverfolgung sind die Querverweise ein unverzichtbares Hilfsmittel. Hier ist eine Routine im Umgang mit der Querverweisliste schnell zu erwerben, die Informationsfülle ist überschaubar, muss aber von Anwender zu den richtigen Ergebnissen ausgewertet werden.

4.6.1 Querverweise im Editorfenster

Im Menü **Werkzeuge** besteht die Möglichkeit, für das jeweilige Objekt im Focus eine Querverweisliste aufzurufen. Die Querverweisliste wird dann im Editorfenster angezeigt, bei einem anschließenden Wechsel des Focus wird sie nicht aktualisiert (im Gegensatz zu der Querverweisliste im Inspektorfenster). Das mag erst einmal als Nachteil angesehen werden, bietet aber die Möglichkeit, mehrere Objekte in mehreren Querverweislisten miteinander zu vergleichen. Die Umschaltung geschieht dabei über die Fensterbuttons unterhalb des Inspektorfensters. In der Regel wird man die Querverweisliste im unteren Inspektorfenster nutzen, um Variablen im Editorfenster zu verfolgen. Im Editorfenster sind Netzwerke, PLC-Variablentabellen, Belegungspläne etc. darstellbar, auch nebeneinander, wie in Bild 4.89 angezeigt.

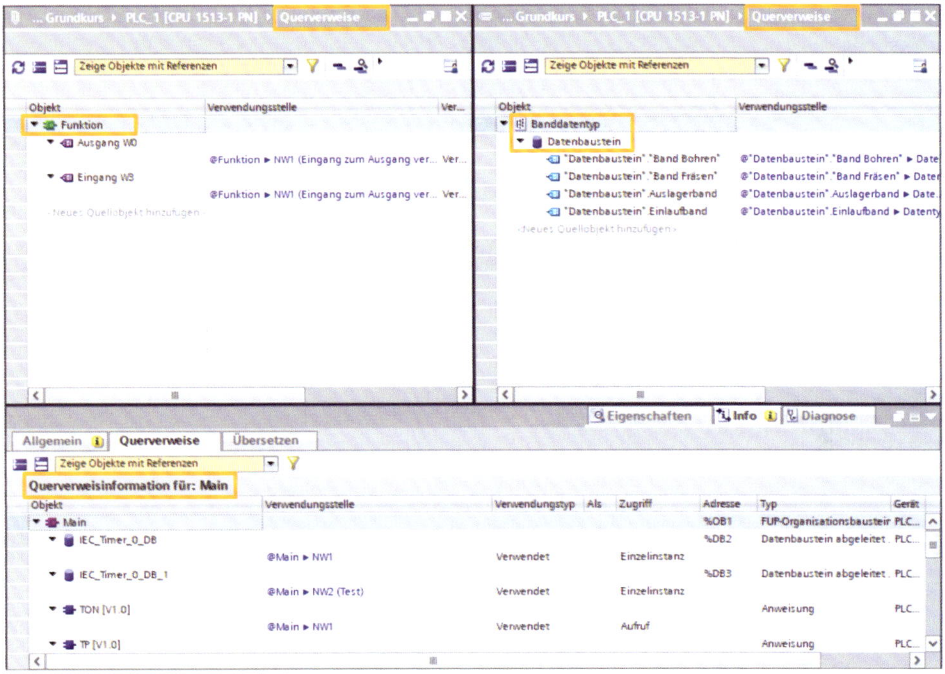

Bild 4.89 *Vertikal geteiltes Editorfenster, links: Focus auf der Funktion, rechts: Focus auf einem Datenbaustein, unten im Inspektorfenster Focus auf Main*

4.6.2 Querverweise im Inspektorfenster

Da das Inspektorfenster immer verfügbar ist, kann per **Info** und **Querverweise** die Querverweisliste permanent verfügbar gehalten werden (Bild 4.90). Für das Objekt im Focus werden die Querverweise aktualisiert und dargestellt. Das Objekt kann eine Variable aus dem Programm im Editorfenster sein, Ein- Ausgang, Merker oder ein Programmbaustein aus der Projektnavigation oder eine Variable aus einem Datenbaustein aus der Detailansicht oder… Die Möglichkeiten sind zu zahlreich, um sie alle hier aufzuzählen.

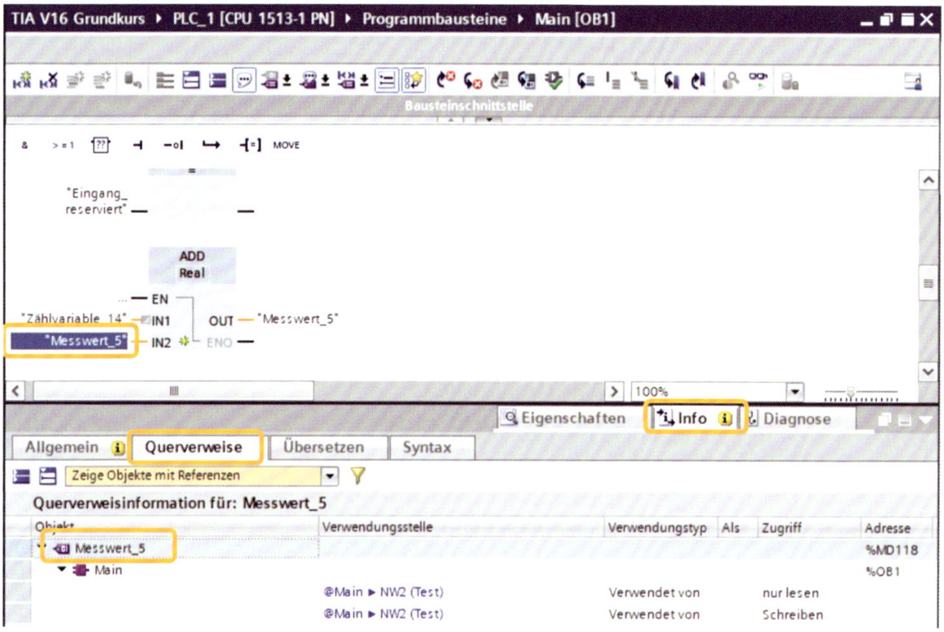

Bild 4.90 *Inspektorfenster Querverweisliste (untere Bildhälfte), passend zur im Editorfenster gewählten Variable*

4.7 Beobachtungs- und Forcetabelle

Für die Programmentwicklung und auch die Fehlersuche stehen verschiedene Hilfsmittel zur Verfügung, unter anderem die Beobachtungs- und Forcetabellen.

4.7.1 Beobachtungstabelle

Die Beobachtungstabellen werden individuell angelegt. Zu einem Entwicklungsprojekt kann man eine oder mehrere Beobachtungstabellen anlegen, ganz allgemein für Ein- und Ausgänge oder für Datenbausteinelemente – wenn man nicht den gesamten Datenbaustein beobachten mochte. Die Beobachtungstabellen werden prinzipiell nur auf dem Programmiergerät gespeichert, es sei denn man richtet einen Webserver auf der CPU ein und zeigt die Beobachtungstabelle dort an.

Die Beobachtungstabelle wird auf das Problem zugeschnitten, man stellt dort alle wichtigen Elemente in den Datentypen und Darstellungsformaten dar, die man zum Beobachten benötigt. In Einzelfällen kann auch eine Variable in unterschiedlichen Formaten oder in Ausschnitten dargestellt werden. Das ist beim Beobachten im Netzwerk nicht immer möglich. Auch hat man innerhalb der Beobachtungstabellen einen kleinen Geschwindigkeitsvorteil bei schnell veränderlichen Signalen gegenüber dem Beobachten in Netzwerken in den Bausteinaufrufen.

Beobachtungstabellen können auch zum Steuern von Variablen, ggf. auch Timer und Zähler verwendet werden. Dieses Steuern per Beobachtungstabelle wird durch Trennen der Online-Verbindung beendet.

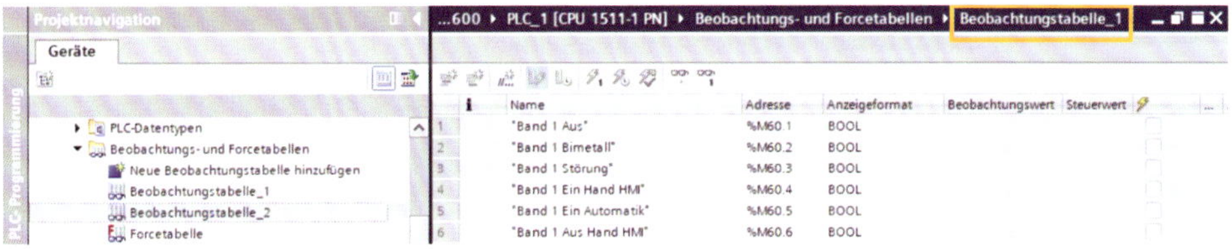

Bild 4.91 *Beobachtungstabelle ohne Onlineverbindung*

In Bild 4.91 wird eine Beobachtungstabelle angezeigt, ohne dass eine Online-Verbindung vorhanden ist. Erst mit Aufbau der Online-Verbindung werden die Signalzustände in der Spalte **Beobachtungswert** korrekt dargestellt (Bild 4.92).

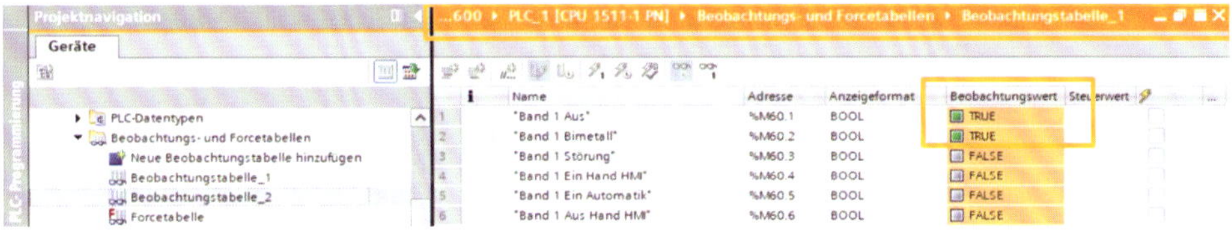

Bild 4.92 *Beobachtungstabelle mit Onlineverbindung*

4.7.2 Forcetabelle

Die Forcetabelle ist schon angelegt, auch wenn sie keine Variablen enthält. Eine weitere Forcetabelle kann nicht angelegt werden.

Die Beendigung des Steuerns durch den Force-Auftrag auf der CPU oder ein Trennen der Online-Verbindung hat keine Wirkung, ebenso wenig das Ausschalten der CPU. Das Forcen ist also ein dauerhafter Eingriff und muss explizit beendet werden. Das Forcen wird in der Regel nur in Einzelfällen angewendet, wenn Ein- oder Ausgänge zwangsgeschaltet werden müssen.

Bild 4.93 *Forcetabelle mit Onlineverbindung und aktivem Forceauftrag*

Als Beispiel wurde in Bild 4.93 der Eingang Start_Blinker auf E0.0 auf TRUE geforced. An der CPU wird dieser aktive Forceauftrag durch Ansteuerung der MAINT (Maintenance-LED – Wartung) angezeigt und mit einem roten F in der Forcetabelle.

4.8 Online & Diagnose

Für die Diagnose existieren neben dem Beobachten im Netzwerk und den Beobachtungstabellen bzw. Forcetabellen auch noch andere Hilfsmittel, die unter **Online & Diagnose** zusammengefasst wurden. Der Themenkreis umfasst Fehler, die die CPU massiv – bis zum STOP – beeinflussen oder auch hardwaretechnische Unstimmigkeiten. Diese Informationen werden nur bei aktiver Onlineverbindung geliefert. Die Onlineverbindung kann von der Menüleiste aus initiiert werden oder mit dem in Bild 4.94 gezeigten Menü.

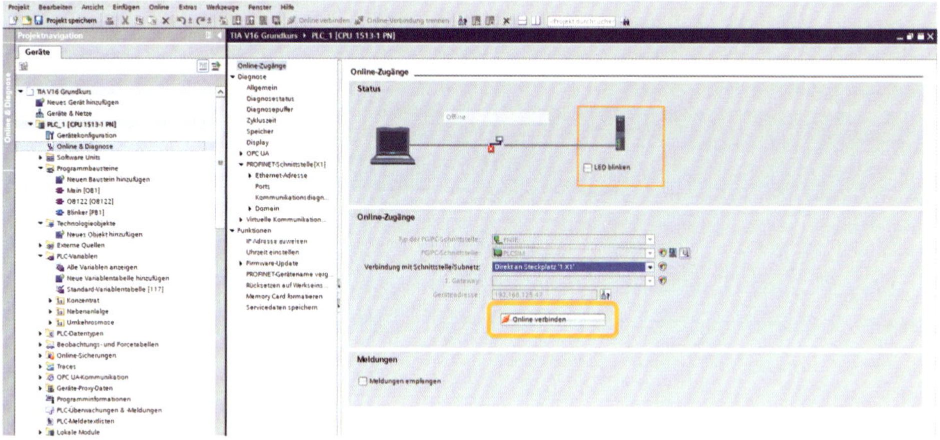

Bild 4.94 *Online und Diagnose – Onlinezugänge*

4.8.1 Online-Zugänge

Die Online-Verbindung ist Voraussetzung für das Funktionieren der Diagnose. Für die Anwahl des richtigen Gerätes lässt sich die Blink-Funktion nutzen, natürlich nur bei einer entsprechenden Sichtverbindung zum Gerät. Diese Funktion **LED blinken** ist auch für Panels, Frequenzumrichter und Kommunikationsprozessoren anwendbar. Das Blinken wird am Display des Panels oder Frequenzumrichters ausgegeben, oder eine oder mehrere Status-LED oder Transfer-LED blinken an der angewählten CPU oder dem Kommunikationsbaustein in einem auffälligen Takt (Bild 4.95).

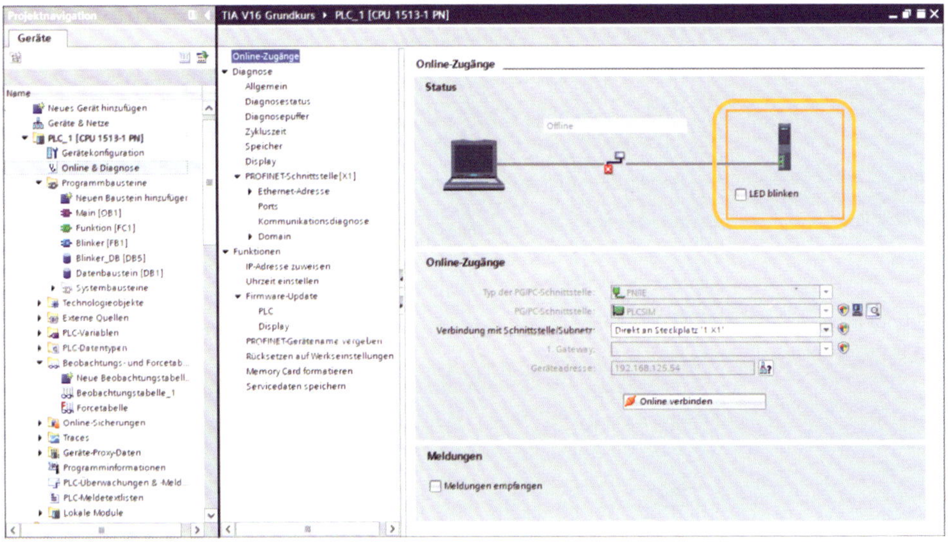

Bild 4.95 Online und Diagnose → Onlinezugänge → LED blinken

4.8.2 Diagnose

Die Diagnose ist das wichtigste Hilfsmittel bei größeren Fehlern. Es besteht die Möglichkeit, den Fehlerspeicher (Diagnosepuffer) der CPU auszulesen – eine grundlegende Möglichkeit, um groben Fehlern auf die Spur zu kommen, die mit einem STOP oder Sammelfehler der CPU verbunden sind. Die Diagnose ermöglicht es, auf eine gestoppte CPU zuzugreifen, schließlich ist das Automatisierungsprogramm nur eine Anwendung auf der CPU unter deren Betriebssystem. Wenn man sich im Bereich der Diagnose bewegt, ist das entsprechende Menü in der **Task-Card** als **Online-Tools** betitelt, damit lässt sich im **CPU-Bedienpanel** die CPU in RUN oder STOP versetzen. Zusätzlich ist noch ein MRES (Speicher-Reset) möglich.

Der MRES setzt allerdings nicht die CPU auf Werkseinstellungen zurück, sondern nur Merkervariablen und Datenbausteine.

Zur Zustandssignalisierung werden drei symbolische LED animiert: RUN/STOP, ERROR und MAINT. Zusätzlich wird die Position des Betriebsartenschalters ausgegeben, der in der Position STOP Vorrang genießt vor etwaigen Startversuchen seitens des Programmiergerätes.

Unterhalb des CPU-Bedienpanels existiert ein eigenes Fenster für die **Zykluszeit.** Hier wird die Zykluszeit bis zur Zeitüberwachung ausgegeben, aber auch die kürzeste, mittlere und längste Zykluszeit.

Zu guter Letzt wird unter **Speicher** die Auslastung von Ladespeicher, Arbeitsspeicher Code, Arbeitsspeicher Daten und Remanenzspeicher ausgegeben (Bild 4.96).

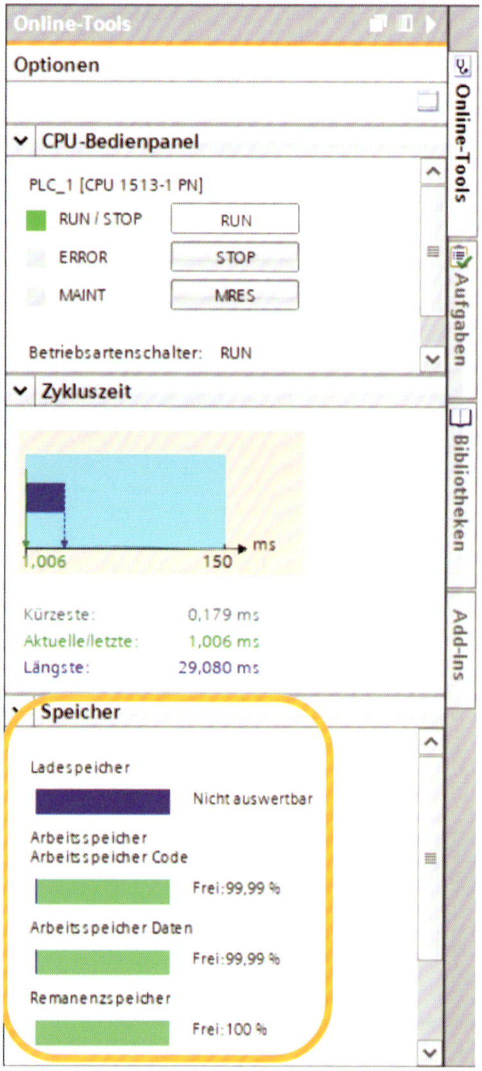

Bild 4.96 *Speicherauslastung*

Allgemein

Unter dem Untermenü **Allgemein** werden Daten der CPU, wie Kurzbezeichnung, Artikelnummer, Firmware und die Version des TIA Portal-Projekts dargestellt, natürlich nur wenn eine Online-Verbindung besteht.

Diagnosestatus

Hier wird ausgegeben, ob die konfektionierte Baugruppe vorhanden ist, wenn ja auch ihr Status (Bild 4.97).

Bild 4.97 Diagnosestatus

Diagnosepuffer

Im Diagnosepuffer sammeln sich Meldungen des Systems zu jedem auf der CPU aufgetretenen Problem, die Details stehen in einem Fenster darunter (Bild 4.98 bis Bild 4.100). Es werden STOP-Ursachen, das Aus- und Einschalten protokolliert. Somit ist der Diagnosepuffer die erste Anlaufstelle bei einer Störung mit CPU-STOP oder Sammelfehlern. Bei Bedarf lässt sich die Anzeige einfrieren, falls die Meldungen durchlaufen.

Im Fenster darunter finden sich die Details zu den Meldungen des Diagnosepuffers. Die Generierung solcher Systemmeldungen ist aber in den CPU-Eigenschaften freizuschalten. Ohne die Meldungen im Diagnosepuffer ist es schwierig, die richtigen Entscheidungen zur Fehlerbeseitigung zu treffen. Eine große Hilfe ist der Button **im Editor öffnen**, mit ihr springt man an die Stelle, an der der Fehler auftritt. Das muss aber nicht der Ort sein, an dem der Fehler verursacht wurde. Je nach Typ des Fehlers kann es vorkommen, dass der Button im **Editor öffnen** nicht freigegeben ist, dann sind andere Wege bei der Fehlersuche zu beschreiten.

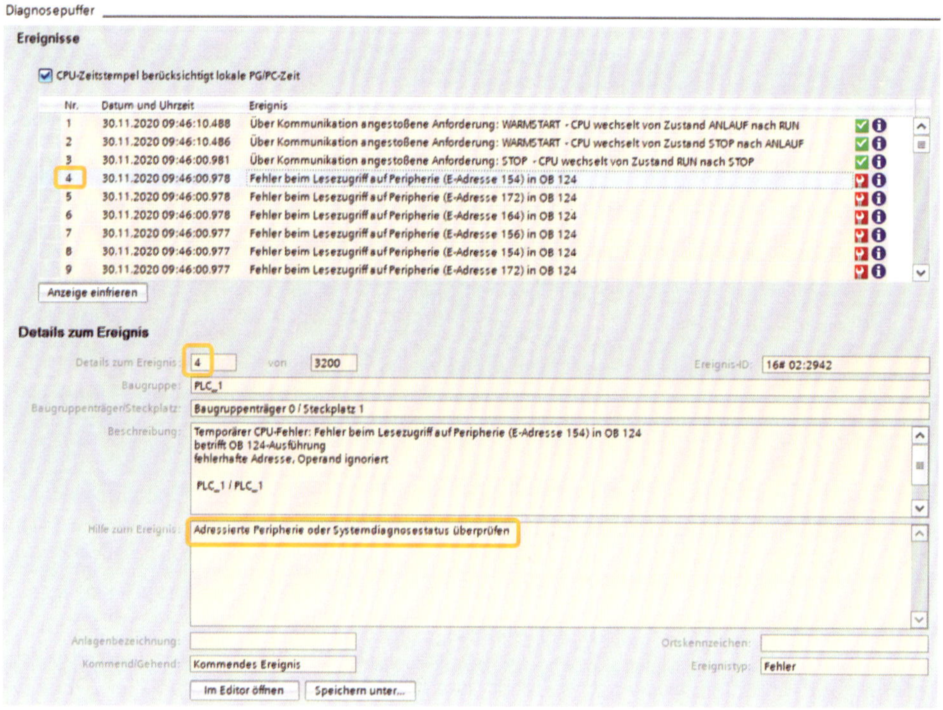

Bild 4.98 *Diagnosepuffer Details 1*

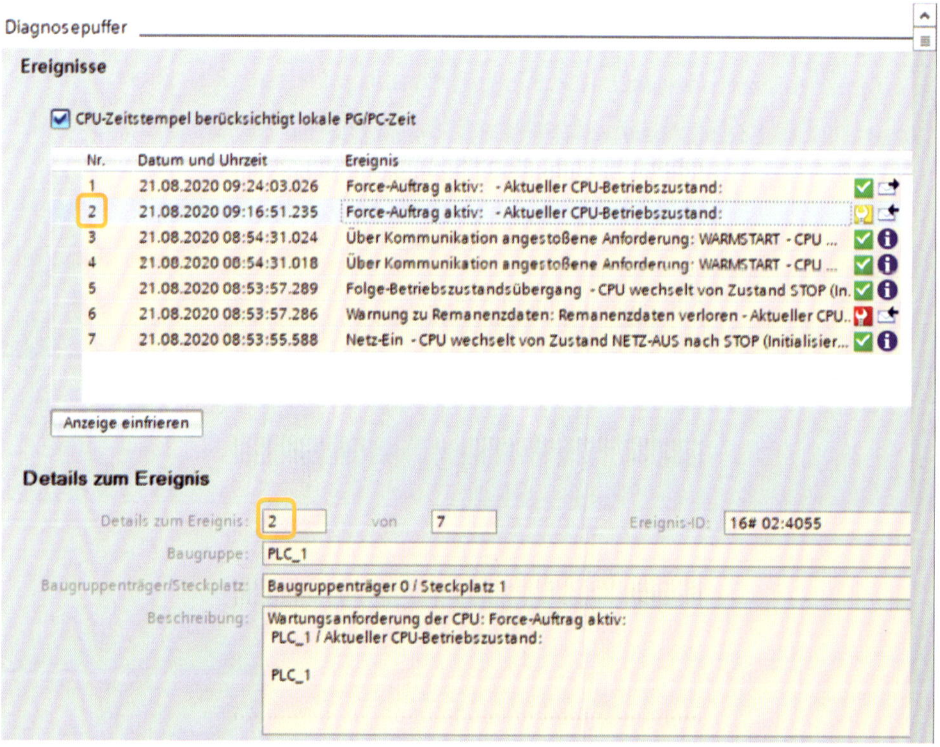

Bild 4.99 *Diagnosepuffer Details 2*

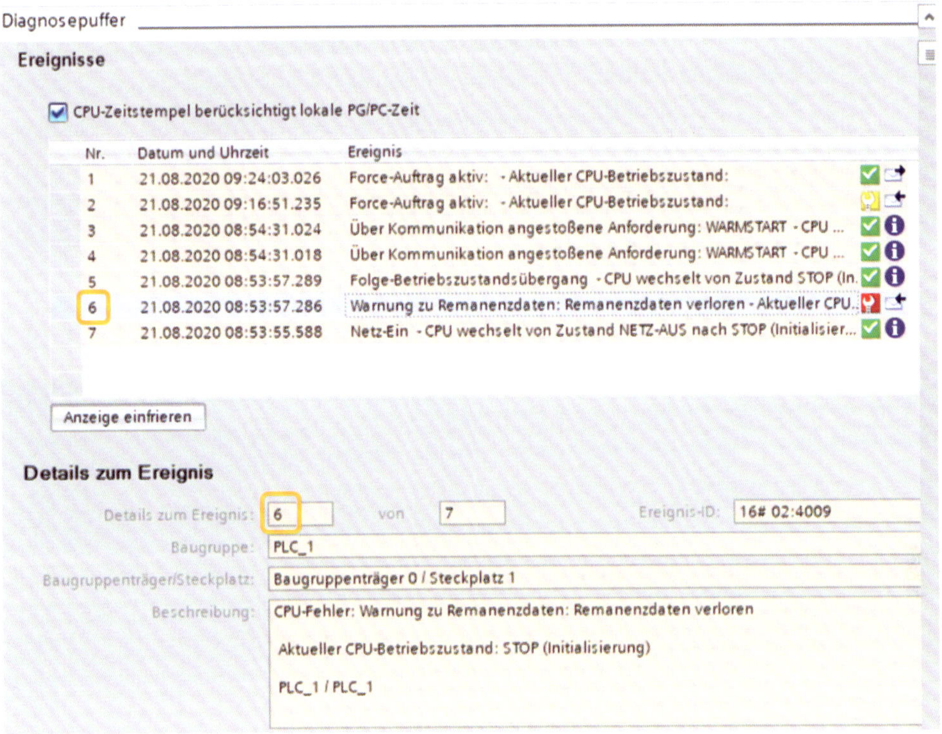

Bild 4.100 *Diagnosepuffer Details 3*

Zykluszeit, Speicher, Display

Unter der Zykluszeit und dem Speicher werden die Daten ausgegeben, die bereits unter den Online-Tools dargestellt wurden (Bild 4.101). Mit dem Display ist das der CPU gemeint.

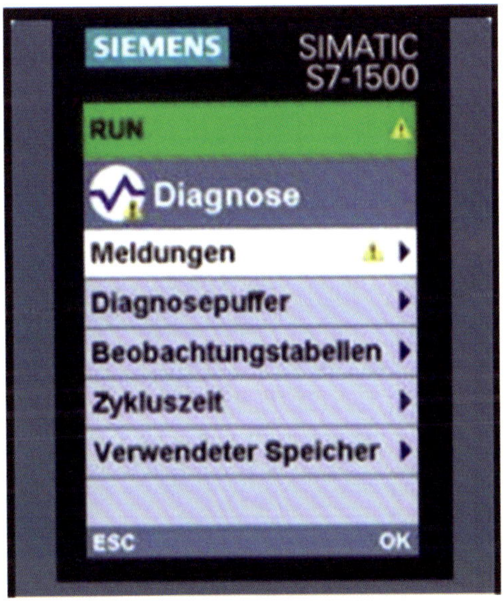

Bild 4.101 *CPU-Display*

Profinet-Schnittstelle

Erst nach Herstellen einer Online-Verbindung werden die Felder des Menüs PROFINET-Schnittstelle mit Daten gefüllt (Bild 4.102).

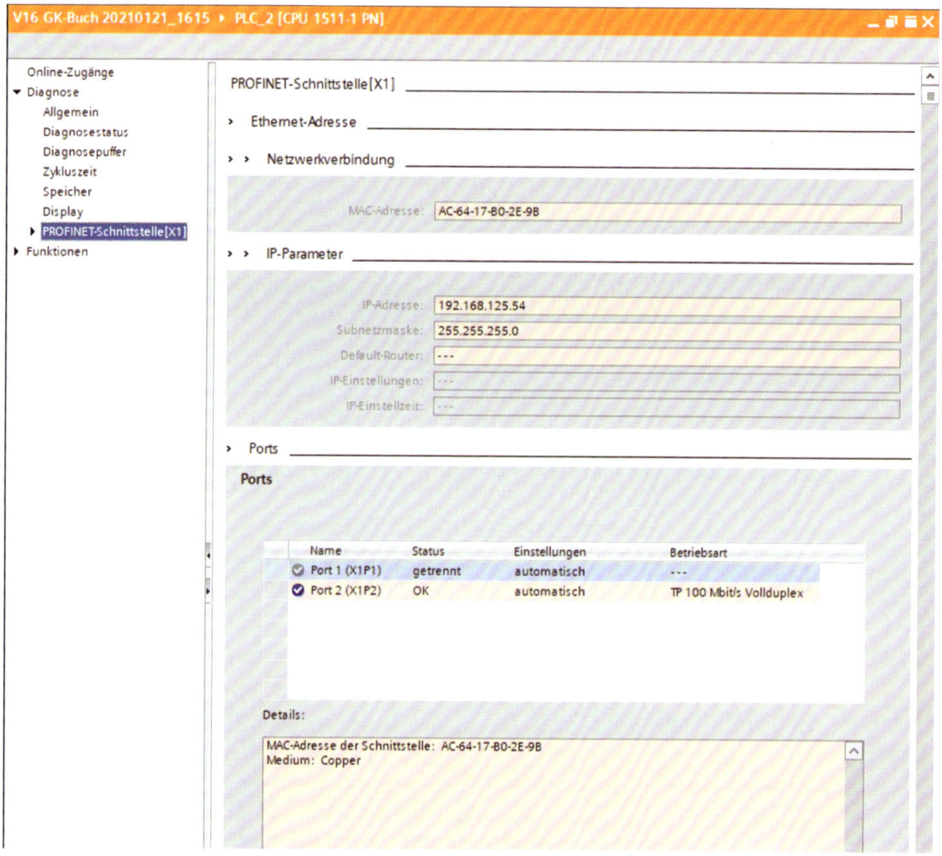

Bild 4.102 Online & Diagnose Diagnose Profinet-Schnittstelle

4.8.3 Online & Diagnose-Funktionen

Unter dem Punkt **Funktionen** werden elementare Funktionen der CPU zusammengefasst: IP-Adresse zuweisen, Uhrzeit einstellen, Profinet-Gerätename vergeben, Rücksetzen auf Werkseinstellungen und Memory Card formatieren. Einige dieser Funktionalitäten werden auch anderweitig angeboten, hier sind sie zusammengefasst verfügbar.

IP-Adresse zuweisen

Nach der Identifikation der erreichbaren Teilnehmer über ihre MAC-Adresse werden IP-Adresse und Subnetzmaske erfragt und an das Gerät übermittelt (Bild 4.103).

In einem zweiten Schritt empfiehlt es sich, den Profinet-Gerätenamen zu prüfen und ggf. neu zu vergeben.

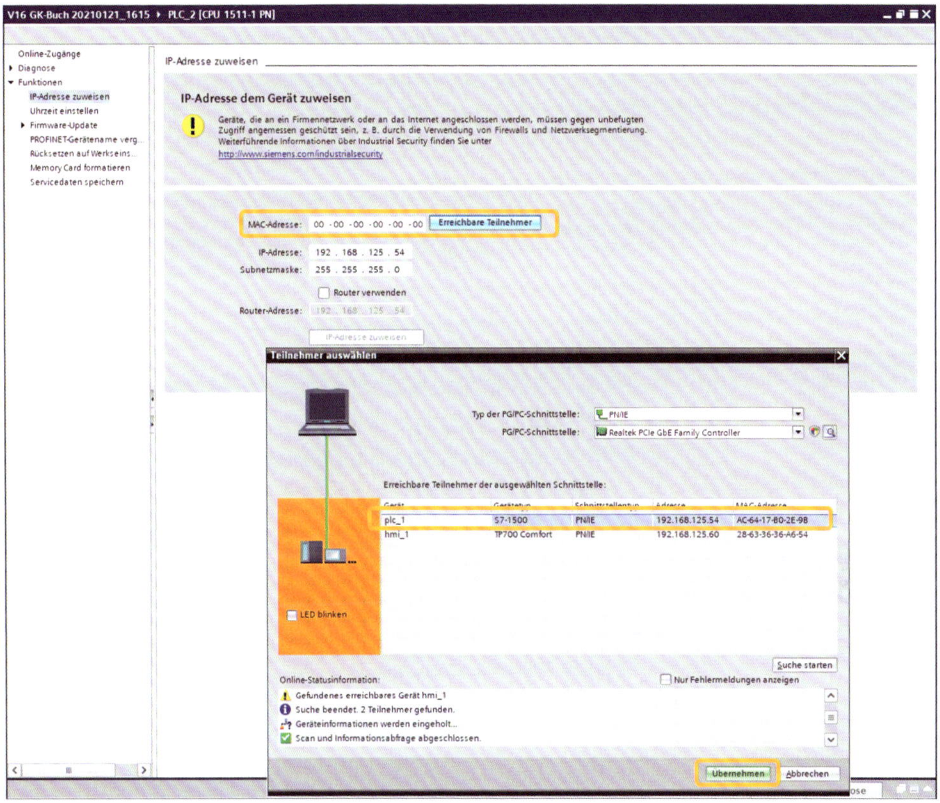

Bild 4.103 *Online & Diagnose Funktionen → erreichbare Teilnehmer*

Dafür wird der gefundene Teilnehmer per Mausklick markiert und <Übernehmen> angewählt; mit der Zuweisung der neuen IP-Adresse schließt man die Änderung ab (Bild 4.104).

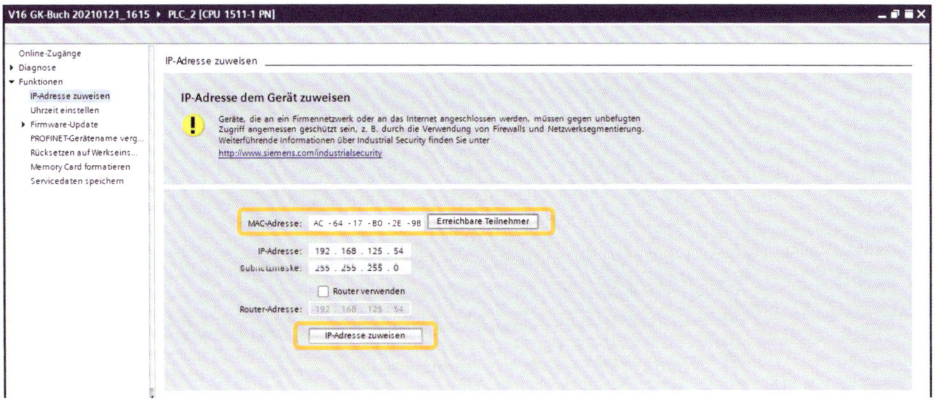

Bild 4.104 *Online & Diagnose Funktionen → IP-Adresse zuweisen*

Uhrzeit einstellen

Wie wichtig die korrekt eingestellte Uhrzeit ist, stellt man spätestens fest, wenn man Einträge im Diagnosepuffer nachrechnet, um den Zeitpunkt des gelisteten Ereignisses genau zu ermitteln. Daher empfiehlt es sich, die Uhrzeiteinstellung gelegentlich zu prüfen und ggf. zu korrigieren (Bild 4.105). In den Eigenschaften der CPU lässt sich ggf. eine automatisierte Uhrzeitkorrektur aktivieren.

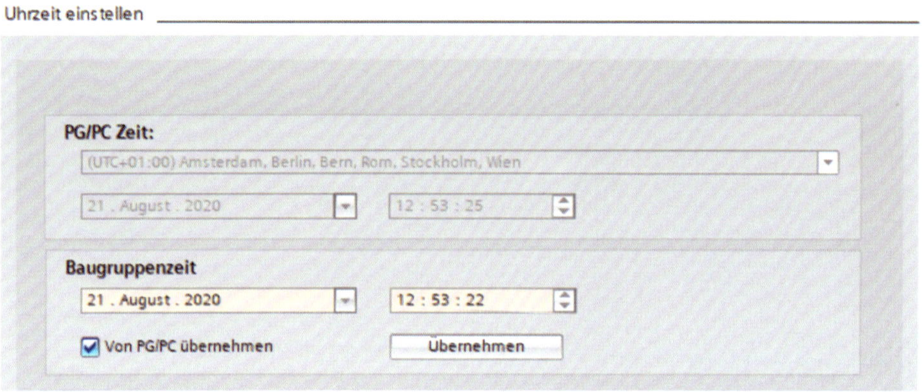

Bild 4.105 Uhrzeit einstellen

Profinet-Gerätename vergeben

Nicht nur eine doppelt vergebene IP-Adresse führt zu Zugriffskonflikten, auch zwei gleiche Profinet-Gerätenamen stören die Kommunikation massiv. Üblicherweise wird der Profinet-Gerätename auch mit dem Projekt auf das Gerät übertragen, es gibt aber Ausnahmen, bei denen man manuell die Übertragung vornehmen muss (Bild 4.106).

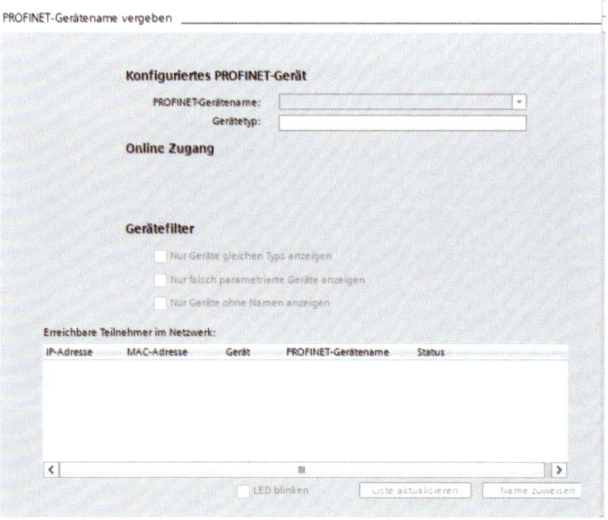

Bild 4.106 PROFINET-Gerätenamen vergeben

Rücksetzen auf Werkseinstellungen

Vor dem Einspielen in eine neue CPU empfiehlt sich das Rücksetzen auf Werkseinstellungen (Bild 4.107). Altlasten in Form von Programmbausteinen werden dabei beseitigt.

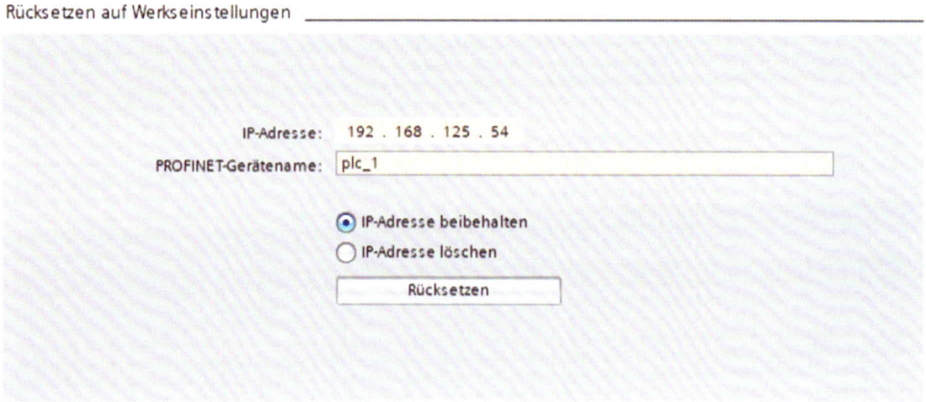

Bild 4.107 *Rücksetzen auf Werkseinstellungen*

Memory Card formatieren

Falls eine Speicherkarte ein neues Programm aufnehmen soll, empfiehlt es sich, sie hier zu formatieren (Bild 4.108). Danach wird das Programm neu aufgespielt.

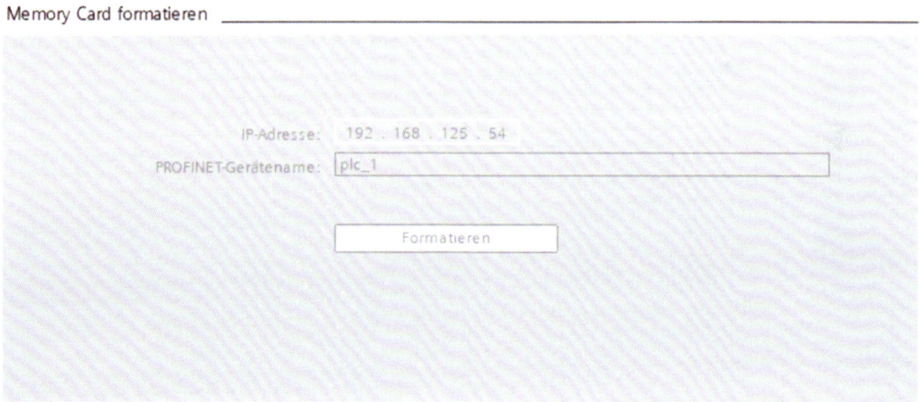

Bild 4.108 *Memory Card formatieren*

4.9 Programmbausteine

Die Programmbausteine sind das Herz der Automatisierung, hier steckt die geballte Intelligenz der Anlage. Entsprechend sorgfältig sollte die Zusammenstellung der Bausteine vorgenommen werden. Üblicherweise skizziert man vorab auf Papier den Ablauf des Programms. In einem zweiten Schritt gruppiert man zusammengehörige Funktionalitäten zu Teilanlagen. Hieraus ergeben sich die ersten Funktionsnamen und Funktionsbausteinnamen. Durch Verfeinerung der Funktionen und Funktionsbausteine entwickelt man dann das Programm.

4.9.1 Neuen Baustein hinzufügen

Für welche Programmiersprache man sich in der Programmierung entscheidet, ist für eine Programmierung unerheblich. Zur Verfügung stehen Kontaktplan (KOP) oder Funktionsplan (FUP) – neuerdings häufig als Funktionsbausteinsprache (FBS) bezeichnet. Mit beiden lässt sich eine Lösung erreichen, so es sie denn gibt. Üblicherweise wird man die Programmiersprache benutzen, die in der eigenen Firma oder der des Kunden am weitesten verbreitet ist, oder auch vom Kunden vorgegeben wird.

Nach der Benennung der Funktionen- und Funktionsbausteine fügt man diese dem Programm hinzu (Bild 4.109). Sie können dabei noch leer sein und werden erst später ausprogrammiert. Die Programmiersprache für neue Bausteine ist voreinstellbar. Lediglich Main (OB1) wird zum Start des Programmes immer in KOP angelegt und ist dann ggf. erst einmal umzustellen.

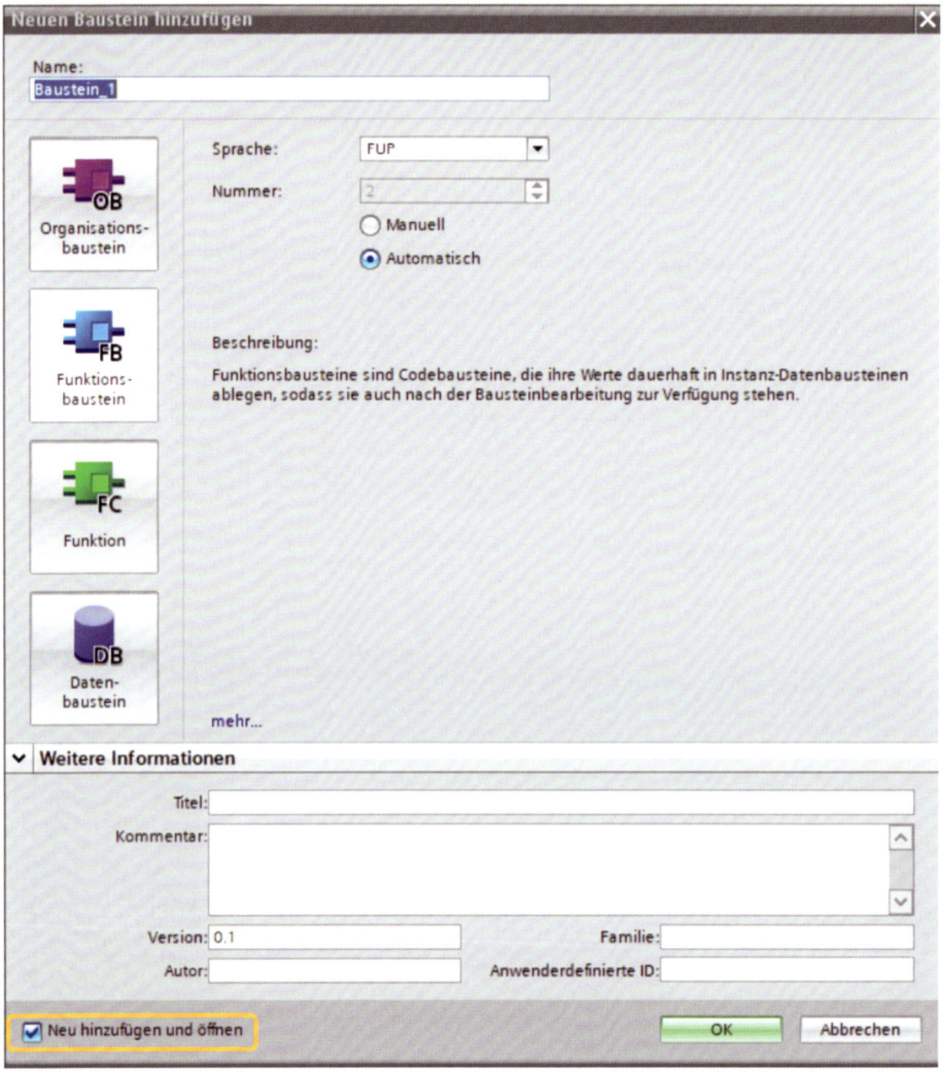

Bild 4.109 *Neuen Baustein hinzufügen*

Mit gesetztem Häkchen bei **Neu hinzufügen** und **öffnen** wird direkt der leere Baustein im Editorfenster geöffnet (Bild 4.110).

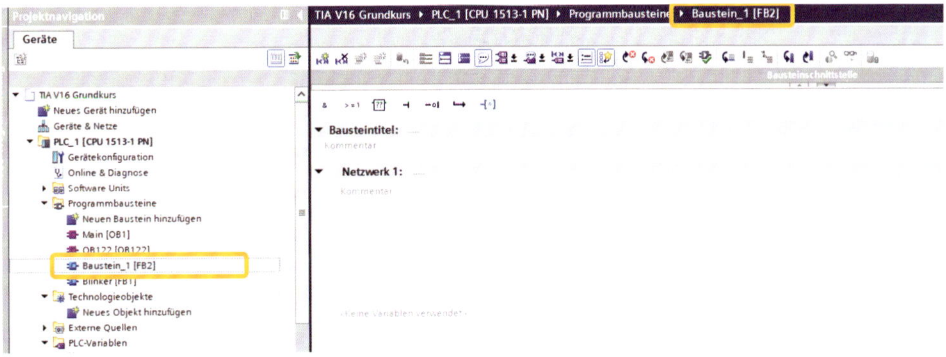

Bild 4.110 *Neuer Baustein hinzugefügt*

Die Wahl der Sprache in den Bausteinen kann im Menü **Eigenschaften** des Bausteins umgestellt werden, sowohl von KOP nach FUP als auch umgekehrt. **SCL**, **AWL** oder **Graph** bieten allerdings keine Konvertierung in eine andere Sprache. Die Umschaltung lässt sich auch über das Kontextmenü vornehmen, in dem ein eigener Eintrag für die Sprachumschaltung existiert.

4.9.2 Kontextmenü

Nach dem Hinzufügen neuer Bausteine werden ggf. Korrekturen erforderlich, diese lassen sich per Rechtsklick auf den entsprechenden Programmbaustein und das sich daraufhin öffnende Kontextmenü ausführen (Bild **4.111**).

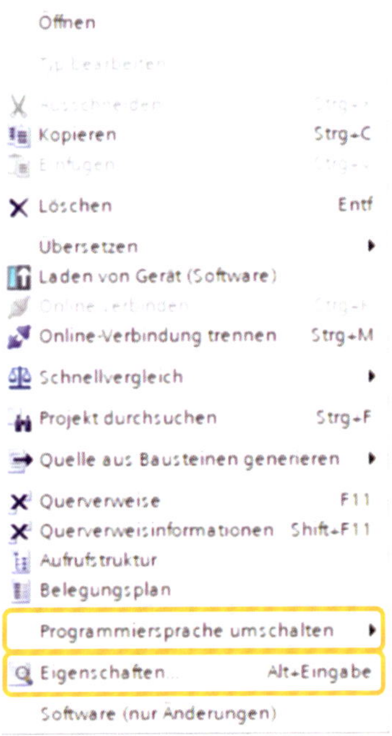

Bild 4.111 *Kontextmenü Bausteine*

4.9.3 Programmtechnische Verfeinerung

Sofern bekannt, belegt man Ein- und Ausgänge mit aussagekräftigen symbolischen Namen. Weitere Variablen ergeben sich aus dem Ablauf, z. B. werden Statusvariablen angelegt, das können Merker sein oder Elemente eines Datenbausteins. Alle vorkommenden Variablen wird man nicht vorausschauend anlegen können, sodass man auch während der Programmierung noch diverse Variablen anlegen wird. Bei jeder Variable muss man sich immer unter Berücksichtigung des Kontextes für eine lokale oder globale Variable entscheiden. Bei den globalen Variablen ist weiter festzulegen, ob ein Merker oder Datenbausteinelement verwendet wird.

Bei den Programmbausteinen, wie Funktionen und Funktionsbausteine, werden die darin enthaltenen Bausteinschnittstellen auch mit Namen benannt, wie **Input**, **Output** und **InOut**, **Static**, **Temp** und **Constant**.

Über die Schnittstellen Input, Output und InOut werden die Funktionen und Funktionsbausteine aus dem Programm mit Informationen versorgt bzw. eingelesen und ausgegeben. Bei Organisationbausteinen, Funktionen und Funktionsbausteinen gibt es auch noch Schnittstellenbereiche zum dauerhaften oder temporären Speichern von lokalen Variablen (**Static** und **Temp**). In die Schnittstelle **Constant** können feste Parameter eingetragen werden, um diese innerhalb der Netzwerke im Baustein für die Programmabarbeitung abzufragen.

4.10 PLC-Variablen

Die PLC-Variablen sind unverzichtbar für eine CPU. Über die Ein- und Ausgänge kommuniziert die CPU mit der an ihr angeschlossenen Hardware: Schalter, Taster, Motoren, Leuchten, Ventile usw. Zwecks besserer Lesbarkeit weist man den absoluten Adressen wie E0.0, E0.1, A3.3, A5.7, EW288, AW278 und anderen symbolische Adressen zu, beispielsweise:

Start, Stop, Motor_1, Meldeleuchte_1, Gewicht_1, Ventistellung_4.

Mit einer funktionsbezogenen Bezeichnung von Variablen wird ein Programm erst lesbar. Die zugehörigen absoluten Adressen sind erst sekundär interessant. Die Vergabe symbolischer Adressen lässt sich erweitern für Programmbausteine wie Funktionen, Funktionsbausteine und Datenbausteine. Zuletzt bleiben nur noch die Merker übrig, auch hier werden symbolische Adressen vergeben. Wird vom Anwender ein neuer Merker ohne Symbol ins Programm eingebunden, erzeugt TIA einen symbolischen Alias Namen wie »Tag_n». Die Variablen werden in der Standard-Variablentabelle abgelegt oder einer selbst definierten Variablentabelle (Bild 4.112 bis Bild **4.114**).

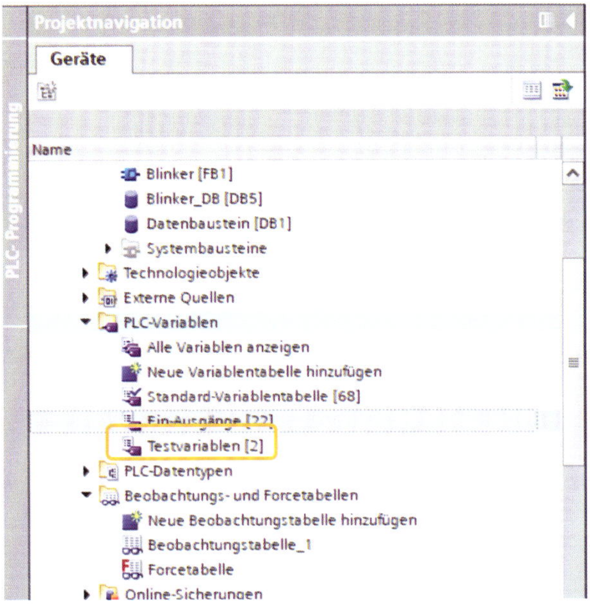

Bild 4.112 *Projektnavigation mit PLC-Variablentabelle, Testvariablen*

Die selbst definierten Variablentabellen setzt man zur Strukturierung der Variablen ein. Damit wird es Variablen geben, die zu beiden Variablentabellen zugeordnet werden können, hier muss man sich für eine entscheiden. Die Entscheidung der Zuordnung zu der einen oder anderen Variablentabelle nimmt man nach Anzeige aller Variablen vor, da hier die Spalte der Variablentabelle auftaucht und eine Änderung der Zuordnung möglich ist.

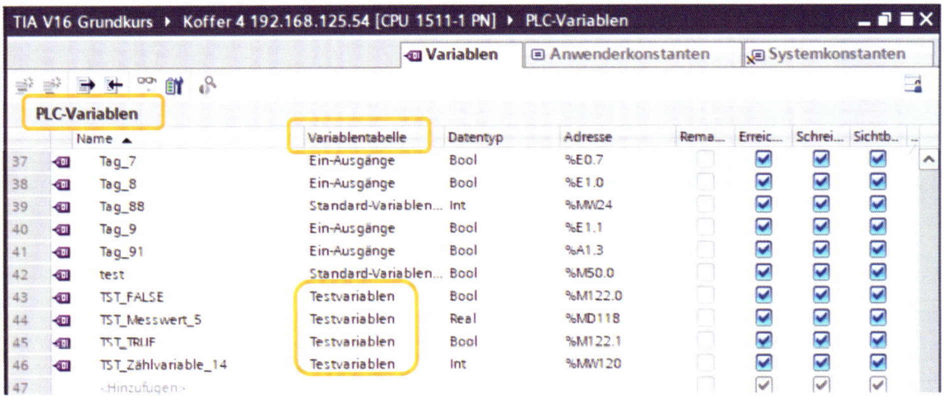

Bild 4.113 *PLC-Variablentabelle (alle Variablen)*

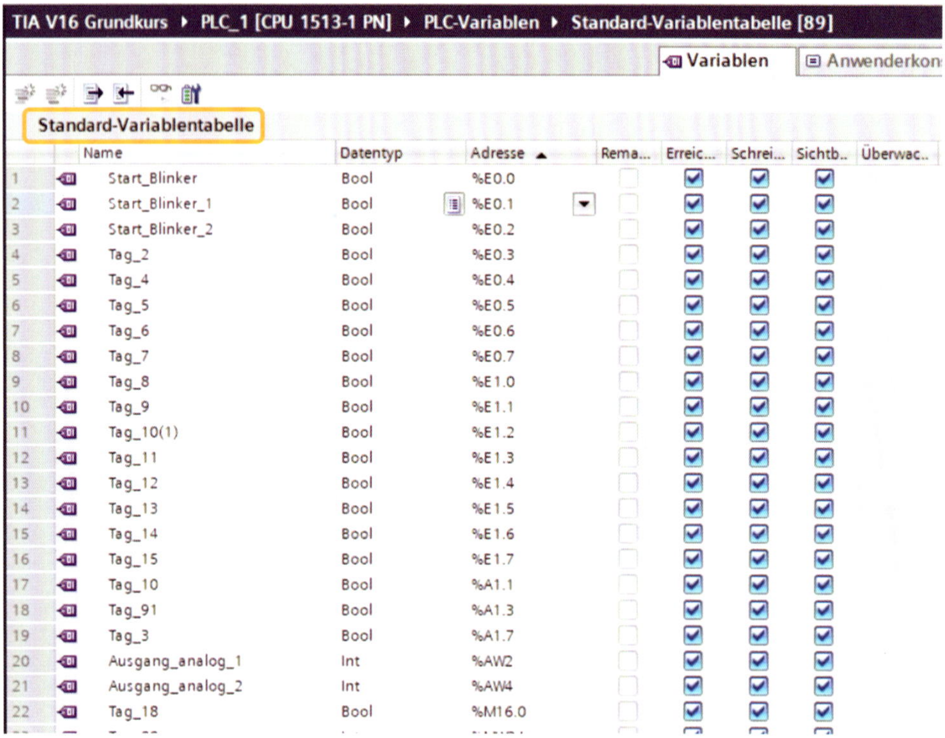

Bild 4.114 *Standard-Variablentabelle*

4.10.1 Neuanlage einer Variablen

Für das neue Anlegen einer Variablen ist die letzte Zeile der Variablentabelle vorgesehen (Bild 4.115). Da der Zugriff über den Symbolnamen stattfindet, ist die Position innerhalb der Tabelle nicht relevant, letztlich hängt die Position auch von der Sortierung der Variablentabelle ab.

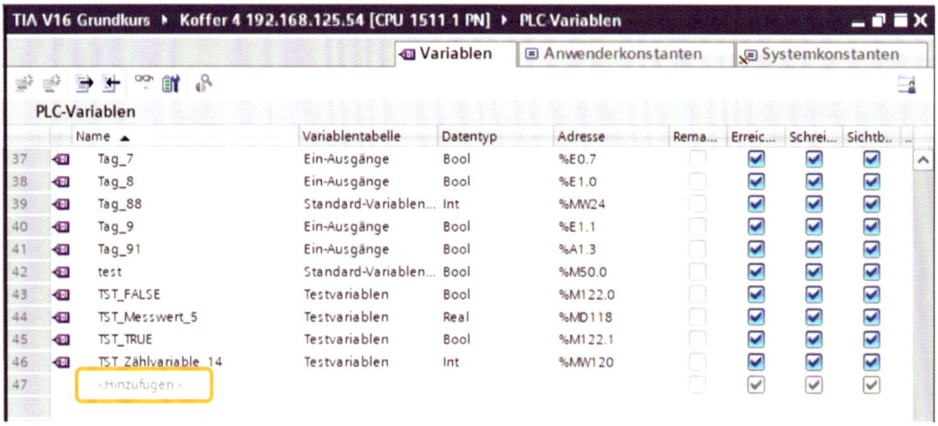

Bild 4.115 *Hinzufügen einer neuen Variablen*

Per Kontextmenu – über die rechte Maustaste auszulösen – kann man eine neue Variable an beliebiger Stelle einfügen bzw. hinzufügen. Diese feine sprachliche Unterscheidung bezieht sich auf die Position der neuen Zeile: Bei **Einfügen** steht sie vor der aktuellen Zeile, bei **Zeile hinzufügen** hinter der aktuellen Zeile.

Die Neuanlage namensähnlicher Variablen kann in Excel-Manier vorgenommen werden, ein anhängender Index wird mit jeder neuen Variablen um eins hochgezählt (Bild 4.116).

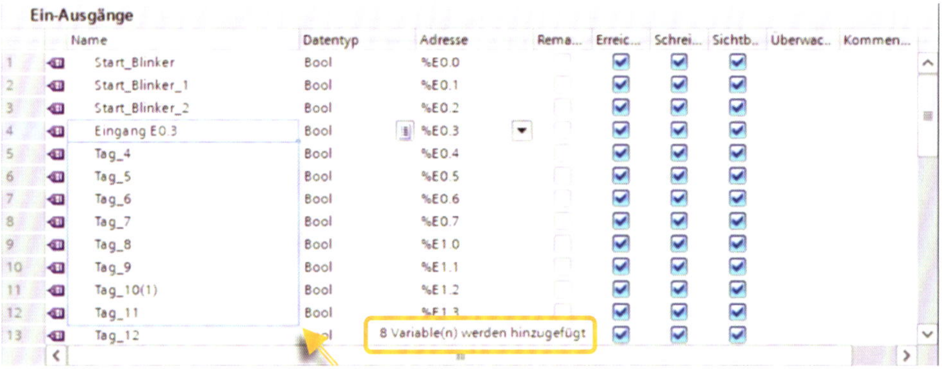

Bild 4.116 *Hinzufügen neuer Variablen in Excel-Manier*

Das Hinzufügen von Variablen wird in Bild 4.117 gezeigt. Der Name Eingang E0.3 soll auf die Eingänge E0.4 bis E1.3 erweitert werden. Per Linksklick auf das kleine quadratische Kästchen rechts unten am Namensfeld von Eingang E0.3 und ziehen bis zu Tag_11 markiert man den zu editierenden Namensbereich. Als kleine Info wird die Anzahl der hinzugefügten bzw. zu editierenden Variablen ausgegeben.

Beim Loslassen der Maus wird gefragt, wie weiter verfahren werden soll: **Variablen überschreiben** oder **Neue Variablen hinzufügen.**

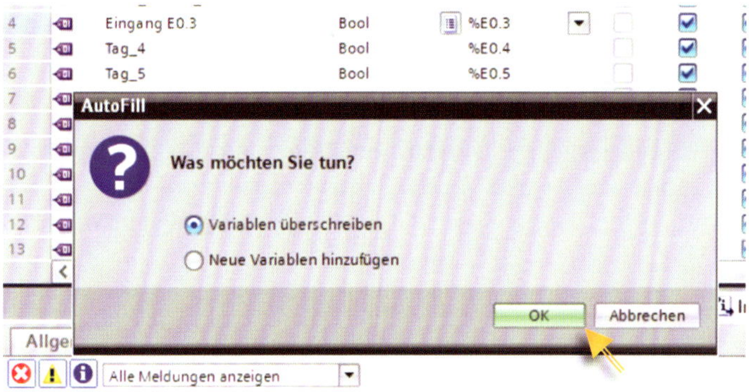

Bild 4.117 *Hinzufügen neuer Variablen mit überschreiben oder hinzufügen*

Ziel war es, die Eingänge namentlich zu benennen, also wählt man überschreiben (Bild 4.118).

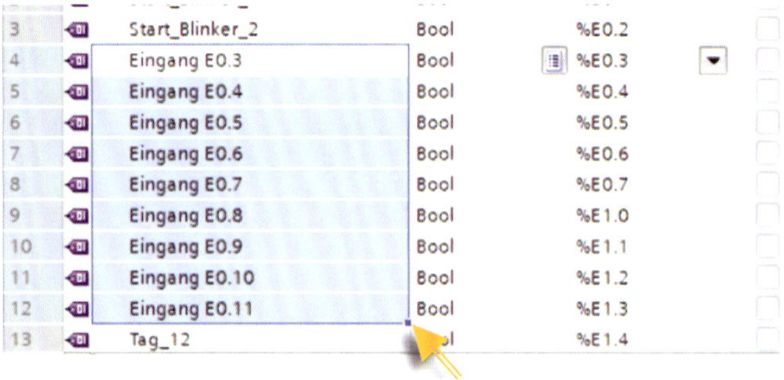

Bild 4.118 *Hinzufügen neuer Variablen mit Überschreiben des Namens unter Beibehaltung der Adressen*

Das Hochzählen der letzten Ziffer des Namens hat bestens funktioniert, allerdings hätte man bei Eingang E0.7 aufhören und mit Eingang E1.0 erneut beginnen sollen. Dieser Vorgang des Neubenennens muss also für die Eingänge E0.8 bis E0.11 wiederholt werden.

Alternativ zum Überschreiben hätte die Auswahl von **Neue Variablen hinzufügen** zu dem in Bild 4.119 gezeigten Ergebnis geführt.

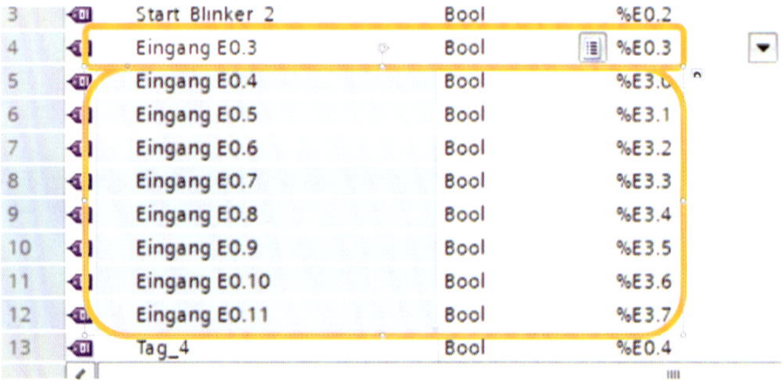

Bild 4.119 *Hinzufügen neuer Variablen mit Hinzufügen neuer Variablen, Neuschreiben des Namens und Vergabe neuer Adressen*

Die Benennung der neu hinzukommenden Variablen wurde vom Eingang E0.3 hochgezählt, für die neuen Variablen wurde eine freie Eingangsbyteadresse gesucht und belegt: E3.0 bis E3.7, um Mehrfachbelegungen der Adressen E0.4 bis E1.3 zu vermeiden.

Diese Excel-Funktionalität lässt sich auch auf Ausgänge und Merker sowie in PLC-Datentypen, Datenbausteinen und Bausteinschnittstellen anwenden.

4.10.2 Unterscheidungskriterien

Die Variablennamen unterscheiden sich im Namen, im Datentyp und ihrer Adresse. Groß- und Kleinschreibung wird nicht unterschieden, auch nicht die Zuordnung zu der einen oder anderen Variablentabelle. Datentyp und Adresse hängen voneinander ab und werden bei der Eingabe geprüft. Weiterhin wird geprüft, ob eine Adresse oder ein Name schon einmal vergeben wurde, letztlich sollen die Adressen eindeutig sein. Bei doppelter Namens- oder Adressvergabe werden beide Einträge rot unterlegt und bei der Übersetzung wird eine Fehlermeldung generiert.

Die Zuordnung zu der einen oder anderen Variablentabelle wird ausschließlich im Programmiergerät gespeichert.

4.10.3 Verschiebungen

Verschiebungen einer oder mehrerer Variablen in eine andere Variablentabelle sind nur in der Ansicht **alle Variablen anzeigen** möglich, da hier die Zugehörigkeit zu der jeweiligen Variablentabelle angezeigt und verändert werden kann. Eine Variable kann nur einer Variablentabelle zugeordnet werden.

4.11 PLC-Datentypen

PLC-Datentypen sind vom Anwender selbst zusammengesetzte Datentypen. Sie setzen sich aus elementaren Datentypen oder wieder aus anderen PLC-Datentypen zusammen. Die PLC-Datentypen sind auch unter dem Kürzel UDT oder als anwenderdefinierter Datentyp geläufig.

4.11.1 Neuanlage

Zum Anlegen eines neuen PLC-Datentypen wählt man **neuen Datentyp hinzufügen,** daraufhin öffnet sich eine Eingabemaske im Editorfenster, in die Variablennamen und zugehörige Datentypen eingetragen werden (Bild 4.120).

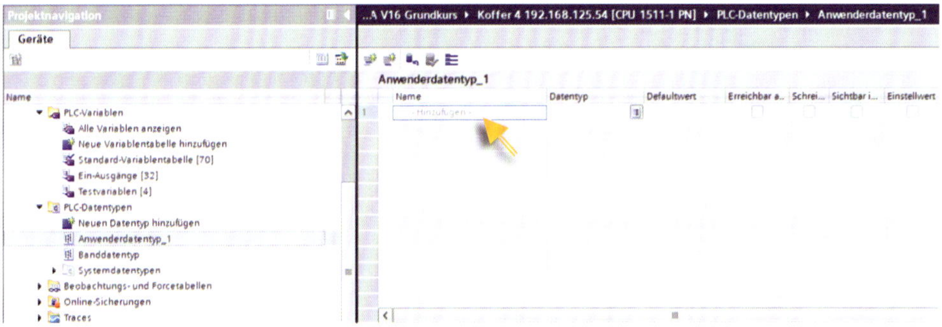

Bild 4.120 *Hinzufügen eines neuen Datentyps*

Die Erzeugung eines PLC-Datentypen dient der Strukturierung der Daten. Beispielsweise kann man einem Motor verschiedene Variablen zuordnen: START, STOP, Störung, Motorschutzschalter, Motorschütz, Störungsquittung und andere. Diese Variablen fasst man im Anwenderdatentyp_1 zusammen (Bild 4.121).

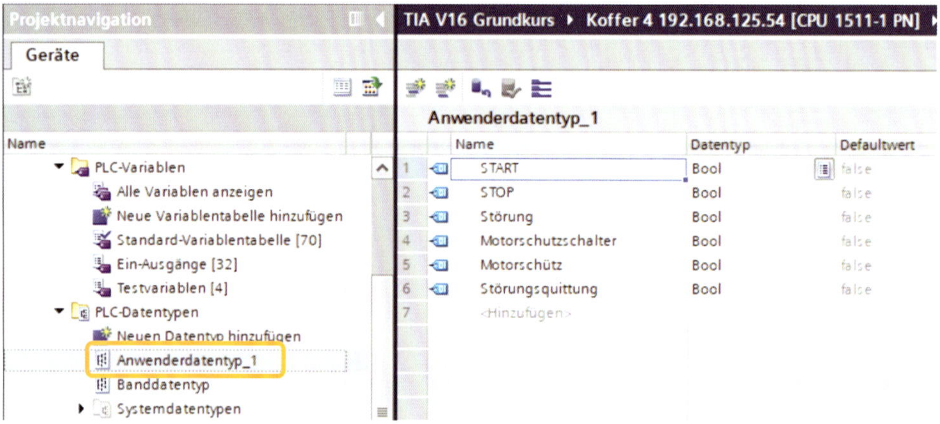

Bild 4.121 *Hinzufügen neuer Variablen des neuen Datentyps*

Jetzt benennt man den **Anwenderdatentyp_1** zu **Motortyp_1** um, das geschieht mittels Kontextmenü – rechte Maustaste (Bild 4.122).

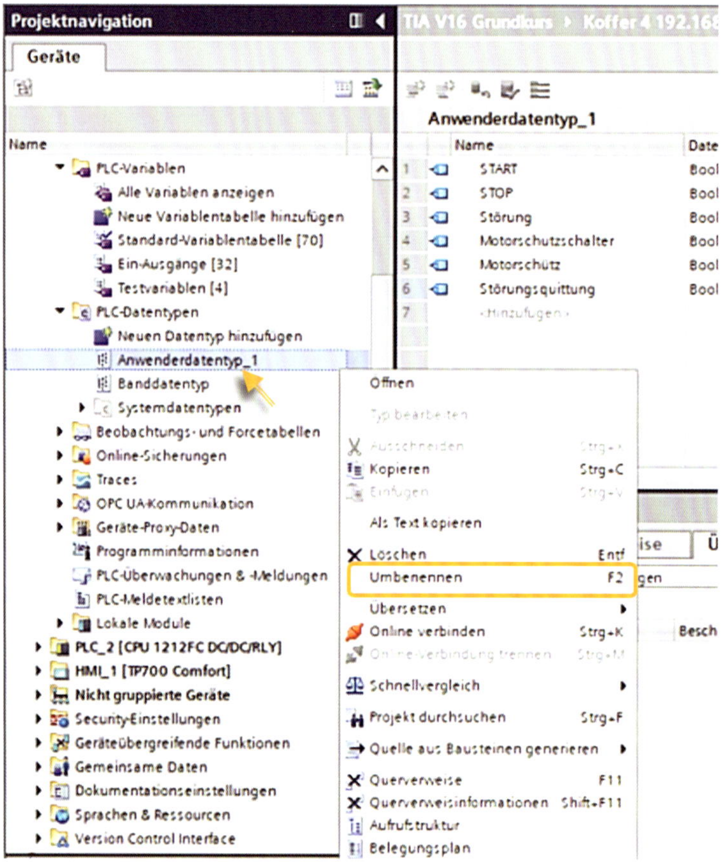

Bild 4.122 *Umbenennen des neuen Datentyps*

Der **Motortyp_1** hat jetzt einen aussagekräftigen Namen und kann sicher angewandt werden (Bild 4.123).

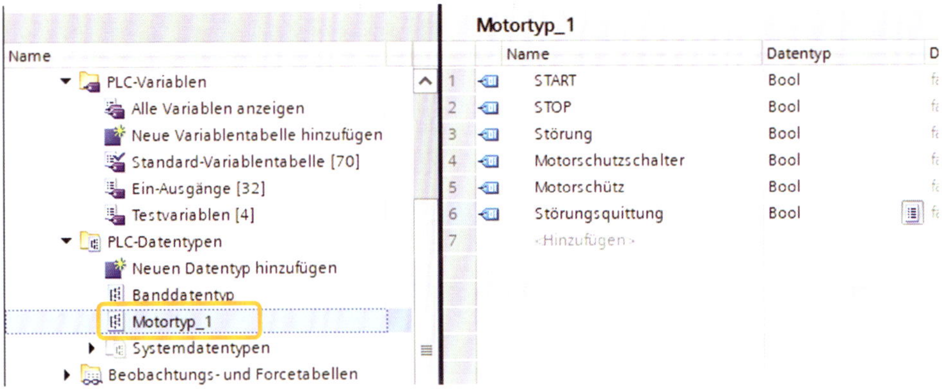

Bild 4.123 Neuer Datentyp mit neuem Namen

Damit hat man die Grundlage für eine Arbeitsersparnis gelegt, wenn man mehrere Motoren des gleichen Typs anzusteuern hat. Diese Motoren werden in einem Datenbaustein zusammengefasst (Bild 4.124).

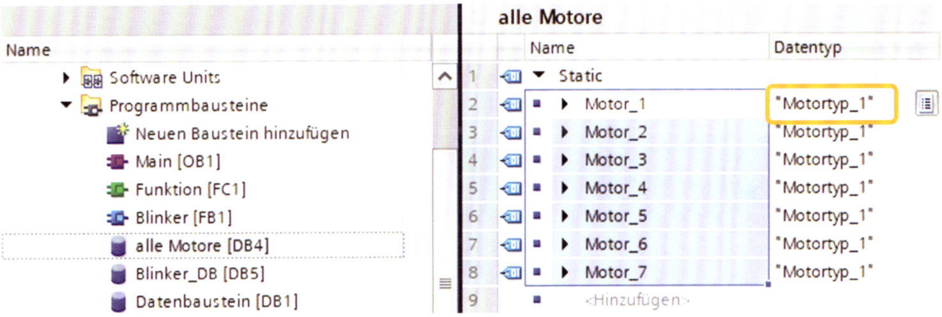

Bild 4.124 Einsatz des neuen Datentyps in einem Datenbaustein

In Bild 4.125 sieht man nun die Liste aller Variablen für den einzelnen Motor.

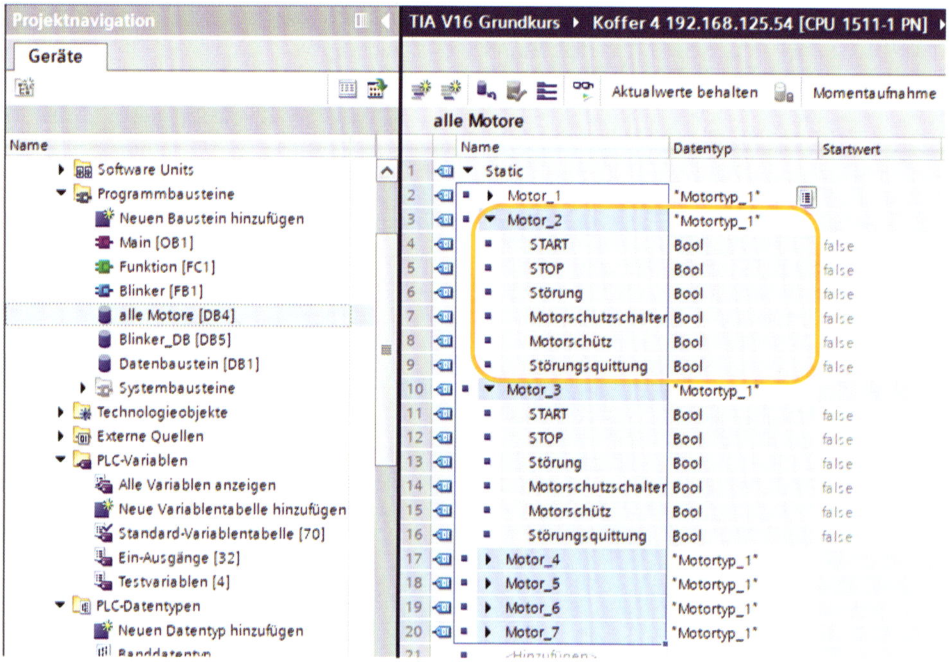

Bild 4.125 Einsatz des neuen Datentyps in einem Datenbaustein – expandierte Darstellung

4.11.2 Systemdatentypen

Unter Systemdatentypen versteht man die Datentypen, die von den Systemfunktionsbausteinen benötigt werden. Beispielsweise existiert zu einem Timer Pulse TP vom Datentyp Time der Systemdatentyp IEC_TIMER, dieser ist vergleichbar mit dem Datentyp TP_TIME (Bild 4.126).

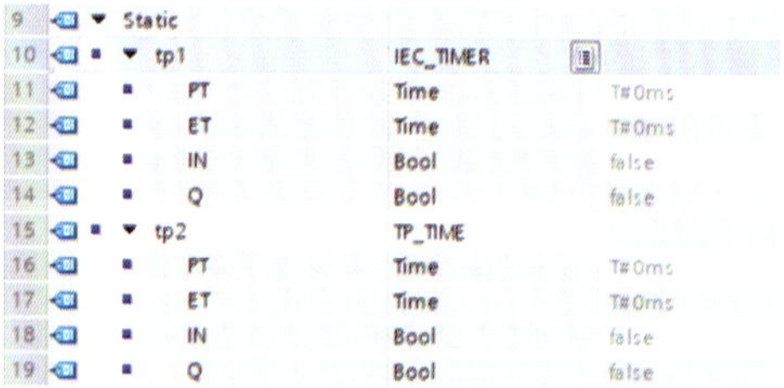

Bild 4.126 Systemdatentypen

4.12 Simulation S7-1200 und S7-1500

Auf dem Programmiergerät wird die Hardware, auf der das Programm laufen soll, konfiguriert und auch das Automatisationsprogramm erstellt. Auch besteht bei einem installierten Simulationsprogramm die Möglichkeit, die SPS-Software vor dem Übertragen auf die CPU zu testen und etwaige Fehler im Vorfeld zu eliminieren. Die Simulation ist auch für verwendete Panels anwendbar. Insbesondere im Zusammenspiel mit der Simulation der SPS lässt sich so ein Projekt vor der Inbetriebnahme auf etwaige Fehler im Programm und der Visualisierung abprüfen.

S7-1200-CPU mit Firmwareständen kleiner Version 4.0 lassen sich nicht simulieren.

4.12.1 Kompaktansicht

Beim Start der Simulation wird ein kleines Fenster geöffnet, das eine simulierte SPS symbolisiert. Diese simulierte SPS muss mit einem Programm geladen werden, üblicherweise dem, das es zu simulieren gilt. Dazu öffnet sich bei entsprechender Voreinstellung ein Ladedialog. Konnte das Laden nicht erfolgreich beendet werden, so passen die Schnittstelleneinstellungen nicht oder es ist bei der Übersetzung ein Fehler aufgetreten. Nach dem erfolgreichen Laden wird in der simulierten SPS die Schnittstellenadresse – z. B. die IP-Adresse – mit den Werten aus dem Projekt dargestellt. Die simulierte SPS kann jetzt in den RUN-Zustand versetzt werden. Danach gilt es, das Programm oder Teile davon zu testen. In der Kompaktansicht wird man bei größeren Projekten schnell an die Grenzen der Simulation stoßen, insbesondere bei der Simulation von veränderlichen Eingangssignalen. Hier kann dann die Projektansicht das Problem lösen.

4.12.2 Projektansicht

Nach dem Umschalten der Simulation auf die Projektansicht öffnet sich ein dreigeteiltes Fenster. Nach dem Neuanlegen eines Simulationsprojektes wird die Hardware automatisch geladen. Jetzt kann man die Simulationstabelle öffnen und mit zu beobachtenden oder zu steuernden Variablen belegen.

4.12.3 Handhabung

Im TIA Portal sind nur wenige Voreinstellungen zu setzen: Unter Menü Extras → Einstellungen → Simulation lassen sich Häkchen setzen für Hard- und Software, die die Handhabung vereinfachen.

Die Simulation ist nicht intuitiv zu bedienen, ein paar kleine Hinweise erleichtern jedoch deren Handhabung.

Für den Start ist der Focus auf bzw. in das zu simulierende Objekt – CPU oder Panel – zu setzen. Erst jetzt wird das Simulationsicon kontrastreich dargestellt und signalisiert damit eine Anwählbarkeit. Nach dem Start der Simulation öffnet dann die Kompaktansicht der Simulation. Bei Panels erfolgt stattdessen eine entsprechende Darstellung des Panels – hier existiert keine Kompaktansicht. Nach Umschalten in die Projektansicht hat man die Möglichkeit, mittels einer Simulationstabelle das Programm in der simulierten CPU laufen zu lassen. Eine detaillierte Vorgehensweise sprengt den Rahmen dieses Buches.

4.13 Datensicherung und Backup

«Die nächste Datensicherung machen wir morgen» ist ein weit verbreiteter Umgang mit einer leidigen Thematik. «Die Datensicherung war OK, aber beim Zurückspielen ist ein Fehler aufgetreten» ist auch ein Kalauer, über den die Betroffenen nicht lachen können. Das Thema Datensicherung ist brandaktuell beim Schreiben von Software, aber auch beim Warten von

Programmen. Siemens hat verschiedene Wege implementiert, mit denen die Software und auch die Hardwarekonfektionierung gesichert werden können.

4.13.1 Projektarchivierung

Nach Abschluss der Programmierung und der erfolgreichen Inbetriebnahme ist das Projekt sowohl auf dem Programmiergerät als auch in der CPU und dem Panel vorhanden. Im Menü **Projekt** findet sich die Archivierung (Bild 4.127), diese packt das Projekt in eine Datei und legt sie auf dem Programmiergerät oder einem USB-Stick ab, oder noch besser auf einem zentral verwalteten Server.

Diese gepackte Datei enthält das gesamte im TIA Portal projektierte Projekt mit SPS, deren Hardwareprojektierung, der Software, dem Panel und dessen Bildern, Frequenzumrichtern (wenn vorhanden) usw. Zusätzlich werden auch etwaige Katalogdateien gespeichert, die für das Projekt erforderlich sind. Der Vorteil dieser Vorgehensweise ist die Portierbarkeit auf andere Programmiergeräte, die nicht ganz auf dem Level des aktuellen Programmiergerätes stehen. Die TIA Portal-Version muss natürlich übereinstimmen oder höher sein.

Als Option kann man der gepackten Datei einen Zeit-Datumsstempel anhängen.

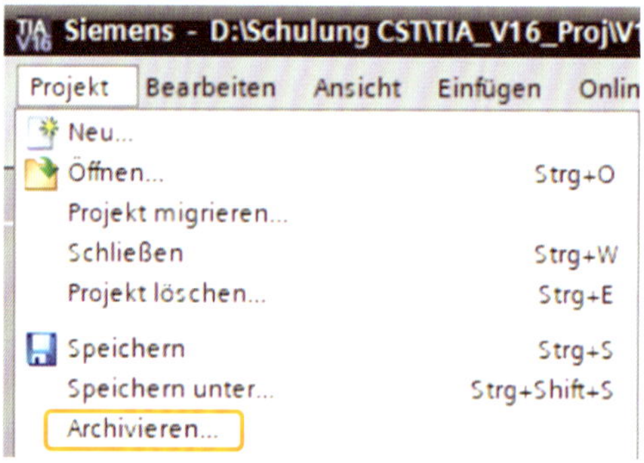

Bild 4.127 *Menü Projekt Archivieren*

4.13.2 Sicherung von Online-Gerät laden

Die Sicherung lässt sich von einem Online-Gerät wieder laden mithilfe eines Menüeintrags, der sich im Online-Menü finden lässt (Bild 4.128). Dazu benötigt man ein vollständiges Projekt, in dem die Hardware und das Programm lauffähig konfektioniert sind.

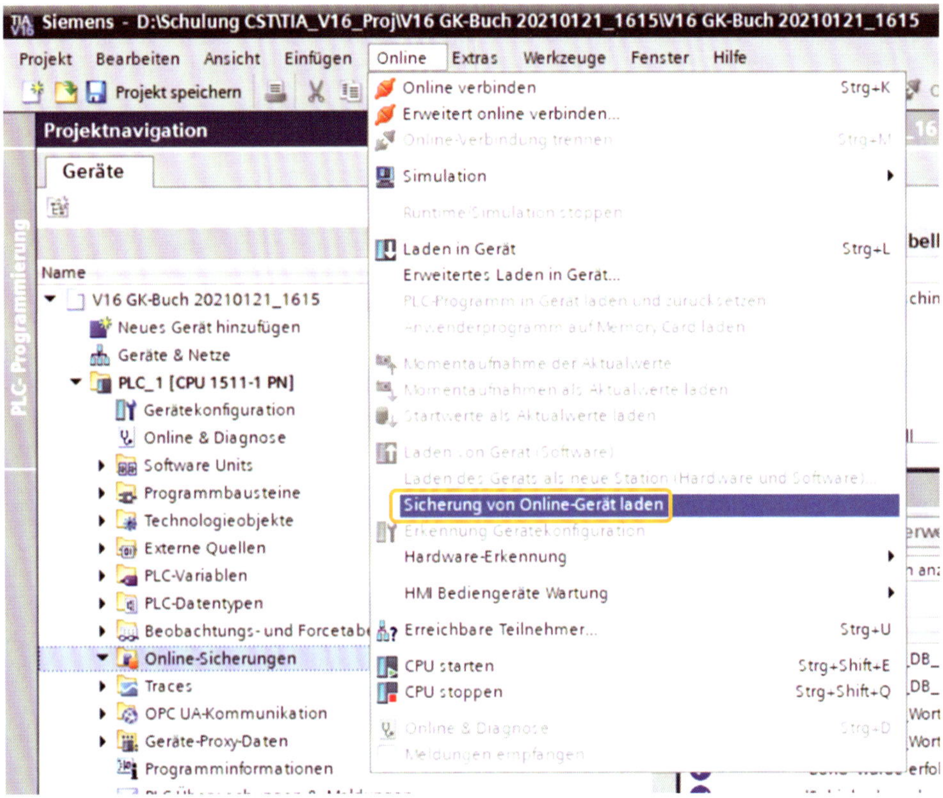

Bild 4.128 *Projektnavigation – Sicherung von Online-Gerät laden*

Beim Start wird ein Dialog ausgegeben, der nach einem Stopp der CPU verlangt. Dieser Stopp der CPU ist vielfach das Ausschlusskriterium für diese Sicherungsmethode. Der **Laden von Gerät**-Button ist nicht anwählbar, hier muss erst der rot unterlegte Eintrag **keine Aktion** näher betrachtet werden (Bild 4.129).

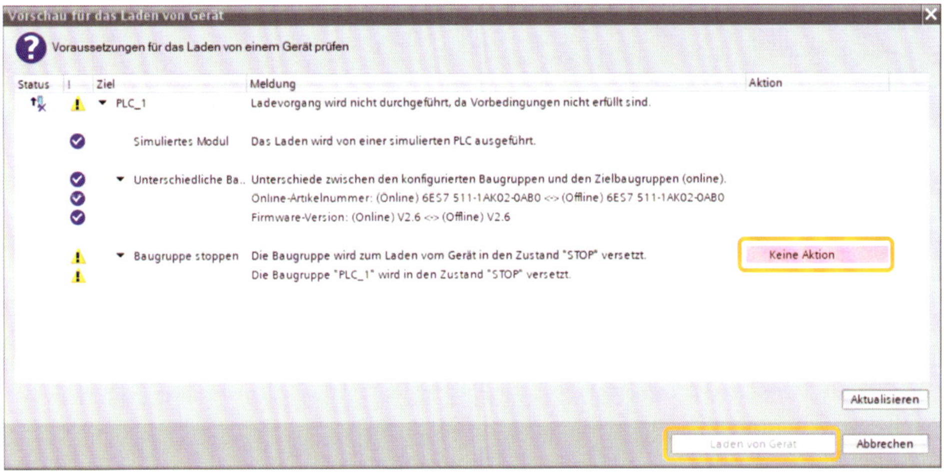

Bild 4.129 *Vorschau für das Laden von Gerät – keine Aktion*

Nach der Auswahl von **Baugruppe stoppen** ist auch der **Laden von Gerät**-Button anwählbar (Bild 4.130).

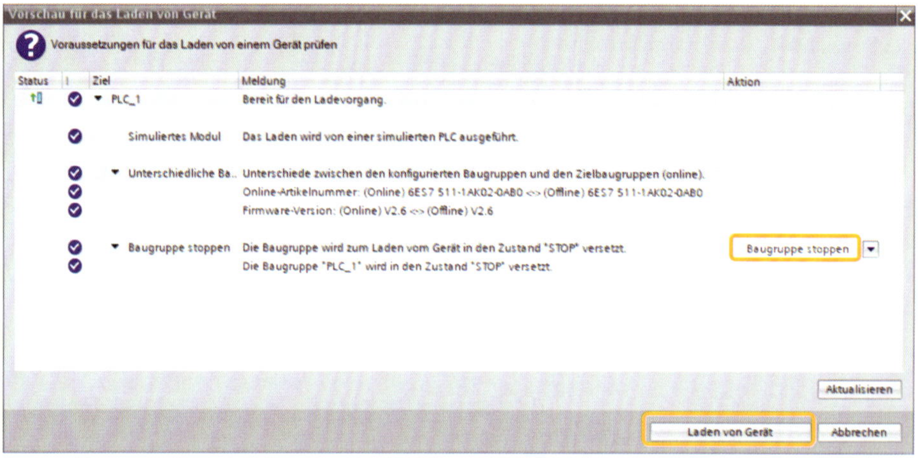

Bild 4.130 *Vorschau für das Laden von Gerät – Baugruppe stoppen*

Mit **Laden von Gerät** wird dann in der Projektnavigation unter den Online-Sicherungen eine Datensicherung mit Zeitstempel hinterlegt.

Diese Sicherung ist primär für den Inbetriebnehmer geeignet, um temporäre Softwarestände zu sichern und bei Bedarf zu diesen zurückzukehren.

4.13.3 Laden von Gerät (Software)

Der Eintrag **Laden von Gerät (Software)** ist im Online-Menü erst einmal ausgegraut und damit nicht anwählbar. Mit Aufbau einer Online-Verbindung ändert sich die Darstellung (Bild 4.131).

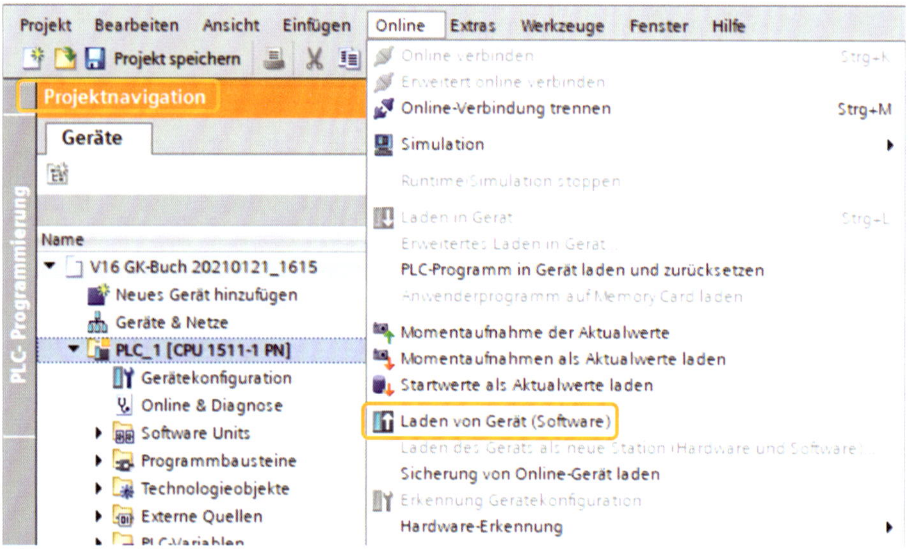

Bild 4.131 *Laden von Gerät – Online-Zustand*

Die Online-Verbindung, erkennbar an der orangen Kopfzeile der Projektnavigation, ist aber nicht das einzige Kriterium, damit der Menüeintrag **Laden von Gerät (Software)** anwählbar wird. Der Kontext, hier ist der Focus auf der CPU, ist genauso bedeutsam. Außerhalb der PLC_1 wie auch bei einzelnen Einträgen innerhalb des PLC_1-Projektes bleibt das **Laden von Gerät (Software)** ausgegraut.

Der Dialog **Vorschau für das Laden von Gerät** öffnet sich, **Fortfahren** muss angehakt werden, dann kann der Ladevorgang beginnen (Bild 4.132). Die kleinen Informationen in der Spalte Meldungen liefern Erkenntnisse über den Ausgang der Aktion.

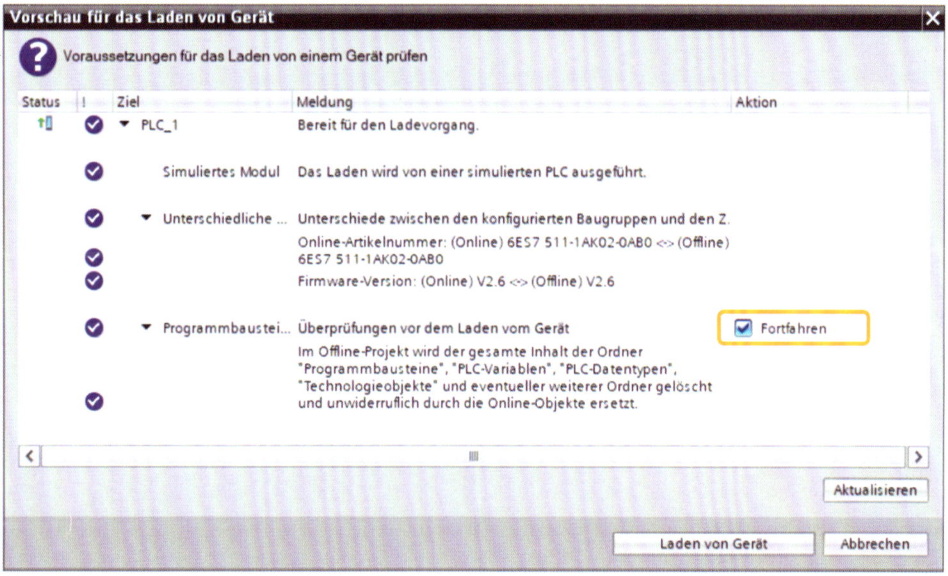

Bild 4.132 *Vorschau für das Laden von Gerät*

Mit dem Offline-Projekt ist das Projekt auf dem Programmiergerät gemeint, von dem aus das Laden initiiert wurde. Das ist also als Online-Abzug unter Verlust der aktuellen Programmierung zu verstehen. Hier können Teile der Software verloren gehen, die Hardware bleibt unangetastet. Andererseits kann man, wenn nur das Hardwareprojekt bekannt ist (im Programmiergerät), dieses um die aktuelle Software erweitern. Mittlerweile speichern die CPU der S7-1200- und S7-1500-Baureihe auch die Symbole und Kommentare. Damit ist ein Datenabzug von der CPU ohne Umwege lesbar und kann zum Programmieren verwendet werden.

4.13.4 Laden des Geräts als neue Station (Hardware und Software)

Auch hier gibt es wieder überwindbare Hürden bei der Anwählbarkeit des Online-Menü-Eintrages **Laden des Gerätes als neue Station (Hardware und Software).**

Der Focus muss sich im Kontext **Neues Gerät hinzufügen** in der Projektnavigation befinden, eine Online-Verbindung ist hierbei nicht erforderlich (Bild 4.133).

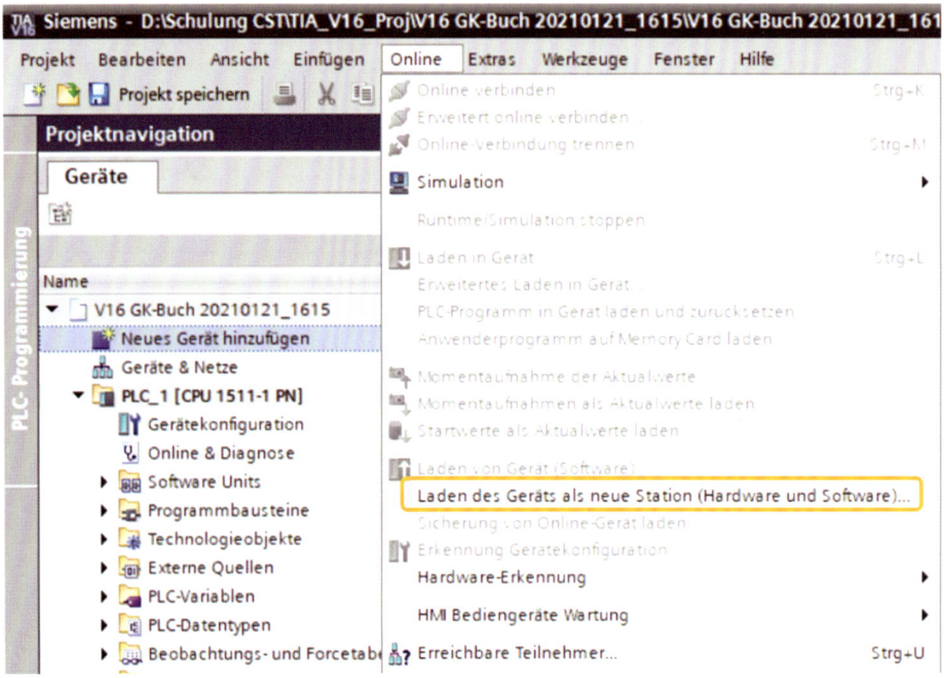

Bild 4.133 *Online Menü – Laden des Gerätes als neue Station*

Wie es der Name beschreibt, wird sowohl Hard- als auch Software geladen, allerdings in das aktuell geöffnete Projekt. Ist dieses leer, so wird eine SPS mit Hard- und Software angelegt. Ist das Projekt nicht leer, so prüft das TIA Portal, ob es Übereinstimmungen in der Benennung der CPU gibt; wenn ja, bricht es die Übertragung ab.

Da sich die Übertragung auch auf die Hardware bezieht, wird die CPU gestoppt. Der Stopp der CPU ist vielfach zu vermeiden, um den Produktionsablauf nicht zu stören.

4.13.5 Datensicherung des Panels

Die Datensicherung von den Panels ist nicht so weit entwickelt wie die der SPS. Hier ist kein Laden auf das Programmiergerät zum Bearbeiten des Panelprojektes möglich, einzig mit einem USB-Stick oder einer SD-Karte lassen sich Datensicherungen bei einer Auswahl von Panels anfertigen. Die Datensicherung lässt sich auf dem Programmiergerät auch nicht einlesen, einzig das Zurückspielen auf ein Panel gleicher Bauart ist möglich. Hier ist also sehr viel Sorgfalt auf die Archivierung des Projektes mit dem Panelprojekt zu legen.

5 Bausteine und Variablen

5.1 Lineare Programmierung

Aus den Anfängen der Programmierung existiert die «lineare Programmierung», bei der die Anweisungen in einem Baustein (OB1) abgelegt und in der Reihenfolge bearbeitet werden, in der sie im Programmspeicher hinterlegt sind. Wenn das Programmende (Bausteinende) erreicht ist, beginnt die Programmbearbeitung wieder von vorne.

Die permanente Wiederholung der Programmbearbeitung wird als «zyklische Bearbeitung» bezeichnet. Die Zeit, die eine SPS für eine einmalige Bearbeitung aller Anweisungen benötigt, wird Zykluszeit genannt.

Die lineare Programmierung wird meist für einfache, nicht zu umfangreiche Steuerungen verwendet und kann in einem einzigen OB1 realisiert werden (Bild 5.1).

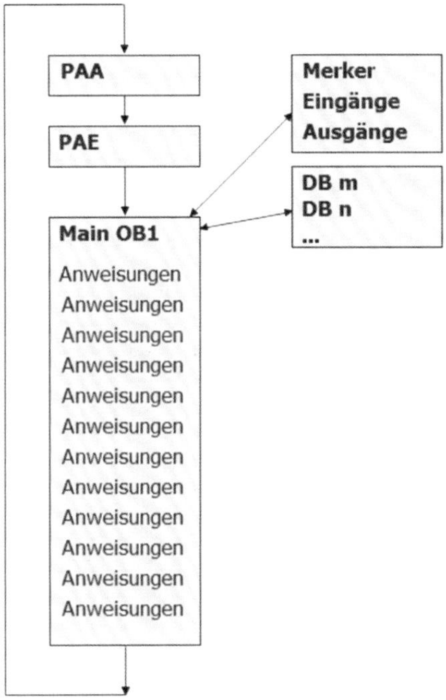

Bild 5.1 *Lineare Programmierung 1*

Das Schreiben des Prozessabbildes der Ausgänge (PAA) und das Lesen des Prozessabbildes der Eingänge (PAE) werden vom Betriebssystem vor Abarbeitung des OB1 erledigt. Üblicherweise greift man auf das Prozessabbild der Eingänge zu, wenn man einen digitalen oder analogen Eingang im Programm verwenden möchte. Ein direkter Zugriff auf die Eingangshardware ist unüblich, wenn auch möglich.

Bei den Ausgängen verhält es sich vergleichbar derart, dass Ausgänge vom Programm in das Prozessabbild der Ausgänge geschrieben und von dort vom Betriebssystem an die Ausgangshardware weitergeleitet werden.

5.2 Strukturierte Programmierung

Der zunehmende Umfang und die Komplexität der Programme haben zu einer Weiterentwicklung der Programmiertechniken geführt.

Im ersten Ansatz hat man das Programm bei umfangreichen Steuerungsaufgaben in kleine, überschaubare und nach Funktionalitäten geordnete Programmbausteine unterteilt. Dies hat den Vorteil, diese Programmbausteine einzeln testen zu können und sie bei einer erfolgreichen Funktionsprüfung in einem Programm einzusetzen.

Die Programmbausteine müssen von einem übergeordneten Baustein aufgerufen werden. Ist das Bausteinende des Programmbausteins erkannt worden, so wird das aufrufende Programm hinter dem Aufruf des Programmbausteins weiterbearbeitet (Bild 5.2).

In den Programmbausteinen werden Merker, Ein- und Ausgänge und Daten aus Datenbausteinen verwendet; im OB1 (Main) sind nur Funktionsaufrufe verzeichnet.

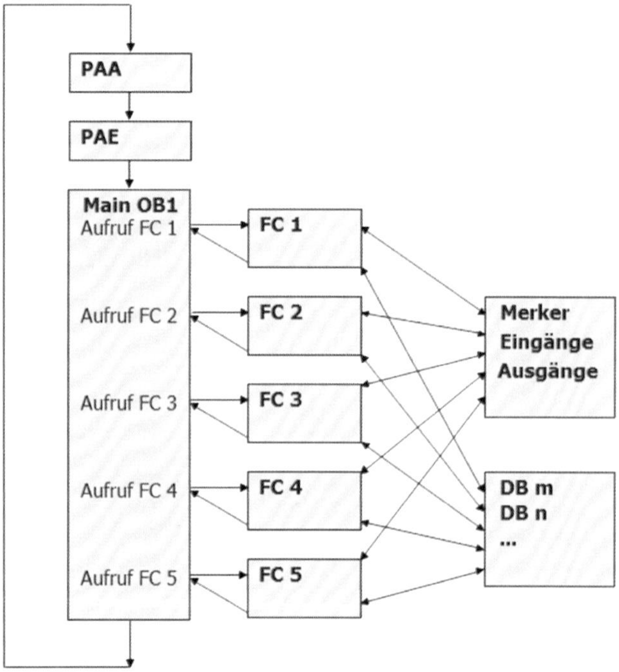

Bild 5.2 Strukturierte Programmierung einfach

Dieser Aufbau, bei dem jede Funktion nur ein einziges Mal aufgerufen wurde, ist vielfach noch zu finden.

Die Funktionen enthalten oft denselben Programmcode, es werden nur andere Variablen verwendet, der Wartungsaufwand bei Korrekturen betrifft teilweise mehrere Aufrufe, wenn es sich z. B. um eine Motoransteuerung handelt.

Die Programmiertechniken sind aber noch weiterentwickelt worden, sodass Programmbausteine mehrfach aufgerufen werden können. Um das zu erreichen, muss man den Programmbausteinen die zu verarbeitenden Daten übergeben, die Verarbeitung lokal ausführen und etwaige Ergebnisse an den aufrufenden Programmteil zurückgeben. Durch die lokale, von den globalen Variablen abgekoppelte Verarbeitung hat man den Wartungsaufwand erheblich reduziert. Die so geschaffenen Funktionen haben jedoch den Nachteil, dass sie keine Werte für den nächsten Aufruf speichern konnten. Etwaige Zähl- oder Zeitwerte müssen über InOut-Variablen außerhalb der Funktion gespeichert werden.

Als alternativen Programmbaustein hat man den Funktionsbaustein geschaffen und ihm einen eigenen Speicherbereich zugeordnet. Dieser Speicherbereich – der Instanz-DB – wird für jeden Programmaufruf des Funktionsbausteins neu zugeordnet, damit die Programmaufrufe voneinander unabhängig bleiben. Im Beispiel in Bild **5.3** wird FB 2 doppelt aufgerufen, der erste Aufruf erhält den DB 2 als Speicherbereich, der zweite den DB 3. Somit sind die Aufrufe des FB 2 unabhängig voneinander, da sie eigene Speicherbereiche benutzen.

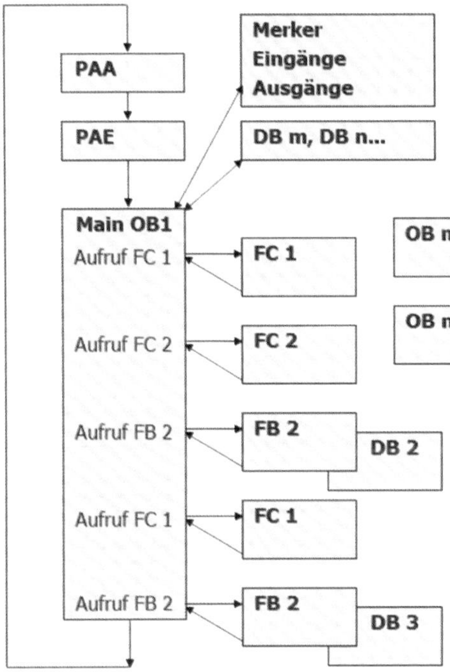

Bild 5.3 *Strukturierte Programmierung komplex*

5.3 Programmbausteine

Die Steuerungssoftware wird aus verschiedenen Programmbausteinen zusammengesetzt, die ganz unterschiedliche Eigenschaften besitzen.

Zuerst sind da die Organisationsbausteine, die vom Betriebssystem aufgerufen werden; der wichtigste ist der Baustein Main (OB1) mit dem zyklischen Programm. Weiterhin existieren Programmbausteine, die Programmcode beinhalten, aber keine Daten speichern können: Funktionen. Als Ergänzung dazu sind die Funktionsbausteine zu sehen, denen ein eigener Datenbaustein als Speicherbereich zugeordnet ist. Zuletzt sind noch die Datenbausteine zu erwähnen, die Daten enthalten können, aber keinen Programmcode.

5.3.1 Datenbaustein (DB)

Datenbausteine enthalten keine Anweisungen, sondern dienen ausschließlich der Speicherung von Daten. In den Datenbausteinen stehen somit Daten, mit denen das Anwenderprogramm arbeitet.

Die Datenbausteine teilt man hinsichtlich ihres Gültigkeitsbereichs in global und lokal ein. Auf globale Datenbausteine kann von allen anderen Bausteinen aus zugegriffen werden, auf einen lokalen Datenbaustein soll nur von dem zugehörigen Funktionsbaustein aus zugegriffen werden. Da der Zugriff aber auch global möglich ist, ist die Bezeichnung «lokal» eigentlich nicht korrekt, zur Unterscheidung von globalen DB nennt man die einem Funktionsbaustein zugehörige DB **Instanz-DB**.

Die maximale Größe und Anzahl von Datenbausteinen variiert je nach SPS. Die Struktur globaler Datenbausteine kann beliebig festgelegt werden. Bei Instanz-Datenbausteinen wird die Struktur und Größe in der Schnittstelle des FB definiert; das wird zu einem späteren Zeitpunkt ausführlich erläutert.

Anwendungsbeispiele für Datenbausteine sind: Sollwerte, Istwerte, Rezepte, Puffer für Ein- und Ausgangssignale von Produktionsanlagen und Verfahren.

Jeder Funktionsbaustein, jede Funktion oder jeder Organisationsbaustein kann die Daten aus einem globalen Datenbaustein lesen oder selbst Daten in einen globalen Datenbaustein schreiben. Diese Daten bleiben im Datenbaustein auch dann erhalten, wenn der Datenbaustein verlassen wird.

Der Aufruf eines Funktionsbausteins wird als **Instanz** bezeichnet. Jedem Aufruf eines Funktionsbausteins wird ein Instanz-Datenbaustein zugeordnet, der als Datenspeicher dient. In ihm werden die Aktualparameter und die statischen Daten des Funktionsbausteins abgelegt.

Die maximale Größe von Instanz-Datenbausteinen variiert abhängig von der CPU. Die im Funktionsbaustein deklarierten Variablen bestimmen die Struktur des Instanz-Datenbausteins.

Ein globaler Datenbaustein und ein Instanz-Datenbaustein können gleichzeitig geöffnet sein. Werden keine Parameter in der Schnittstelle eines Funktionsbausteins deklariert, so bleibt der zugehörige Instanz-DB leer.

Datenbausteine (DB) werden verwendet, um Speicherplatz für Datenvariablen bereitzustellen. Man unterscheidet zwei Arten von Datenbausteinen: **Globale DB**, in denen alle OB, FB und FC die gespeicherten Daten lesen oder selbst Daten in den DB schreiben können, und **Instanz-DB**, die einem bestimmten FB zugeordnet sind.

Wenn bei der Programmierung von FC und FB nur interne (lokale) Variablen verwendet wurden, so können die FC und FB in Form von Standardbausteinen mehrfach und unabhängig voneinander verwendet werden. Ausnahme sind Taktmerker und Systemmerker.

Die Umwandlung eines FC in einen FB und umgekehrt ist nicht möglich, Man sollte also vorher überlegen, ob ein eigener Speicherbereich erforderlich ist (Instanz-DB), um dann einen FB zu erzeugen. Generell ist die Erzeugung eines FB die bessere Variante im Vergleich zum FC, man sollte keine lokalen Variablen im FB benutzen. So bleibt der Instanz-DB leer, man hat aber immer noch die Möglichkeit, Variablen in den Instanz-DB einzufügen. Nachteilig an dieser Vorgehensweise ist die Vielzahl kleiner oder sogar leerer Instanz-DB.

Datenbaustein mit optimiertem Bausteinzugriff

Die Anlage von Datenbausteinen mit optimiertem Bausteinzugriff ist im TIA Portal für die S7-1200 und S7-1500 voreingestellt, sie lässt sich nachträglich in den Eigenschaften des DB deaktivieren. Nach der Deaktivierung bzw. einer etwaigen Aktivierung ist der Datenbaustein neu zu übersetzen. Die Optimierung des Datenbausteinzugriffs hat für die CPU unterschiedliche Beweggründe.

Der optimierte Bausteinzugriff dient bei der S7-1200 einer kompakteren Speicherung, weil Datenlücken vermieden werden. Einzelne boolesche Variablen werden in einem Wort zusammengefasst und am Ende des gespeicherten DB angeordnet. Am Anfang des gespeicherten DB stehen die großen Datentypen.

Bei der S7-1500 dient der optimierte Bausteinzugriff dem schnelleren Zugriff auf die Daten im DB. Auch hier werden die Variablen mit den großen Datentypen an den Anfang des gespeicherten DB gesetzt. Die booleschen Variablen stehen weiterhin am Ende des DB, jedoch wird jede einzelne boolesche Variable in einem Byte gespeichert. Laut Siemens ist der byteweise Zugriff mit Extraktion des Bits schneller als der bitweise DB-Zugriff.

Die Struktur des DB im Programmiergerät bleibt unverändert, beim optimierten Bausteinzugriff wird allein die Struktur im Arbeitsspeicher der CPU modifiziert.

Deaktiviert man den optimierten Bausteinzugriff in den Eigenschaften des DB, so ist der DB neu zu übersetzen. Damit wird dann der Offset neu berechnet. Dann erst ist ein Zugriff mit absoluten Adressen auf die Elemente des DB möglich.

Datenbaustein mit nicht optimiertem Bausteinzugriff

Bei Datenbausteinen, die per Migration übernommen wurden, ist der optimierte Bausteinzugriff nicht voreingestellt. Nach einer etwaigen Umstellung und Übersetzung sind die Bausteinzugriffe auf Gültigkeit zu prüfen.

Instanz-DB werden standardmäßig nicht mit optimiertem Bausteinzugriff angelegt und lassen sich auch nachträglich nicht umstellen. Die Ausnahme ist auch hier die vorherige Migration, bei der der optimierte Bausteinzugriff unter STEP 7 Classic noch nicht bekannt war. Instanz-DB aus einem migrierten Projekt lassen sich ebenso nicht auf einen optimierten Bausteinzugriff umstellen.

5.3.2 Organisationsbausteine (OB)

Organisationsbausteine (OB) bilden die Schnittstelle zwischen dem Betriebssystem der CPU und dem Anwenderprogramm. Sie werden vom Betriebssystem aufgerufen und steuern folgende Vorgänge:

- Anlaufverhalten des Automatisierungssystems
- Zyklische Programmbearbeitung
- Alarmgesteuerte Programmbearbeitung
- Behandlung von Fehlern

Die Organisationsbausteine können mit eigenem Programmcode versehen werden und so das Verhalten der SPS in speziellen Situationen bestimmen.

Neben dem OB Main (OB1) existieren noch weitere OB mit anderen, höheren Nummern für spezielle Aufgaben.

Bei den 1200- und 1500-CPU sind sogar mehrere zyklische OB (Main-OB) möglich. Legt man mehrere zyklische OB an, so werden diese entsprechend ihrer Nummer nacheinander abgearbeitet (Bild 5.4). Die Nummerierung beginnt mit OB1 und setzt sich dann mit OB 123, OB 124 usw. fort. Da die Zykluszeiten im ms-Bereich und damit klein sind, sieht es so aus, als würden die zyklischen OB parallel abgearbeitet werden. Die Prozessabbilder PAE und PAA werden nur ein einziges Mal gelesen bzw. geschrieben.

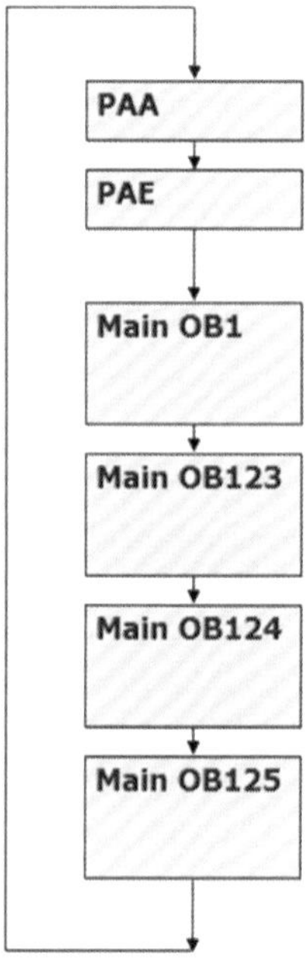

Bild 5.4 *Abarbeitung mehrerer zyklischer OB*

Das TIA Portal V16 bietet verschiedene Typen von Organisationsbausteinen zur Verwendung im Programm:

- Startup
- Time delay interrupt
- Cyclic interrupt
- Hardware interrupt
- Pull or plug of modules
- und diverse andere

Der Aufruf kann nur in einem geöffneten Projekt getätigt werden.

Die Übersicht in Bild 5.5 stammt von einer S7-1200, bei anderen CPU kann der Umfang der auswählbaren OB anders sein.

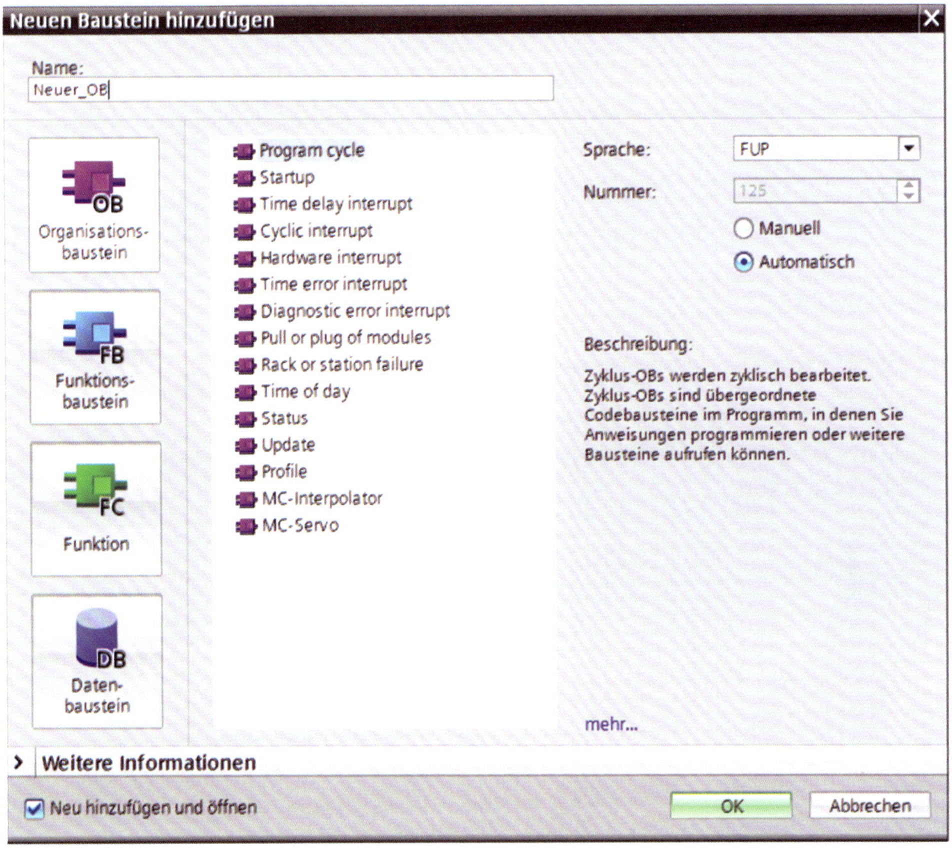

Bild 5.5 *Organisationsbausteine S7-1200*

Die textlichen Bezeichnungen sind trotz Spracheinstellung auf Deutsch häufig in englischer Sprache verfasst. In der **Beschreibung** wird die Funktion des gewählten OB kurz umrissen, nähere Infos liefert die Onlinehilfe.

Die Zuordnung zu Anlauf-OB, Zyklus-OB, Zeitfehler-OB und Diagnose-OB, Prozessalarm-OB, Weckalarm-OB und Verzögerungsalarm-OB wie unter den S7-300 und S7-400 gebräuchlich ist teilweise erkennbar, teilweise sind die OB auch unter neuen Oberbegriffen zusammengefasst worden.

Diese Organisationsbausteine können einfach einem Projekt hinzufügen und ggf. mit Programmcode gefüllt werden. Je nach verwendetem Organisationsbaustein ist eine Parametrierung auszuführen.

Beim Start einiger Organisationsbausteine gibt das Betriebssystem Informationen aus, die im Anwenderprogramm ausgewertet werden können. Vor allem bei der Fehlerdiagnose kann dies sehr hilfreich sein. Ob und welche Informationen ausgegeben werden, kann man den Beschreibungen der Organisationsbausteine entnehmen. Oft reicht der alleinige Aufruf eines Fehler-OB aus, um trotz Auftretens eines Fehlers keinen CPU-STOP-Zustand auszulösen.

5.3.3 Funktionen (FC)

Eine Funktion (FC) enthält Programmcode, der immer dann ausgeführt wird, wenn die Funktion von einem anderen Codebaustein aus aufgerufen wird.

Werden bei der Programmierung der Funktion nur Merker, Ein- und Ausgänge und DB -Variablen verwendet, so ist diese Funktion sinnvoll nur ein einziges Mal aufrufbar.

Gerne werden aber Funktionen unter alleiniger Verwendung lokaler Variablen geschrieben. Lokale Variablen sind nur innerhalb der Funktion bekannt und gültig. Wird diese Funktion ein zweites Mal aufgerufen, so hat die Variable dort zwar denselben Namen, ist aber unabhängig von der im vorangegangenen Aufruf der Funktion.

Etwaige zu verarbeitende Daten und ermittelte Ergebnisse werden über eine Bausteinschnittstelle importiert bzw. exportiert. Das hat den Vorteil, dass solch eine Funktion mehrfach verwendbar ist und je nach äußerer Beschaltung auch unterschiedliche Ergebnisse liefern kann.

Derart universell einsetzbare Funktionen bezeichnet man als **bibliotheksfähig**. Sie erleichtern so die Programmierung von häufig wiederkehrenden ähnlichen Funktionsabläufen.

Der Zugang zur Bausteinschnittstelle wird leicht übersehen, er ist zu sehen in Bild 5.6.

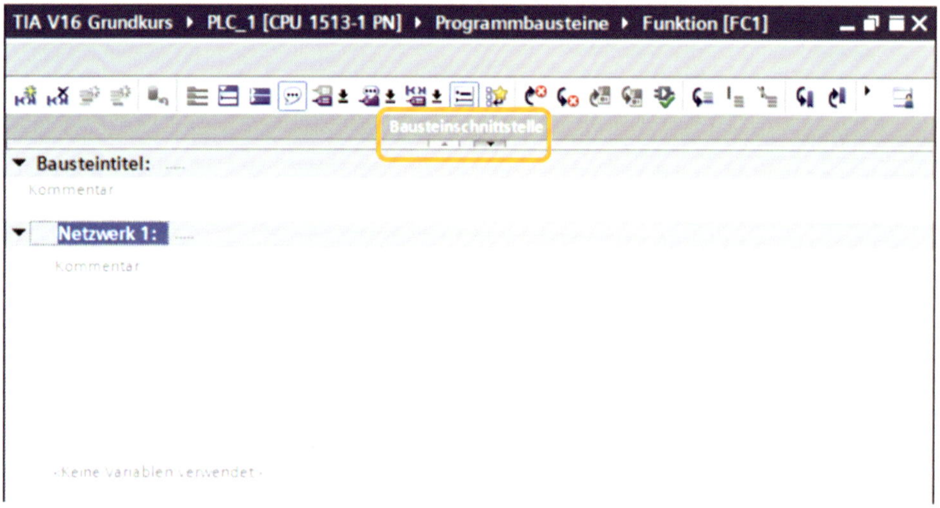

Bild 5.6 *Bausteinschnittstelle (FC1)*

Nach dem Öffnen der Bausteinschnittstelle lassen sich die lokalen Variablen definieren. Vorab sollte festgelegt werden, wie die Variablen benannt werden und welche Funktion sie ausüben. Je nach Funktion der Variablen kann die Zuordnung zum Schnittstellentyp ausgeführt werden.

Im **Input** sammeln sich die Eingangsvariablen, im **Output** die Ausgangsvariablen, jeweils aus Sicht der Funktion (Bild 5.7). Sollen Variablen außerhalb zur Verfügung stehen, aber auch innerhalb verändert werden können, so werden sie dem InOut-Teil der Schnittstelle zugeordnet. Wenn Zwischenmerker benötigt werden, parametriert man diese unter **Temp**, bei benötigten konstanten Werten unter **Constant**. Die Temp- und Constant-Variablen können nur innerhalb des Bausteins benutzt werden. Für die Konstanten wird vom Betriebssystem Speicherplatz in der CPU geschaffen.

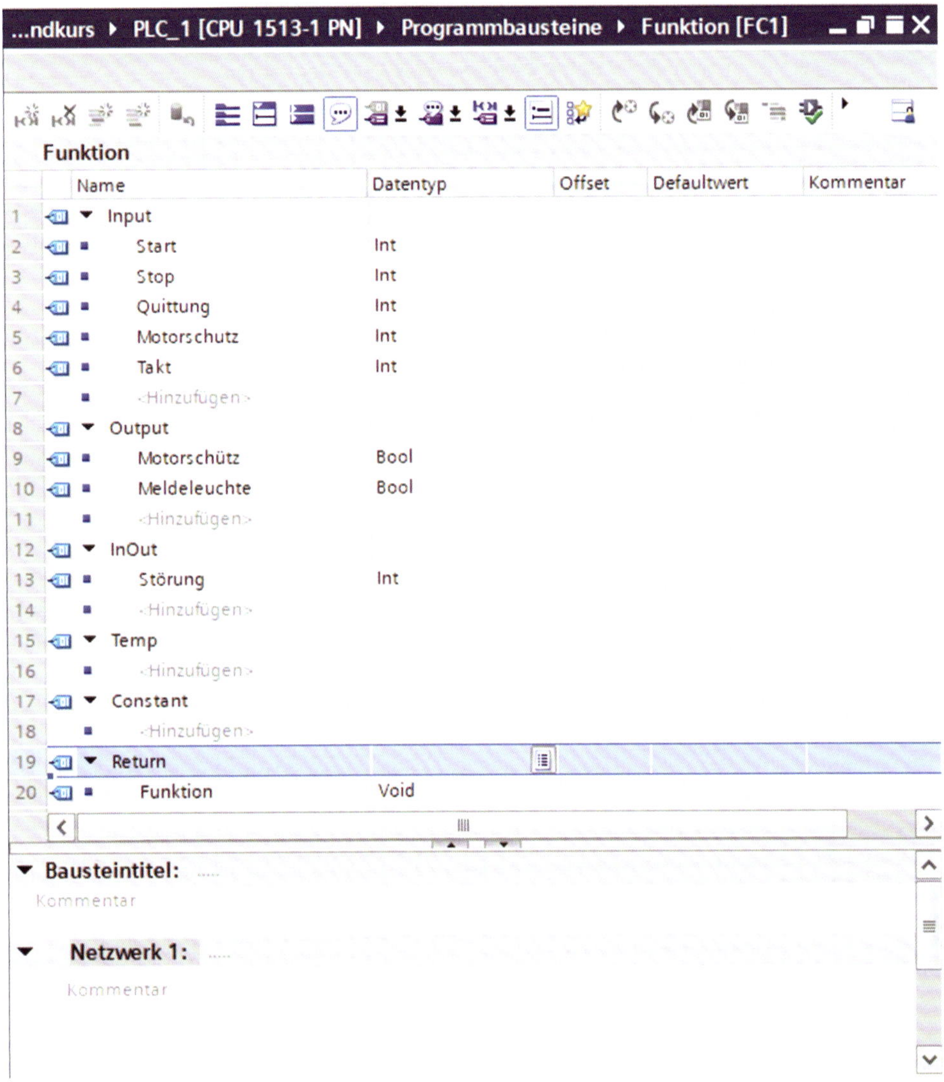

Bild 5.7 *Bausteinschnittstelle geöffnet (FC1)*

Eine Funktion besitzt aber keinen ihr zugeordneten festen Speicherbereich, damit bietet sie keine Möglichkeit, Daten zu speichern. Inhalte lokaler Variablen gehen nach der Abarbeitung und dem Verlassen der Funktion verloren. Funktionen sind somit Codebausteine ohne Gedächtnis.

Sollen Daten gesichert werden, um bei einem erneuten Aufruf dieser Funktion wieder verwendet werden zu können, so muss dies im Speicherbereich außerhalb der Funktion geschehen, z. B. Merker oder DB. Für die Übergabe nutzt man die InOut-Variablen in der Bausteinschnittstelle.

In einer Funktion können auch weitere FB und FC aufgerufen werden.

Funktionen können z. B. zu folgenden Zwecken eingesetzt werden:

- Funktionswerte berechnen und an den aufrufenden Baustein zurückgeben, z. B. bei mathematischen Funktionen,
- technologische Funktionen ausführen, z. B. Einzelsteuerungen mit Binärverknüpfungen.

Im TIA Portal werden Funktionen grün markiert, im Gegensatz zu Funktionsbausteinen (blau) und Organisationsbausteinen (lila, Bild 5.8).

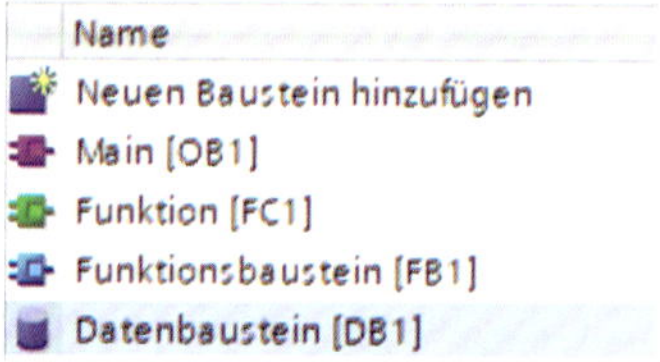

Bild 5.8 *Funktionsbausteine und Organisationsbausteine*

5.3.4 Funktionsbausteine (FB)

Ein Funktionsbaustein (FB) enthält Programmcode, der immer dann ausgeführt wird, wenn der Funktionsbaustein von einem anderen Codebaustein aus aufgerufen wird.

Werden bei der Programmierung des Funktionsbausteins auch Merker, Ein- und Ausgänge und DB-Variablen verwendet, so ist dieser Funktionsbaustein nur ein einziges Mal aufrufbar.

Gerne werden aber Funktionsbausteine – wie Funktionen – unter alleiniger Verwendung lokaler Variablen geschrieben. Lokale Variablen sind nur innerhalb des Funktionsbausteins bekannt. Die zu verarbeitenden Daten und ermittelten Ergebnisse werden über Bausteinschnittstellen wie Input, Output und InOut eingelesen und ausgegeben. Das hat den Vorteil, dass solch ein Funktionsbaustein mehrfach verwendbar ist und je nach äußerer Beschaltung auch unterschiedliche Ergebnisse liefern kann.

Derart universell einsetzbare Funktionsbausteine bezeichnet man als **bibliotheksfähig**. Sie erleichtern so die Programmierung von häufig wiederkehrenden Funktionsabläufen.

Die Besonderheit am Funktionsbaustein ist der ihm zugeordnete Speicherbereich, der **Instanz-Datenbaustein**. Im Instanz-Datenbaustein können Werte dauerhaft abgelegt werden, sodass sie auch nach der Bausteinbearbeitung und insbesondere bei einem erneuten Aufruf des FB zur Verfügung stehen. Deshalb werden Funktionsbausteine auch als Bausteine «mit Gedächtnis» bezeichnet.

Die lokalen Variablen werden in der Schnittstelle des FB definiert; im Instanz-DB wird somit die Schnittstelle des FB abgebildet. Bei mehrfacher Anwendung eines FB müssen ihm verschiedene unabhängige Speicherbereiche zugeordnet werden – die Instanz-DB. Das heißt, jeder Aufruf eines Funktionsbausteins benötigt für seine interne Datenhaltung einen eigenen Instanzdatenbaustein (bei Multiinstanz einen eigenen Datensatz).

In einem Funktionsbaustein können auch weitere FB und FC aufgerufen werden.

Funktionsbausteine werden bei Aufgaben verwendet, die mit Funktionen schlecht oder gar nicht realisierbar sind, vor allem immer dann, wenn eine Information in dem Programm gespeichert werden muss. Standardbausteine sind beispielsweise die Ansteuerung Motor oder Ventile.

Auch die Funktionsbausteine erleichtern die Programmierung häufig wiederkehrenden Funktionalitäten.

Funktionsbausteine und ihre Schnittstellen zeigt Bild 5.9.

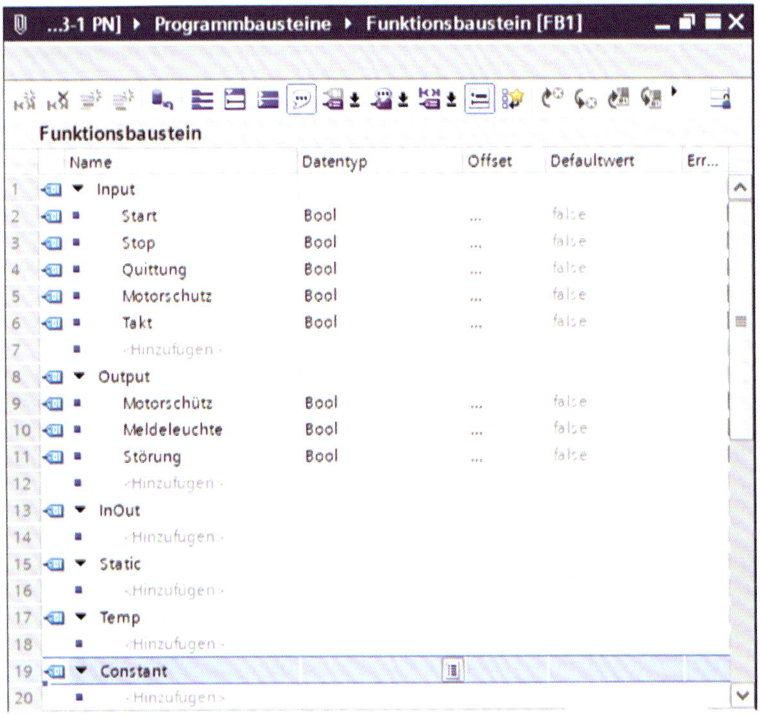

...3-1 PN] ▸ Programmbausteine ▸ Funktionsbaustein [FB1]

Funktionsbaustein

	Name	Datentyp	Offset	Defaultwert	Err...
1	▾ Input				
2	Start	Bool	...	false	
3	Stop	Bool	...	false	
4	Quittung	Bool	...	false	
5	Motorschutz	Bool	...	false	
6	Takt	Bool	...	false	
7	<Hinzufügen>				
8	▾ Output				
9	Motorschütz	Bool	...	false	
10	Meldeleuchte	Bool	...	false	
11	Störung	Bool	...	false	
12	<Hinzufügen>				
13	▾ InOut				
14	<Hinzufügen>				
15	▾ Static				
16	<Hinzufügen>				
17	▾ Temp				
18	<Hinzufügen>				
19	▾ Constant				
20	<Hinzufügen>				

Bild 5.9 *Bausteinschnittstelle (FB1)*

Beim Aufruf des Funktionsbausteins im Programm wird entsprechender Speicherplatz reserviert – der Instanz-DB Funktionsbaustein_DB (Bild 5.10).

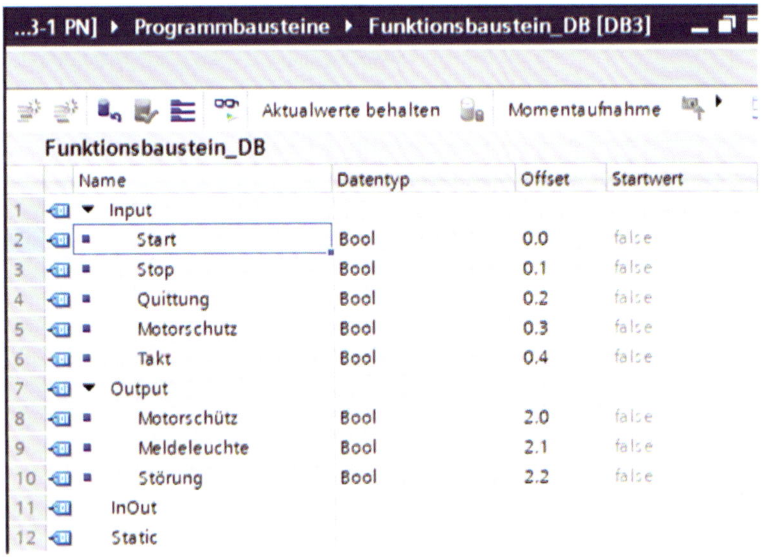

...3-1 PN] ▸ Programmbausteine ▸ Funktionsbaustein_DB [DB3]

Aktualwerte behalten · Momentaufnahme

Funktionsbaustein_DB

	Name	Datentyp	Offset	Startwert
1	▾ Input			
2	Start	Bool	0.0	false
3	Stop	Bool	0.1	false
4	Quittung	Bool	0.2	false
5	Motorschutz	Bool	0.3	false
6	Takt	Bool	0.4	false
7	▾ Output			
8	Motorschütz	Bool	2.0	false
9	Meldeleuchte	Bool	2.1	false
10	Störung	Bool	2.2	false
11	InOut			
12	Static			

Bild 5.10 *Instanzdatenbaustein zu FB1 (DB3)*

Hier fehlen die Variablen des Schnittstellentyps **InOut** und **Static** – weil bei diesem Instanz-DB diese Schnittstellen nicht benötigt werden. Weiterhin sind Variablen des Schnittstellentyps **Temp** und **Constant** nicht im Instanz-DB enthalten, weil die Variablen Temp und die Variablen Constant in einem separaten Speicher der CPU abgelegt werden.

Variablen des Schnittstellentyps **Static** sind gewissermaßen lokale Merker: Sie behalten ihren Inhalt auch nach Verlassen des Funktionsbausteins und bei Wiedereintritt in den Funktionsbaustein. Hier ließe sich eine Quittung speichern, die erst nach Störungsbeseitigung zurückgesetzt werden kann.

Instanzen von Funktionsbausteinen: Einzelinstanz

Ein Aufruf eines Funktionsbausteins wird als **Instanz** bezeichnet.

Jeder Instanz eines Funktionsbausteins wird ein eigener Speicherbereich (Instanz-DB) zugeordnet, der die Daten enthält, mit denen der Funktionsbaustein intern arbeitet. Dieser Speicher wird von Datenbausteinen zur Verfügung gestellt, die automatisch von der Software erstellt werden. Die Benennung des Instanz-DB wird vom System vorbelegt und orientiert sich am Namen des FB, sie kann aber auch vom Anwender selbst bestimmt werden.

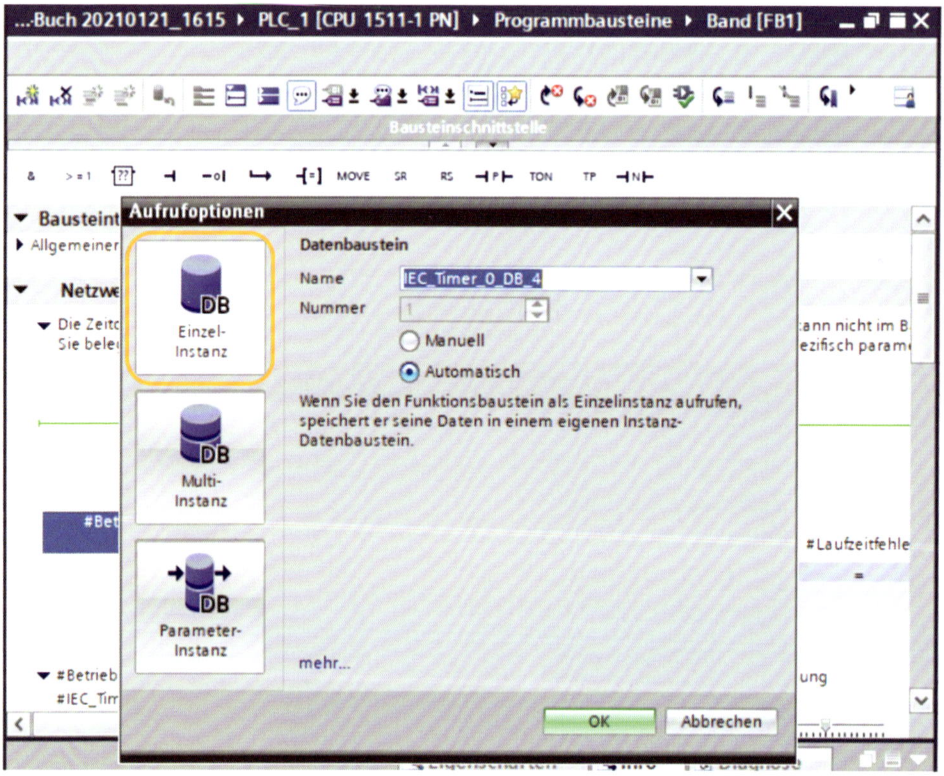

Bild 5.11 *Aufrufoptionen – Einzelinstanz*

Die Aufrufoption **Einzelinstanz** wird in jeder Aufrufumgebung angeboten: OB1, FCn und FBm (Bild 5.11).

Instanzen von Funktionsbausteinen: Multiinstanz

Beim mehrfachen Aufruf von FB sammeln sich entsprechend viele Instanz-DB im Programm an.

Bei geschachtelten FB-Aufrufen (also innerhalb eines anderen FB) ist es möglich und sinnvoll, den Speicherbereich für eine oder mehrere Instanzen in die Static-Schnittstelle des aufrufenden FB und damit in dessen Instanz-Datenbaustein einzubetten. Hier sollte man bei der Einbindung des FB die «Multiinstanz» wählen. Die Auswahlmöglichkeit **Multiinstanz** taucht nur beim Aufruf eines FB innerhalb eines anderen FB auf, nicht beim Aufruf im zyklischen Programm Main (OB1) und nicht in einem FC (Bild 5.12).

Die Einbettung des Speicherbereiches eines Funktionsbausteins in die Static-Schnittstelle des aufrufenden Funktionsbausteins hat noch einen entscheidenden Vorteil: Die Daten des aufgerufenen Funktionsbausteins sind lokal gültig. Damit ist der aufrufende Funktionsbaustein bibliotheksfähig, sprich unabhängig und mehrfach aufrufbar.

Als einfaches Programmierbeispiel stelle man sich einen Funktionsbaustein «Motor» vor. Dieser speichert Start, Stopp, Quittung und Fehler in seinem Instanzdatenbaustein. Für den Wiederanlauf nach einem Stopp ist eine Zeitsperre vorgesehen, die über einen Timer realisiert wird. Dieser Timer benötigt einen Instanz-DB, der per Multiinstanz in die Schnittstelle Motor-FB eingefügt wird (Bild 5.13).

Damit kann der Motor-FB mehrfach aufgerufen werden; bei jedem neuen Aufruf wird ein neuer Instanz-DB angelegt. Der darin eingebettete Timer ist unabhängig von den anderen Timern der anderen Motor-FB. Kennzeichen einer lokalen Variablen ist die «#», hier für die Variable IEC_Timer_0_Instance vom Datentyp TON_TIME.

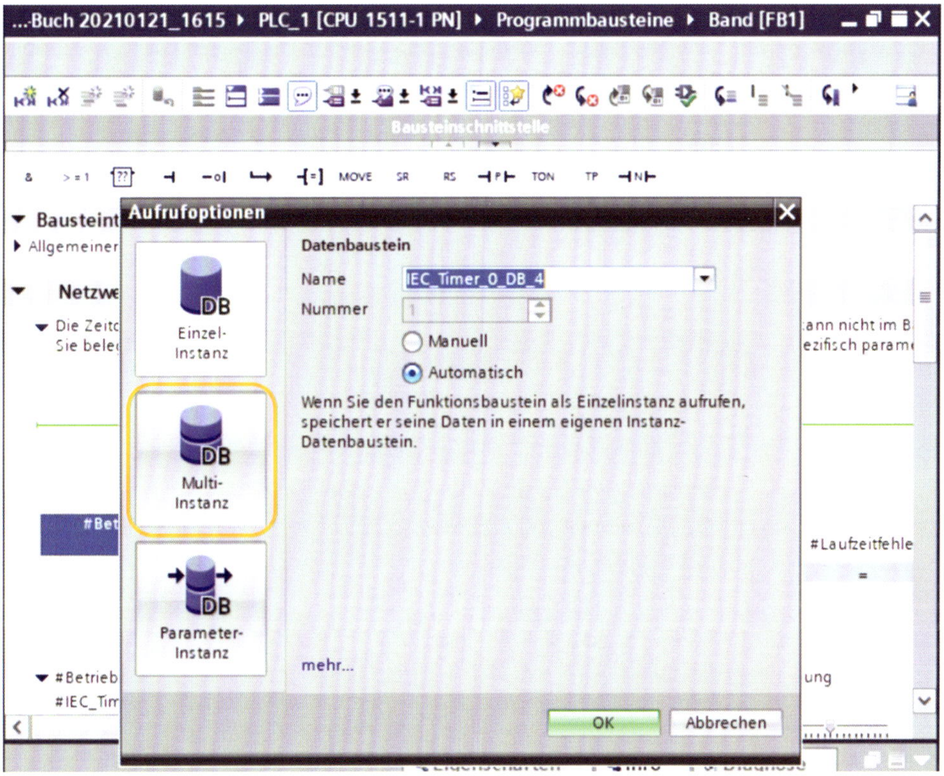

Bild 5.12 *Aufrufoptionen – Multiinstanz. Die Aufrufoption Multiinstanz wird ausschließlich in der Aufrufumgebung eines FB angeboten.*

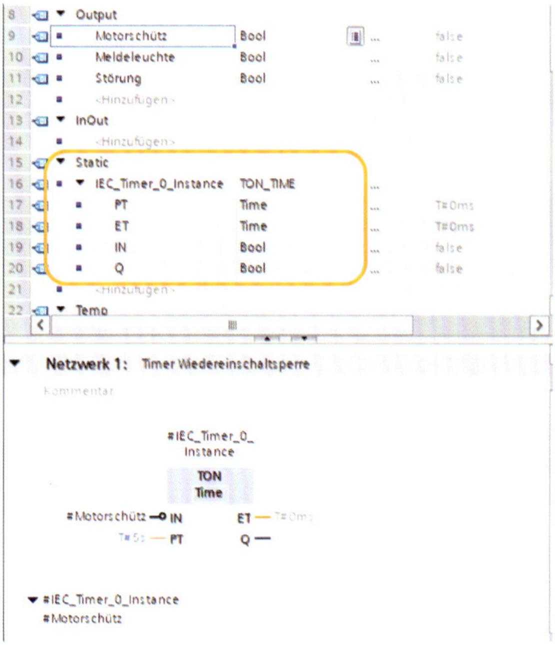

Bild 5.13 *Schnittstelle FB mit TON Aufruf als Multiinstanz*

Um zu prüfen, ob sämtliche benötigten Variablen im IEC_Timer_0_Instance enthalten sind, öffnet man ihn durch Anklicken des kleinen Dreiecks (Bild 5.14).

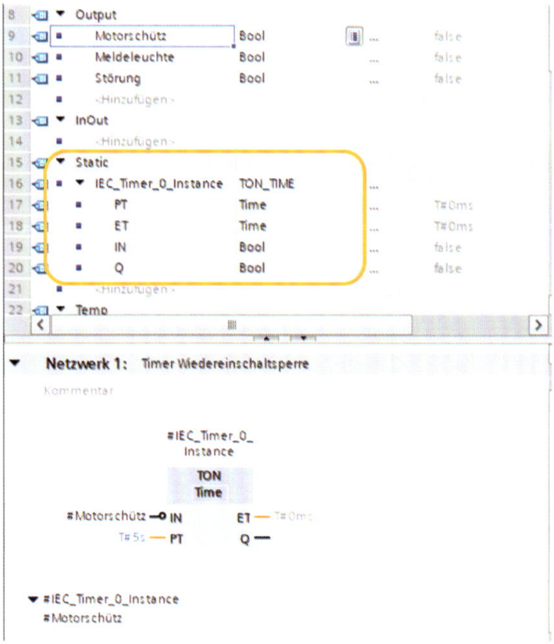

Bild 5.14 *Schnittstelle FB mit TON Aufruf als Multiinstanz, Schnittstelle expandiert*

Beim Aufruf des Timers als Einzelinstanz ist der generierte Instanz-DB – hier IEC_Timer_0_DB – sehr überschaubar (Bild 5.15). Der Inhalt für die auf den Timer bezogenen lokalen Variablen PT, ET, IN und Q ist derselbe wie bei einem Multiinstanz-Aufruf.

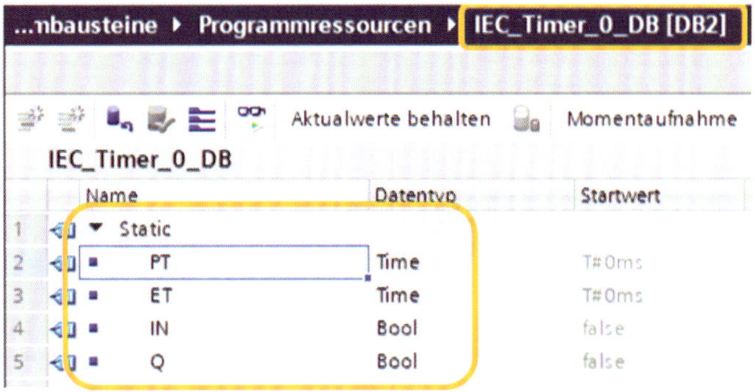

Bild 5.15 *Instanz-DB bei Aufruf des Timer ON als Einzelinstanz*

Da aus der Schnittstelle eines Funktionsbausteins der zugehörige Instanz-Datenbaustein gebildet wird, findet sich auch hier der Speicherplatz für den IEC-Timeraufruf wieder (Bild 5.16).

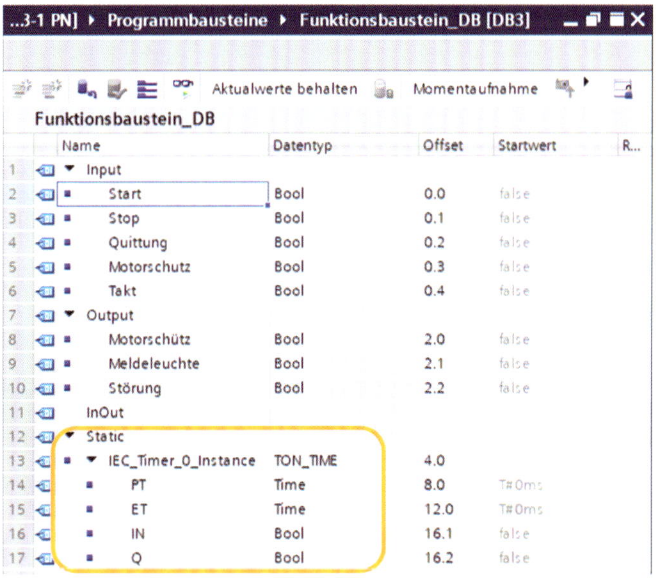

Bild 5.16 *Instanz-DB des aufrufenden FB mit Speicherplatz für den Multiinstanz-TON, automatisch angelegt in der Static-Schnittstelle*

Die Datenbausteine bzw. deren innere Struktur ist bei den IEC Timern identisch, somit ist ein einfacher Austausch des Timertyps (TP, TON, TOF) ohne Neuanlage des Datenbausteins oder der statischen Variablen möglich.

Instanzen von Funktionsbausteinen: Parameterinstanz

Als dritte Auswahlmöglichkeit beim Aufruf eines FB innerhalb eines anderen FB wird für den anzulegenden Speicherplatz die **Parameterinstanz** angeboten. Hier hat man die Möglichkeit, Speicherplatz für die Instanz-Daten innerhalb eines eigens angelegten DB zu schaffen. Eine ausführliche Erläuterung der Problematik übersteigt die Themen eines Grundkurses.

5.4 Variablen

Die Variablen in der linearen Programmierung sind ursprünglich immer global gültig gewesen, was zu Problemen mit der Verfügbarkeit von Merkern geführt hat. Heute ist das kaum noch ein Problem, weil sich die Programmierung massiv weiterentwickelt hat.

5.4.1 Globale Variablen

»Globale Variablen» ist ein abstrakter Begriff, der sich auf die Gültigkeit des Zugriffs auf Variablen bezieht.

Auf globale Variablen kann aus dem gesamten Programm zugegriffen werden. Dazu zählen Merker, Ein- und Ausgänge und Variablen aus globalen Datenbausteinen.

Ein komplettes Programm ausschließlich mit globalen Variablen zu versorgen, erscheint im ersten Ansatz sinnvoll. Bei etwaigen Programmwiederholungen in Form von Funktionen (FC) oder Funktionsbausteinen (FB) führen darin enthaltene globale Variablen allerdings leicht zu fehlerhaftem Programmverhalten.

Der Vorteil globaler Variablen ist, dass sie von jedem Baustein ansprechbar sind. Das ist aber auch gleichzeitig ein Nachteil, wenn sie innerhalb von mehrfach aufgerufenen gleichen FB oder FC eingesetzt werden. Ausnahmen sind möglich, beispielsweise Takt- und Systemmerker oder Eingänge.

Zur Unterscheidung gegenüber lokalen Variablen ist das erste Zeichen des Namens ein Prozentzeichen («%»). Lokale Variablen tragen im Gegensatz dazu als führendes Zeichen ein «#».

5.4.2 Lokale temporäre Variablen

»Lokale Variablen» sind Variablen, die ausschließlich lokal in Funktionen (FC), Funktionsbausteinen (FB) oder Organisationsbausteinen (OB) verfügbar sind. Sie werden in der Bausteinschnittstelle definiert. Zur Unterscheidung gegenüber globalen Variablen ist das erste Zeichen des Namens eine Raute («#»). Globale Variablen tragen im Gegensatz dazu als führendes Zeichen ein «%».

Bei einem zweiten oder weiteren Aufruf dieser FB und FC werden die lokalen Variablen erneut benutzt, können aber völlig andere Werte beinhalten, ohne dass es einen Konflikt mit dem vorherigen oder nachfolgenden Bausteinaufruf gibt (Bild 5.17).

Nach der Abarbeitung des FC oder FB werden die Speicherplätze der darin verwendeten lokalen Variablen wieder freigegeben. Insgesamt hat man damit einerseits mehr Speicherplatz zur Verfügung, weil nicht so viele globale Variablen (z. B. Merker) benutzt werden müssen, andererseits eine Unabhängigkeit der FC und FB bei mehreren Aufrufen gewährleistet.

Die lokalen temporären Variablen verfügen in der CPU über einen eigenen Speicherbereich, der von allen lokalen Variablen in den Bausteinaufrufe beschrieben wird. Das heißt, jede temporäre Variable muss vor einer Abfrage im Baustein mit einem Zustand bzw. Ergebnis beschrieben werden.

Für die Funktionsbausteine (FB) sind natürlich auch die jeweiligen Instanz-DB separat anzulegen.

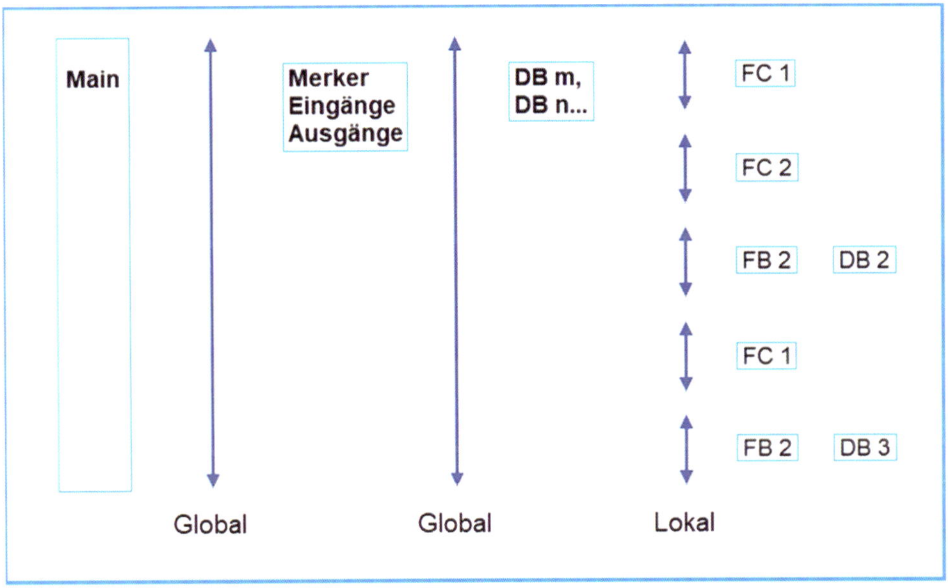

Bild 5.17 Globale und lokale Gültigkeit von Variablen

Trotz gleichen Namens innerhalb zweier FC oder FB können die betreffenden lokalen Variablen unterschiedliche Werte beinhalten, diese Variablen sind also unabhängig voneinander.

Zu den lokalen Variablen werden auch die in der Bausteinschnittstelle definierten temporären Variablen und Konstanten gezählt.

5.4.3 Adressierung

Eine speicherprogrammierbare Steuerung (SPS) überwacht und steuert mit dem S7-Programm eine Maschine oder einen Prozess. Die digitalen E/A-Baugruppen werden dabei im S7-Programm über die Eingangsadressen %Em.n (internationale Schreibweise %Im.n) abgefragt und Ausgangsadressen über %Am.n (internationale Schreibweise %Qm.n) angesprochen.

Der Zugriff auf Daten von den analogen Ein/Ausgangsbaugruppen wird standardmäßig wortweise vorgenommen: %EWm bzw. %AWn.

Die Kleinbuchstaben m, n stehen stellvertretend für die ganzzahligen Adressen im Speicher. Der zweite Kleinbuchstabe (hinter dem Dezimalpunkt) steht für die Bitposition im adressierten Byte.

Das %-Zeichen ist das Kennzeichen der globalen Variablen bei Angabe einer absoluten Adresse.

Da die Adressierung im TIA Portal auf Basis der symbolischen Adressen erfolgt, werden allen verwendeten absoluten Adressen Namen zugeordnet, die symbolischen Adressen.

Adressierung globaler Variablen

Die Symbolik für die absolute Adressierung wird vom %-Zeichen gekennzeichnet, dazu parallel werden symbolische Namen mit entsprechender Aussagekraft verwendet. Das %-Zeichen wird vom System automatisch generiert. Beim Einsatz absoluter Adressen werden bei deren erstmaliger Verwendung vom TIA Portal immer symbolische Namen wie Tag_1, Tag_2 usw. generiert, sozusagen als Platzhalter. Diese sind dann ggf. durch sinnvolle Variablennamen zu ersetzen.

Eine absolute Adresse «%E3.7» wird um die symbolische Adresse «Tag_5» ergänzt und später dann zu «Not-Aus_3» umbenannt. Das TIA Portal lässt aber auch den umgekehrten Fall zu: Man vergibt erst den symbolischen Namen – z. B. «ML_Störung» – und definiert im zweiten Schritt dann die absolute Adresse «A4.2», automatisch ergänzt zu «%A4.2».

Adressierung lokaler Variablen

Bei der Verwendung lokaler Variablen, meist in FC und FB eingesetzt, beginnen die Namen der lokalen Variablen mit dem #-Zeichen, weil hier keine absoluten Adressen existieren. Auch dieses #-Zeichen wird den lokalen Variablen vom TIA Portal automatisch vorangestellt. In der Schnittstelle von FC und FB darf die # dem Variablennamen nicht vorangestellt werden (Bild 5.18).

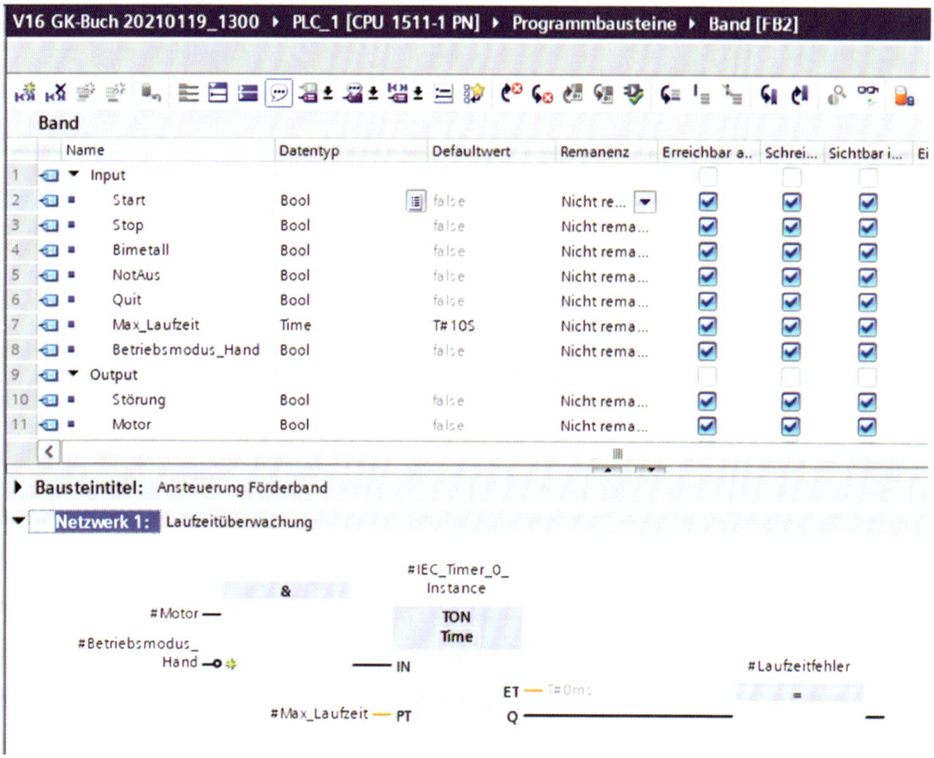

Bild 5.18 *Bausteinschnittstelle mit lokalen Variablen und Netzwerk*

Symbolische und absolute Adressen

Die globalen Adressen lassen zwei Schreibweisen zu: symbolisch und absolut. Symbolische Adressen haben einen Bezug zu ihrer Verwendung, z. B. «Not-Aus». Die Verwendung ist am Namen ablesbar. Auf welcher Eingangsadresse der Not-Aus anliegt, kann nur die absolute

Adresse liefern, z. B. E3.5. Beide Adressen sind im TIA Portal miteinander verbunden, d. h. eine absolute Adresse besitzt auch immer eine symbolische Adresse. Der sinngebende Name vereinfacht die Programmierung, die Programme sind besser lesbar. Zusätzlich ist die symbolische Adresse die Basis der Programmierung. Wenn beispielsweise der Eingang des Not-Aus defekt sein sollte, so ändert man die absolute Adresse des Not-Aus. An allen Stellen in der Programmierung, an der der Not-Aus eingelesen wird, wird jetzt auf die neue absolute Adresse zugegriffen. Hätte man nur absolute Adressen zur Programmierung zur Verfügung, so hätte man das gesamte Programm nach der Adresse des Not-Aus durchforsten und ändern müssen.

Bei den lokalen Adressen existiert nur eine Schreibweise: symbolisch. Hier existiert keine absolute Adresse. Bei Änderungen des Symbolnamens einer lokalen Variablen werden sämtliche Symbolnamen dieser Variablen mit geändert, aber nur wenn die Änderung in der Bausteinschnittstelle vorgenommen wird.

Bei globalen Variablen existiert keine Schnittstelle, hier ist die Änderung in der PLC-Variablentabelle vorzunehmen.

6 Grundlagen – elementare Datentypen

Die Grundlagen in diesem Kapitel gelten sowohl auf den S7-300- und S7-400-Baureihen als auch auf S7-1200- sowie S7-1500-CPU. Für die letzten beiden Baureihen kommen noch 64-Bit Datentypen hinzu, und zur Annäherung an höhere Programmiersprachen auch Datentypen mit vorzeichenloser Zahlendarstellung.

6.1 Datenbreiten und Bitpositionen

Die Speicherung unterschiedlicher Variablen macht gelegentlich den Zugriff auf einzelne Bits in diesen Variablen erforderlich, z. B. Fehlerbits in einem Fehlerwort oder Doppelwort. Zur Bestimmung der Bitpositionen ist es erforderlich, die Zählweise festzulegen. Die Zählweise kann bei anderen SPS-Baureihen – insbesondere bei anderen Herstellern – unterschiedlich sein. Das ist zu beachten, falls einmal fremde Programme adaptiert werden müssen.

6.1.1 Datenbreiten

Tabelle 6.1 *Datenbreiten*

Datenbreite	Basis-Datentypen	Integer-Datentypen	Wertebereich
8 Bit = 1 Byte	BYTE	USINT (unsigned Short-Integer)	0…255
8 Bit = 1 Byte	BYTE	SINT (Short-Integer)	–128…127
16 Bit = 2 Byte	WORD	UINT (unsigned Integer)	0…65 535
16 Bit = 2 Byte	WORD	INT (Integer)	–32 768…32 767
32 Bit = 4 Byte	DWORD	UDINT (unsigned Double Integer)	0…232–1
32 Bit = 4 Byte	DWORD	DINT (Double Integer)	–231…231–1
64 Bit = 8 Byte	LWORD	ULINT (unsigned Long Integer)	0…264–1
64 Bit = 8 Byte	LWORD	LINT (Long Integer)	–263…263–1

Der große Vorteil einer SPS bzw. eines Computers im Allgemeinen besteht einerseits darin, Daten sehr schnell verarbeiten zu können, andererseits aber auch darin, den Inhalt der Speicherzellen unterschiedlich zu interpretieren. Die einzelnen Bits in den Speicherzellen haben je nach Interpretation eine unterschiedliche Bedeutung. Diesen Schlüssel zu Interpretation legt der Programmierer mit dem Datentyp fest. Damit ist er nicht auf Ganzzahlen beschränkt, sondern kann auch Zeichen, Zeiten, Datumswerte, Realzahlen (Zahlen mit Nachkommastellen) und auch negative Werte handhaben. Die S7-1200- und S7-1500-Baureihen haben gegenüber den alten Baureihen S7-300 und S7-400 den Vorteil, dass sie den Datentyp so speichern, dass er bei einer Datensicherung von der CPU auf das Programmiergerät auch sichtbar wird. Eine Datensicherung ist damit erheblich besser interpretierbar, wenn sie von einer S7-1200 oder S7-1500 stammt.

6.1.2 Bitpositionen

Bitpositionen im BYTE WORD DWORD und LWORD:

Die Zählweise der Bits im Byte ist klassisch von rechts nach links, beginnend mit Bit Nummer Null. Mit der Bitposition verknüpft ist die Wertigkeit der einzelnen Bits, wenn man von einem ganzzahligen Datentyp ausgeht, hier USINT. Die Summe aller Bit-Wertigkeiten stellt die maximal darstellbare Zahl dar (Tabelle 6.2).

Tabelle 6.2 *Bitposition im Byte*

Bitposition	7	6	5	4	3	2	1	0
Wertigkeit im Byte als Ganzzahl	128	64	32	16	8	4	2	1
	Byte							

Die Umsetzung von Bitposition und Bit-Wertigkeit auf den Wert des Integers in einem Word ist auch noch nachvollziehbar (Tabelle 6.3, Tabelle 6.4).

Tabelle 6.3 *Bitposition im Wort*

Bitposition im Byte	7	6	5	4	3	2	1	0	7	6	5	4	3	2	1	0
Wertigkeit im Byte als Ganzzahl	128	64	32	16	8	4	2	1	128	64	32	16	8	4	2	1
	BYTE								BYTE							
Bitposition im WORD	15	14	13	12	11	10	9	8	7	6	5	4	3	2	1	0
Wertigkeit im WORD als Ganzzahl	32768	16384	8192	4096	2048	1024	512	256	128	64	32	16	8	4	2	1
	WORD															

Tabelle 6.4 *Bitposition im WORD*

Bitposition im WORD	15							0	15							0
	WORD								WORD							
Bitposition im DWORD	31							16	15							0
Wertigkeit im DWORD als Ganzzahl	2147483648							65536	32768							1
	DWORD															

Beim Betrachten der Tabellen fällt auf, dass mit zunehmender Bitanzahl auch die als Ganzzahlen (Integer) darstellbaren Zahlen immer größer werden. Daraus lässt sich eine Faustformel ableiten: 8 Bit lassen die Darstellung von 3 Dezimalziffern zu, etwas genauer wird die Faustformel bei 16 Bit und 5 Dezimalstellen.

Genauere Information liefert Tabelle 6.6 mit den elementaren Datentypen.

6.1.3 MSB LSB – Höchstwertiges Byte – niederwertigstes Byte

Tabelle 6.5 *Bitposition im Byte*

Bitposition im Byte	7	6	5	4	3	2	1	0	7	6	5	4	3	2	1	0
Wertigkeit im Byte als Ganzzahl	128	64	32	16	8	4	2	1	128	64	32	16	8	4	2	1
	BYTE								BYTE							
Bitposition im Byte	15	14	13	12	11	10	9	8	7	6	5	4	3	2	1	0
Wertigkeit im WORD als Ganzzahl	32768	16384	8192	4096	2048	1024	512	256	128	64	32	16	8	4	2	1
	WORD															

Wie in Tabelle 6.5 leicht zu erkennen ist, ist die Wertigkeit der einzelnen Bits im «linken» Byte höher als die im «rechten» Byte, man bezeichnet daher das «linke» Byte als höchstwertiges Byte – Most Significant Byte (MSB) – und das «rechte» Byte als niederwertigstes Byte – Least Significant Byte (LSB). Bei den Bezeichnungen und Abkürzungen haben sich die englischen Varianten durchgesetzt.

MSB und LSB sind natürlich auch anwendbar auf Doppelwortvariablen (4 Byte) und Langwortvariablen (8 Byte), wenn es sich bei den Daten um ganzzahlige Datentypen handelt – bei Gleitkommavariablen oder Zeitvariablen ist diese Zuordnung nicht anwendbar.

6.2 Elementare Datentypen

Tabelle 6.6 *Elementare Datentypen*

Basis-Datentypen	Datentypen	Wertebereich
BYTE	BYTE	B#16#0 bis B#16#FF
BYTE	CHAR	a.. z, A..Z, ! «§ $%&/
WORD	WORD	2#0 bis 2#1111_1111_1111_1111 W#16#0 bis W#16#FFFF C#0 bis C#999 B#(0,0) bis B#(255,255)
WORD	INT	–32768 bis 32767
WORD	S5TIME	S5T#0H_0M_0S_10MS bis S5T#2H_46M_30S_0MS und S5T#0H_0M_0S_0MS
WORD	DATE	D#1990-1-1 bis D#2168-12-31

Tabelle 6.6 Elementare Datentypen – Fortsetzung

Basis-Datentypen	Datentypen	Wertebereich
DWORD	DWORD	2#0 bis 2#1111_1111_1111_1111_ 1111_1111_1111_1111 DW#16#0000_0000 bis DW#16#FFFF_FFFF B#(0,0,0,0) bis B#(255,255,255,255)
DWORD	DINT	L#-2147483648 bis L#2147483647
DWORD	REAL	Obere Grenze: ±3.402823e+38 Untere Grenze: ±1.175 495e-38
DWORD	TIME	T#-24D_20H_31M_23S_648MS bis T#24D_20H_31M_23S_647MS
DWORD	TIME_OF_DAY	TOD#0:0:0.0 bis TOD#23:59:59.999
LWORD	LINT	–9223372036854775808 bis 9223372036854775807 Dualzahl (nur positiv) 2#0 bis 2#0111 1111 1111 1111 1111 1111 1111 1111 1111 1111 1111 1111 1111 1111 1111 1111 Hexadezimalzahl (nur positiv) 16#0 bis 16#7F FF FF FF FF FF FF FF
LWORD	LREAL	–1,79769…e+308 bis -2,2507…e–308 0 2,2507…e–308 bis 1,79769…e+308
LWORD	LTIME	–106751d23h47m16s854ms775µs808ns bis +106751d23h47m16s854ms775µs808ns bis Hexadezimalzahl 16#0 bis 16#80 00 00 00 00 00 00 00
LWORD	LTOD	LTOD#00:00:00.000000000 bis LTOD#23:59:59.999999999

Für die Vorbesetzung der Inhalte und auch die Darstellung beim Beobachten existieren verschiedene Formatoptionen (Tabelle 6.7). Das kommt primär der Handhabung der Daten zugute; eine Gleitkommazahl (Real-Zahl) als Bitmuster oder gar als Integer-Zahl (DINT) darzustellen ist möglich, aber wenig sinnvoll, im letzteren Fall sogar falsch. Ebenso ergibt die Darstellung eines Bitmusters als Integer-Zahl von z. B. Fehlerbits in einem Datenwort wenig Sinn. Dennoch kann es im Rahmen der Fehlersuche in Einzelfällen sinnvoll sein, Speicherzellen unterschiedlich zu interpretieren.

Tabelle 6.7 Elementare Datentypen

Datentypen	Datentypen	Formatoptionen	Wertebereich
BYTE	BYTE		B#16#0 bis B#16#FF
BYTE	CHAR		a.. z, A..Z, ! «§ $%&/ Das kleinste bzw. größte ASCII Zeichen sind hier nicht darstellbar

***Tabelle 6.7** Elementare Datentypen – Fortsetzung*

Datentypen	Datentypen	Formatoptionen	Wertebereich
WORD	WORD	Dualzahl Dualzahl Hexadezimalzahl Hexadezimalzahl BCD Dezimalzahl ohne Vorzeichen Dezimalzahl ohne Vorzeichen	2#0 bis 2#1111_1111_1111_1111 W#16#0 bis W#16#FFFF C#0 bis C#999 B#(0,0) bis B#(255,255)
WORD	INT	Dezimalzahl mit Vorzeichen	–32768 bis 32767
WORD	S5TIME	S7-Zeit in Schritten von 10 ms (Default-Wert)	S5T#0H_0M_0S_10MS bis S5T#2H_46M_30S_0MS und S5T#0H_0M_0S_0MS
WORD	DATE	IEC-Datum in Schritten von 1 Tag	D#1990-1-1 bis D#2168-12-31
DWORD	DWORD	Dualzahl Hexadezimalzahl Dezimalzahl ohne Vorzeichen	2#0 bis 2#1111_1111_1111_1111_ 1111_1111_1111_1111 DW#16#0000_0000 bis DW#16#FFFF_FFFF B#(0,0,0,0) bis B#(255,255,255,255)
DWORD	DINT	Dezimalzahl mit Vorzeichen	L#-2147483648 bis L#2147483647
DWORD	REAL	Gleitpunktzahl nach IEEE 754	Obere Grenze: ±3.402823e+38 Untere Grenze: ±1.175 495e–38
DWORD	TIME	IEC-Zeit in Schritten von 1 ms, Ganzzahl mit Vorzeichen	T#-24D_20H_31M_23S_648MS bis T#24D_20H_31M_23S_647MS
DWORD	TIME_OF_DAY	Uhrzeit in Schritten von 1 ms	TOD#0:0:0.0 bis TOD#23:59:59.999
LWORD	LINT	Ganzzahl mit Vorzeichen	–9223372036854775808 bis 9223372036854775807 Dualzahl (nur positiv) 2#0 bis 2#0111 1111 1111 1111 1111 1111 1111 1111 1111 1111 1111 1111 1111 1111 1111 1111 Hexadezimalzahl (nur positiv) 16#0 bis 16#7F FF FF FF FF FF FF FF
LWORD	LREAL	Gleitpunktzahl nach IEEE754	–1,79769…e+308 bis -2,2507…e–308 0 2,2507…e–308 bis 1,79769…e+308
LWORD	LTIME	Zeitdauer mit Vorzeichen	–106751d23h47m16s854ms775µs808ns bis +106751d23h47m16s854ms775µs808ns bis Hexadezimalzahl 16#0 bis 16#80 00 00 00 00 00 00 00
LWORD	LTOD	Tageszeit (Stunden:Minuten:Sekunden.Nanosekunden)	LTOD#00:00:00.000000000 bis LTOD#23:59:59.999999999

Tabelle 6.8 *Gleitkommazahl*

REAL - Einfache Genauigkeit - 32 Bit
Eine Gleitkommazahl mit einfacher Genauigkeit belegt eine Speichereinheit von 4 Byte (32 Bit) im Rechner.
Realzahl einfacher Genauigkeit - nur etwa 8 Dezimalziffern sind genau 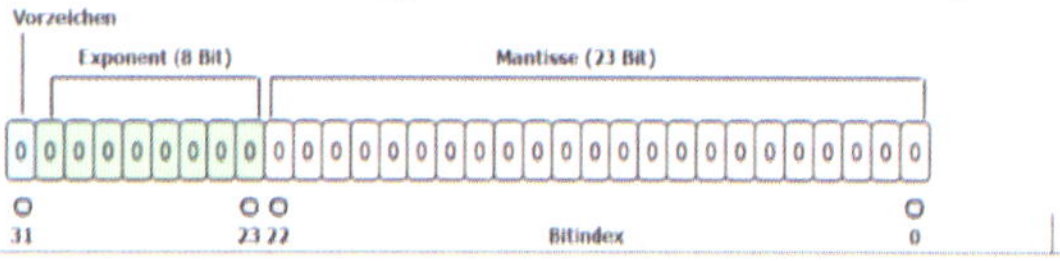
LREAL - Doppelte Genauigkeit - 64 bit
Eine Gleitkommazahl mit doppelter Genauigkeit belegt eine Speichereinheit von 8 Byte (64 Bit) im Rechner.
Realzahl doppelter Genauigkeit - nur etwa 17 Dezimalziffern sind genau 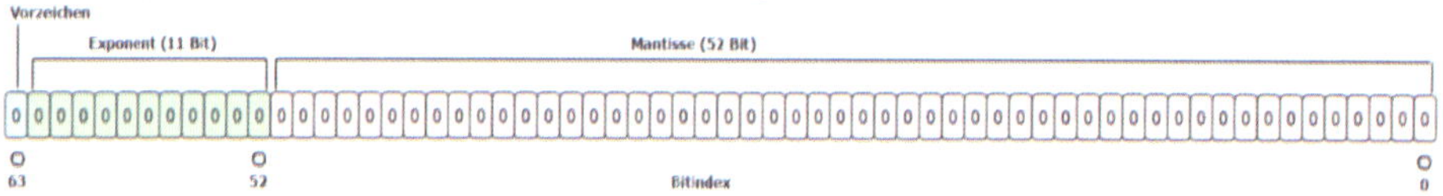

6.3 Zusammengesetzte Datentypen

So wie man aus Buchstaben Wörter und aus Wörtern Sätze zusammensetzt, lassen sich in der Programmierung auch Datentypen zusammensetzen (Tabelle 6.9). Die Regeln einer bestimmten Programmierung werden vielfach auch als Programmiersprache bezeichnet.

Tabelle 6.9 *Zusammengesetzte Datentypen*

Typ und Beschreibung	Formatoptionen	
ARRAY	Mit diesem Datentyp definiert man ein Feld bzw. eine Gruppierung von Komponenten gleichen Datentyps (entweder elementar oder zusammengesetzt). Man kann maximal 6 Dimensionen in einem Feld definieren.	Messwerte: ARRAY[1..3] OF REAL; Jede Feldkomponente wird über den Feldindex angesprochen: Messwerte [Index] Der Index kann ein beliebiger ganzzahliger Wert von –32768 bis +32767 sein und kann zur Laufzeit des Programms nicht verändert werden. Mehrdimensional: MW-3-dim: ARRAY[1..3,0..9,0..99] OF REAL;
STRUCT	Mit dem Datentyp STRUCT kann man eine Gruppierung von beliebig kombinierten Datentypen bzw. Komponenten definieren, z. B. ein Feld aus Strukturen oder eine Struktur aus Strukturen und Feldern.	Messwerte: STRUCT Temperatur: INT; Geschwindigkeit: REAL; END_STRUCT;
DATE_AND_ TIME	DATE_AND_TIME definiert einen Bereich mit 64 Bits (8 Bytes) und wird in einem binärcodierten Dezimalformat gespeichert.	DT#1990-1-1-0:0:0.0 bis DT#2089-12-31-23:59:59.999 (erlaubter Bereich für die Eingabe von Datum und Zeit)

Für die Vorstellung eines ARRAY möge man eine Tabelle mit Messwerten einer Motordrehzahl als Beispiel nehmen. Dieses eindimensionale ARRAY erweitere man dann noch um eine zweite Spalte – also eine zweite Dimension: Messwert der Motordrehzahl und Motorstrom. Das ARRAY nimmt nur Daten gleichen Typs auf – ein Zeitstempel ließe sich beispielsweise hierin nicht eingliedern.

Hilfe findet man beim Datentyp STRUCT, der verschiedenen Datentypen vereint; daraus setzt man dann wiederum ein Array zusammen.

Zusammenfassung zusammengehöriger Messwerte in einer Struktur:

```
Messwerttripel:  STRUCT
                 Motordrehzahl:  REAL;
                 Motorstrom:     REAL;
                 Zeitstempel:    TIME;
                 END_STRUCT;
```

Die Anwendung der STRUCT-Messwerttripel sieht dann folgendermaßen aus:

Kennlinie ARRAY[1..300] OF Messwerttripel.

Bildlich möge man sich das als Exceltabelle vorstellen mit 300 Zeilen und 3 Spalten, nimmt man den Index dazu, sind es 4 Spalten.

6.4 PLC-Datentypen – Anwenderdatentyp

Tabelle 6.10 *PLC-Datentypen*

Typ und Beschreibung	Bits	Formatoptionen	Beispiel
Anwenderdatentyp		Mit diesem Datentyp definiert man eine Gruppierung von Komponenten unterschiedlichen Datentyps (entweder elementar oder zusammengesetzt).	Motor: [EIN of Bool, AUS of Bool, Solldrehzahl of Real, Istdrehzahl of Real, Fehler of Int]

Über den Eintrag PLC-Datentypen in der Projektnavigation erzeugt man mit **Neuen Datentyp hinzufügen** einen Anwenderdatentyp (ehemals Userdefined Data Type – UDT, die Bezeichnungen werden in der Literatur wechselweise benutzt). Der neue Anwenderdatentyp setzt sich aus elementaren Datentypen oder anderen Anwenderdatentypen zusammen (Tabelle 6.10).

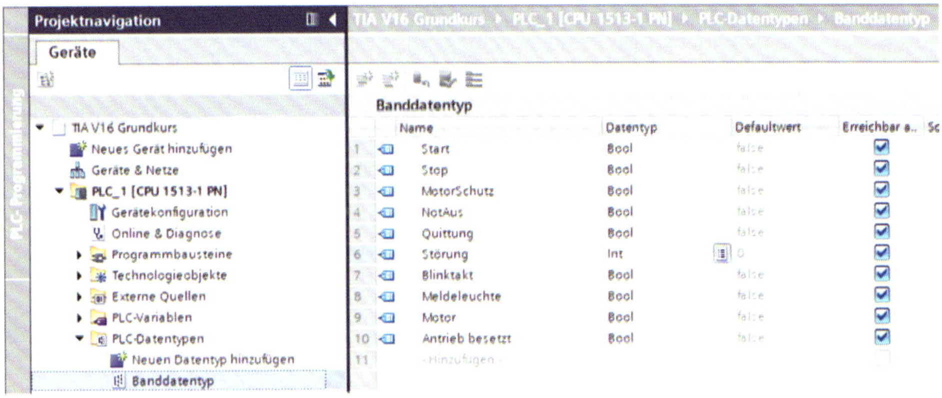

Bild 6.1 *Darstellung eines UDT im TIA*

Durch Hinzufügen von Zeilen mit Namen und Datentyp im UDT deklariert man diesen Anwenderdatentyp.

Diesen UDT kann man jetzt in jeder Schnittstelle von FC oder FB und in Datenbausteinen als «Vorlage» einfügen. In dem Beispiel in Bild 6.1 wird der UDT **Banddatentyp** in dem Datenbaustein **Alle Antriebe** (DB1) als Datentyp eingefügt. Die Deklaration aus dem PLC-Datentyp wird im Datenbausteinspeicher, Bit, Byte, Word usw. 1:1 übernommen (Bild 6.2).

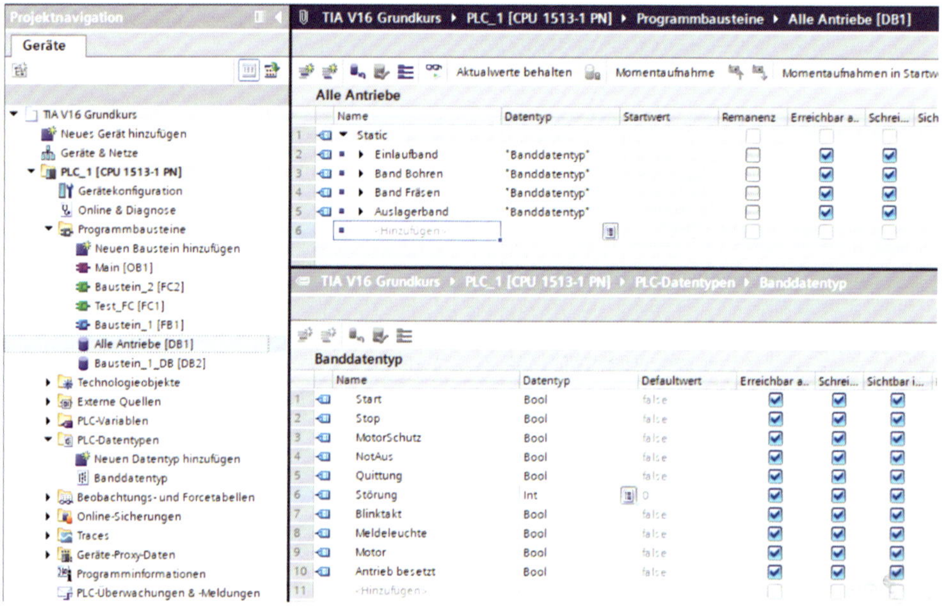

Bild 6.2 *Nutzung UDT in Datenbaustein und Deklaration des UDT-Banddatentyp*

Siemens empfiehlt die Nutzung der Kommentarmöglichkeit bei der Definition der UDT, insbesondere da diese instanzspezifisch änderbar sind.

7 TIA Oberfläche in Kurzform

Im TIA Portal existieren zwei Ansichtsmodi, die Portal- und die Projektansicht. Die Portalansicht ist für den ersten Einstig ins TIA Portal bestens geeignet, verzweigt jedoch nach dem Anlegen oder Öffnen eines Projekts automatisch in die Projektansicht. Der geübte Anwender wird vermutlich die Projektansicht zum Anlegen eines neuen Projektes benutzen, da der Start in der Portalansicht kaum Vorteile bietet.

7.1 Portalansicht

Einstieg ist vielfach die Portalansicht, in der man sich einen guten Überblick über das TIA Portal und etwaige vorhandene Projekte verschaffen kann (Bild 7.1). Links unten befindet sich eine Umschaltfläche zum Übergang in die Projektansicht mit einer Fülle von Funktionalitäten und Informationen.

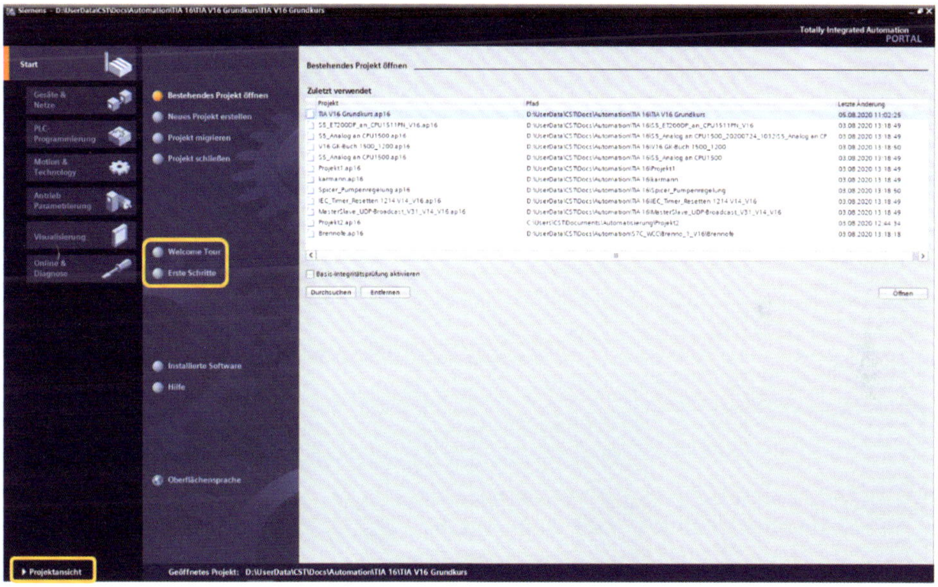

Bild 7.1 *Portalansicht*

Für den Einstieg ins TIA Portal sind die Menüpunkte **Welcome Tour** und **Erste Schritte** gut geeignet.

7.2 Projektansicht

Nach der Besichtigung der «Werkstatt» (der Portalansicht) öffnen wir jetzt unseren «Werkzeugkasten», die Projektansicht (Bild 7.2). Hier sieht man eine Fülle von Fenstern und Menüpunkten mit diversen Unterfenstern und -menüs, diese dann auch noch abhängig von der jeweiligen Umgebung, was den Benutzer durchaus fordert.

Die klare Strukturierung der Menüs und Dialoge erleichtert den Einstieg. Unten links findet sich die entsprechende Umschaltmöglichkeit in die Portalansicht.

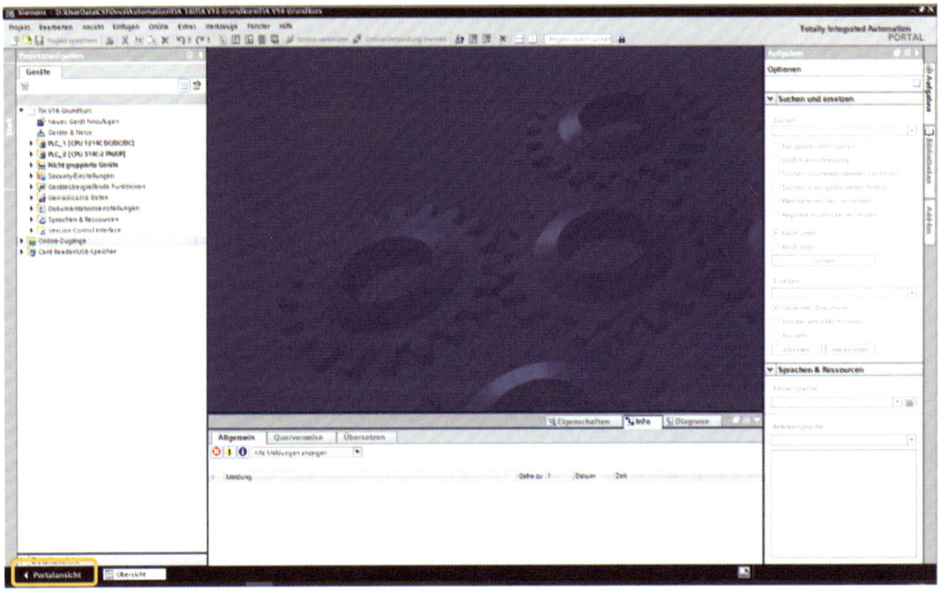

Bild 7.2 *Projektansicht*

Zur besseren Orientierung haben alle Fenster eigene Namen (Bild 7.3).

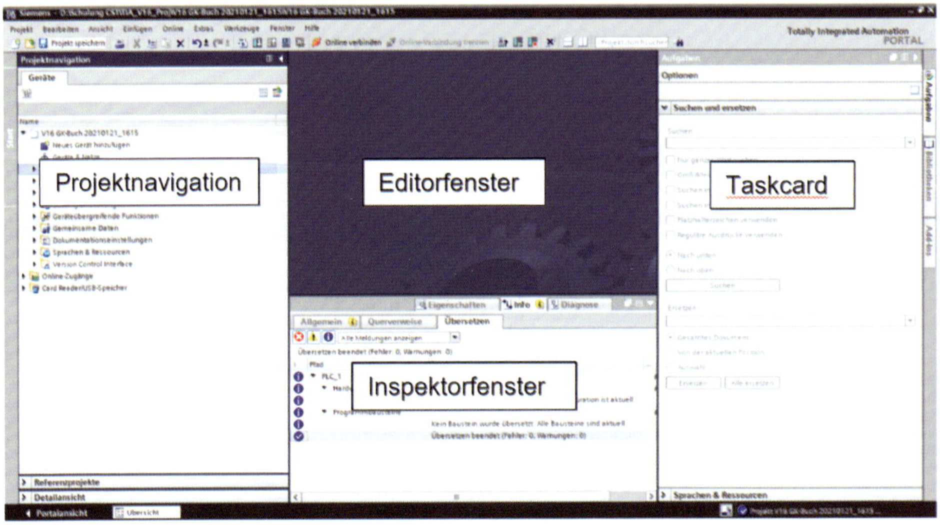

Bild 7.3 *Projektansicht Fensternamen*

Die Fenster der Projektansicht und ihre Inhalte sind:

- Projektnavigation (Projektbaum)
  - Referenzprojekte
  - Details
- Editorfenster, ggf. horizontal oder vertikal geteilt
- Inspektorfenster
  - Eigenschaften
  - Info
  - Diagnose
- Taskcard – Aufgaben
  - in Programmbausteinen (Anweisungen, Testen, Aufgaben, Bibliotheken, Add-Ins)
  - in Gerätekonfiguration (Hardware-Katalog, Online-Tools, Aufgaben, Bibliotheken, Add-Ins)
  - in Online & Diagnose (Online-Tools, Aufgaben, Bibliotheken, Add-Ins)
  - in HMI-Bilder (Werkzeuge, Animationen, Layout, Anweisungen, Aufgaben)

Grundlegende Voreinstellungen werden aus dem Projekt heraus im Menü Extras → Einstellungen vorgenommen.

Neuerungen in TIA 16

Die erste auffällige Änderung betrifft das Dearchivieren. Dazu existiert kein Menüeintrag mehr; das TIA Portal erkennt anhand der Dateiendung selbsttätig, ob die Datei entpackt werden muss oder sofort geöffnet werden kann.

Im Menü **Einfügen** sind neue Einträge hinzugekommen. Gegenüber den vorigen Versionen des TIA Portals sind weitere kleine Neuerungen zu verzeichnen, deren Aufzählung und Erläuterung den Rahmen des Buches sprengen würden. Die meisten Neuerungen beziehen sich auf den Hardwarekatalog und neu hinzugekommene Geräte. Dennoch wird die Software permanent weiterentwickelt.

7.3 Gerätekonfiguration

Wir befinden uns noch in der Portalansicht – nun werden Erste Schritte zur Projektierung vorgeschlagen. Zuerst wird man in der Regel **ein Gerät konfigurieren**. (→ Erste Schritte → Ein Gerät konfigurieren, Bild 7.4)

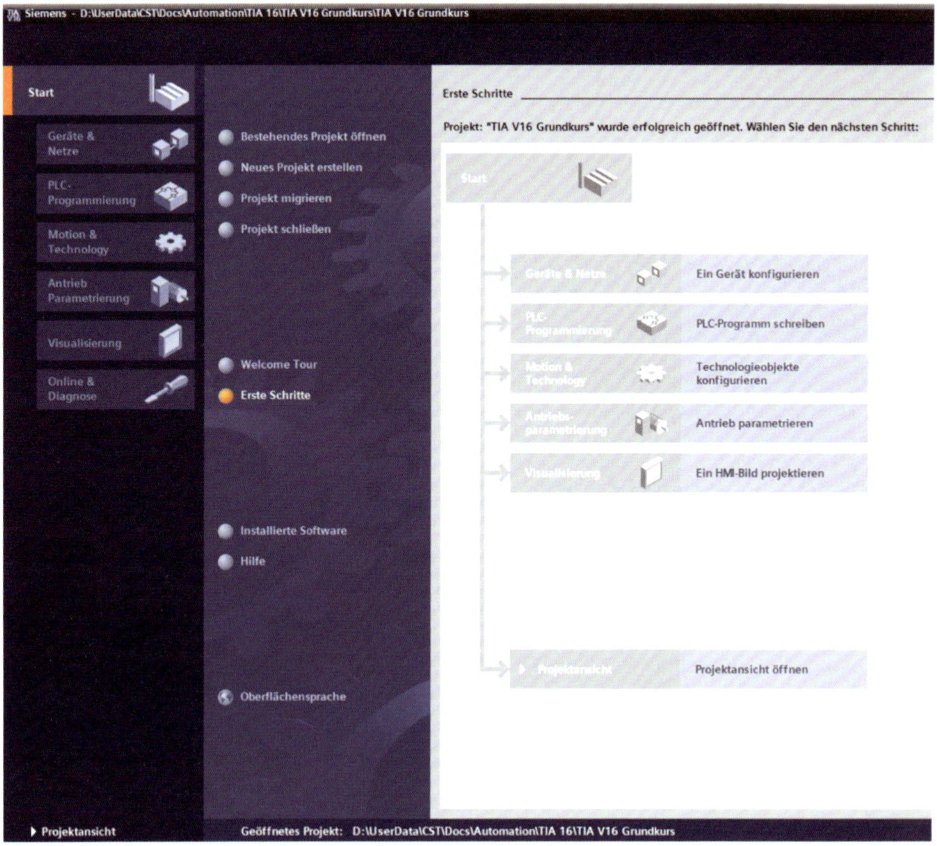

Bild 7.4 Gerätekonfiguration Erste Schritte

Dann wählt man aus dem Menü **Controller** ein **Neues Gerät hinzufügen** mit dem **Gerätename PLC_1** (Bild 7.5). Aus dem Katalog wählt man das entsprechende Gerät, beispielsweise die CPU 1513-1 PN mit der passenden Bestellnummer. (→ neues Gerät hinzufügen → z. B. CPU 1513-1 PN → 6ES7 513-1AL00-0AB0……. → Hinzufügen)

Alternativ kann auch eine andere CPU entsprechend etwaiger vorhandener Hardware ausgewählt werden, dann kann anschließend nicht nur mit der Simulation, sondern auch mit realer Hardware gearbeitet werden.

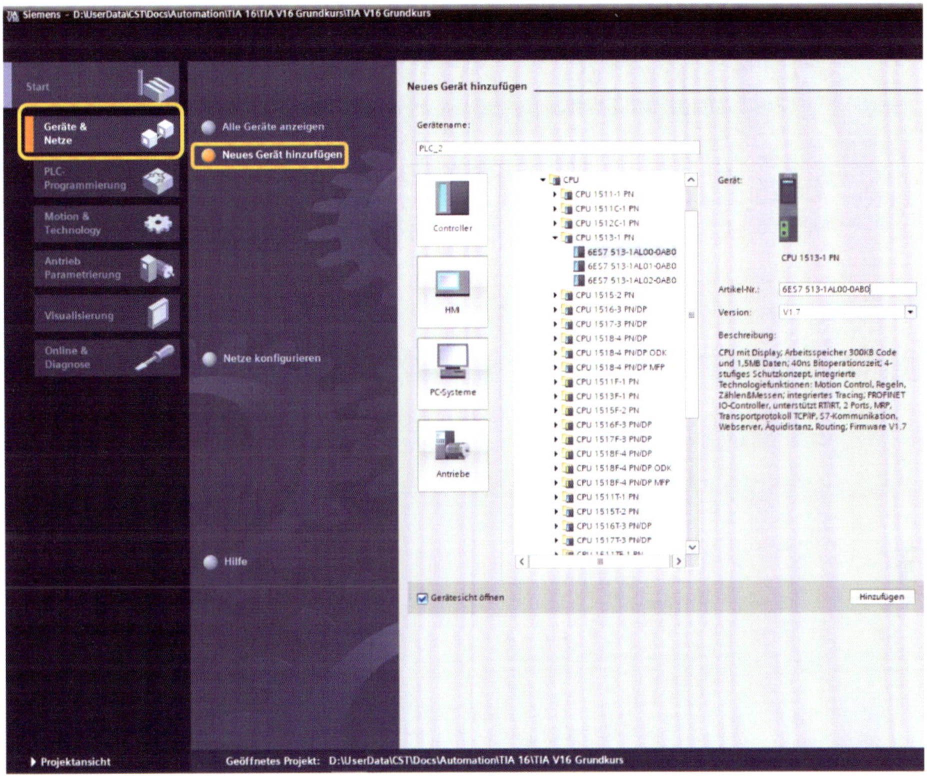

Bild 7.5 *Gerätekonfiguration Geräte und Netze*

Nach dem Einfügen einer CPU in ein Projekt wechselt das TIA Portal von der **Portalansicht** in die **Projektansicht** und öffnet die Gerätekonfiguration mit der neu angelegten CPU (Bild 7.6).

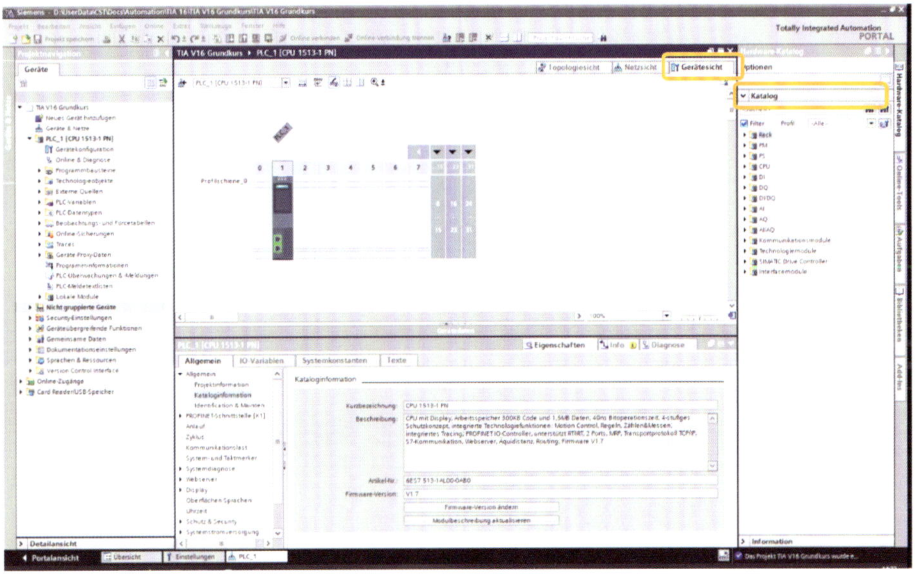

Bild 7.6 *Gerätekonfiguration Gerätesicht mit Katalog*

Hier können nun weitere Module aus dem Hardware-Katalog zur CPU hinzugefügt werden (Bild 7.7).

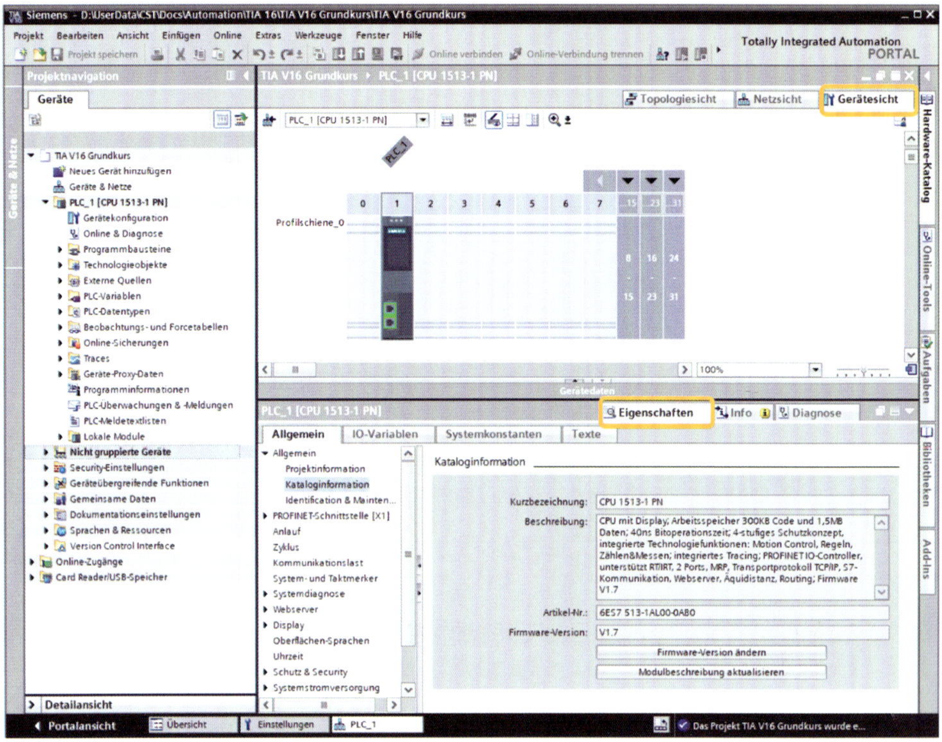

Bild 7.7 *Gerätekonfiguration Gerätesicht Eigenschaften*

Nach dem Öffnen der Task-Card mit dem Hardware-Katalog kann man nun die weiteren Module zur Vervollständigung der SPS auswählen und einsetzen. Die Siemens-Bestellnummer und die Firmwareversion sind die entscheidenden Merkmale.

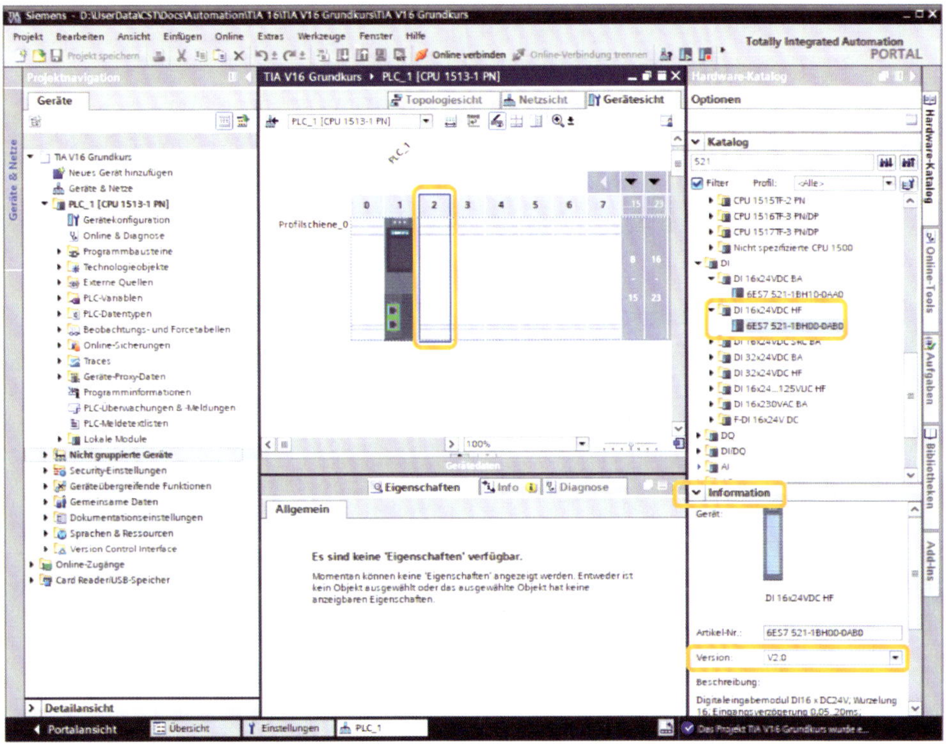

Bild 7.8 Gerätekonfiguration: Auswahl Hardware-Katalog

Im Hardware-Katalog kann man die benötigten Baugruppen auswählen (Bild 7.8).

Wenn die ausgesuchte Baugruppe mit der Maus markiert wird, werden im mittleren Fenster (Editorfenster) die Positionen angezeigt, an denen die Baugruppe gesteckt werden kann. Die Auswahl kann man sich erleichtern, wenn man die Bestellnummern von den Geräten abliest und im Hardware-Katalog unter <Suchen> eingibt. Hierbei wird die Groß-Kleinschreibung ignoriert, ebenso Leerzeichen und Bindestriche; gegebenenfalls muss man die Suche nach oben bzw. unten fortsetzen. Zum Wechsel der Suchrichtung dienen die zwei Buttons rechts neben dem Eingabefeld <Suchen>.

Unterhalb des Kataloges befindet sich das **Information-Fenster**. Möglicherweise muss dieses erst maximiert werden. Dort wird neben einer Modulbeschreibung ggf. noch eine Firmwareversion ausgegeben, die entsprechend der vorhandenen Hardware auszuwählen ist, bevor das Modul zur Hardware hinzugefügt wird. Eine spätere Änderung ist jedoch auch möglich. Das TIA Portal schlägt immer die höchste – also neueste – Firmware vor, oft genug kommen aber ältere Baugruppen zum Einsatz, deren Firmware nicht mehr topaktuell ist.

In Bild 7.9 wurde eine Analogausgabebaugruppe (AO) ausgewählt und eingesetzt.

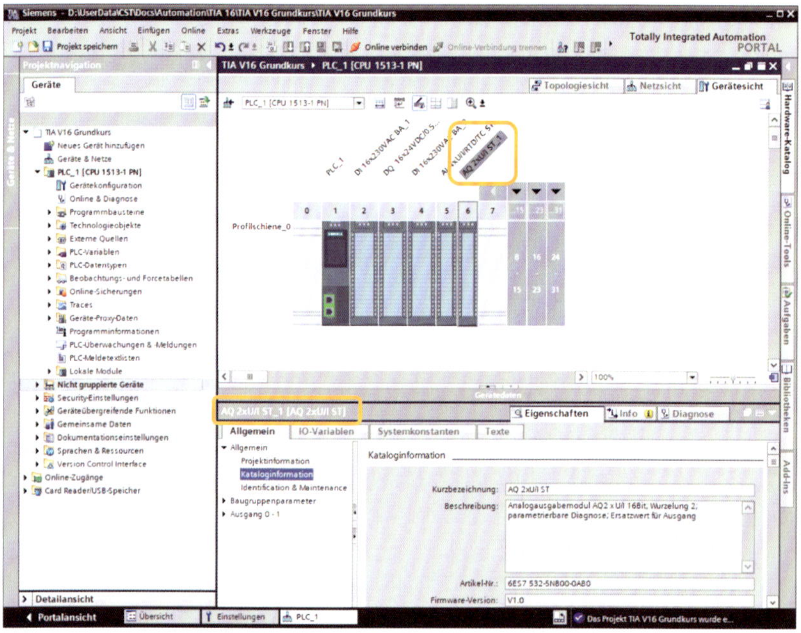

Bild 7.9 *Gerätekonfiguration: Auswahl Analog-Ausgabe-Modul*

Im Menü **Gerätesicht** über die Karteikarte Eigenschaften → Allgemein → Ausgang 0-1 → Ausgänge → E/A Adressen können die Ein- und Ausgangsadressen der beiden Analog-Kanäle eingestellt werden (Bild 7.10).

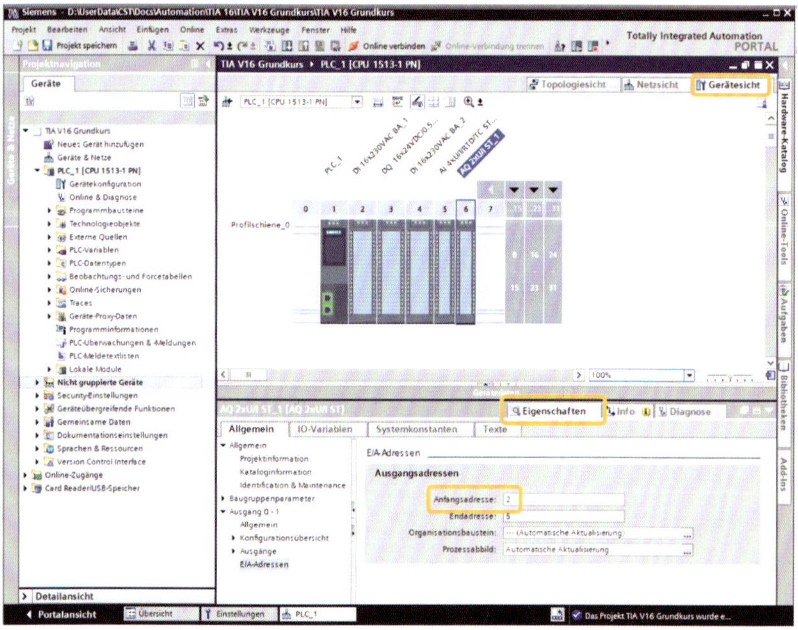

Bild 7.10 *Gerätekonfiguration: Auswahl Analog-Ausgabe-Modul*

Wenn man die Vorbesetzung des Systems nicht verwenden will, muss man jede einzelne Baugruppenadresse einstellen. Dazu kann man in jedem Modul die zugehörigen Adressen anpassen. Einfacher lässt sich das im Menü **Gerätesicht** und dort nach Ausklappen der Geräteübersicht bewerkstelligen (Bild 7.11).

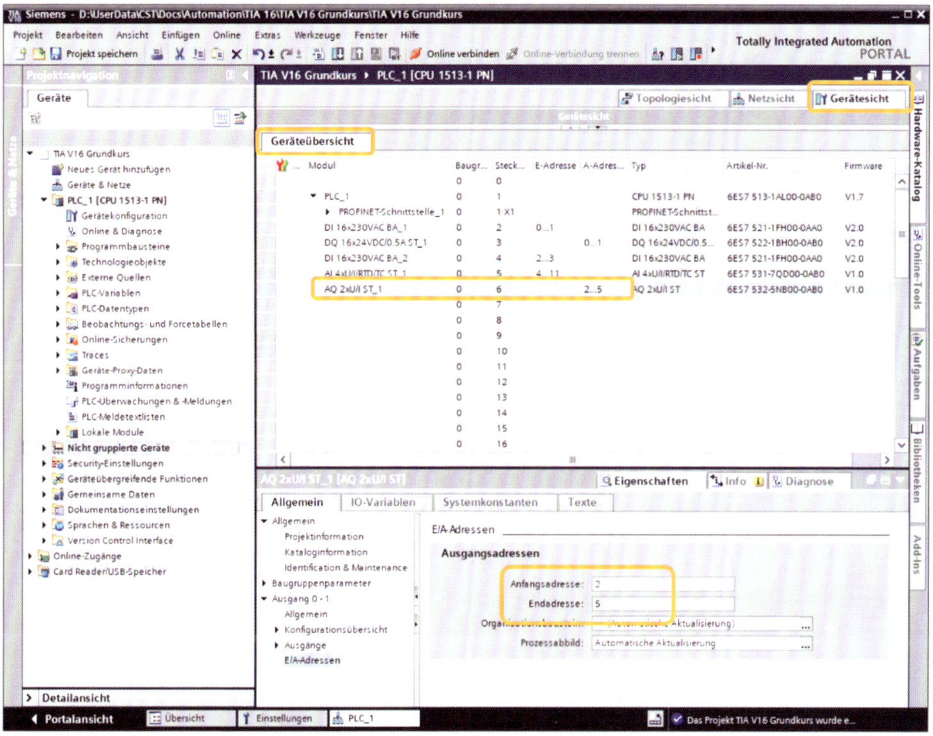

Bild 7.11 Gerätekonfiguration: Analog-Ausgabe-Modul Geräteübersicht

7.3.1 Einstellungen CPU

Wenn per Netzwerk auf die CPU zugegriffen werden soll, so ist das Subnetz, die IP-Adresse und die Subnetzmaske der CPU einzustellen. Durch Klick auf die Schnittstelle kommt man direkt zum Dialog **Profinet-Schnittstelle** (Bild 7.12).

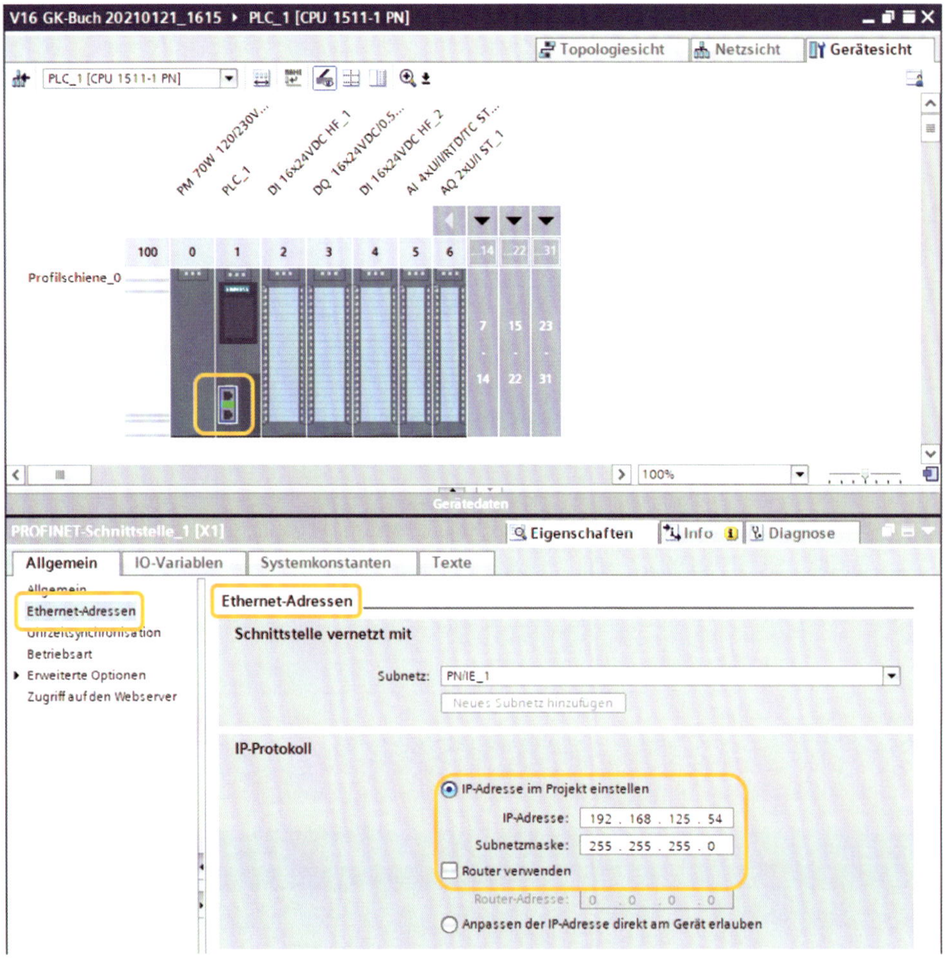

Bild 7.12 *Gerätekonfiguration: Profinet-Schnittstelle zuordnen*

Ist bereits ein anderes Netzwerkgerät (HMI, CP oder auch FU) konfiguriert, so ist ggf. das Subnetz schon vorhanden und muss nur zugeordnet werden. Die Zuordnung kann auch in der Netzsicht vorgenommen werden, nämlich mit:

Eigenschaften → Ethernet-Adressen → Schnittstelle vernetzt mit → Neues Subnetz hinzufügen

oder entsprechend auswählen:

CPU Taktmerker aktivieren → unter CPU → Eigenschaften → Allgemein → Taktmerker; in diesem Fall MB100.

Das CPU-Taktmerkerbyte wird periodisch von der CPU mit Puls-Pause-Verhältnis 1:1 überschrieben. Somit sind die Bits M100.0-M100.7 vom System belegt und können nur zur Abfrage der Taktsignale im Programm verwendet werden.

Bei den S7-1200- und S7-1500-Baureihen werden bei der Aktivierung des Taktmerkerbytes automatisch symbolische Namen für jedes einzelne Bit sowie das Taktmerkerbyte als Ganzes vergeben und unter den PLC-Variablen eingetragen (Tabelle 7.1) – die Namen sind natürlich nach eigenen Vorstellungen anpassbar.

Tabelle 7.1 *Taktmerkerbit*

Taktmerkerbit	PLC Variablenname	Bedeutung
	Clock_Byte	Das gesamte Taktmerkerbyte
0	Clock_10Hz	
1	Clock_5Hz	
2	Clock_2.5Hz	
3	Clock_2Hz	
4	Clock_1.25Hz	
5	Clock_1Hz	
6	Clock_0.625Hz	
7	Clock_0.5Hz	

Zusätzlich ist bei den S7-1200- und S7-1500-Baureihen ein Systemmerkerbyte aktivierbar (Tabelle 7.2).

Tabelle 7.2 *Systemmerkerbit*

Systemmerkerbit	PLC Variablenname	Bedeutung
0	FirstScan	Erster Zyklus, Anlaufmerker
1	DiagStatusUpdate	Diagnosestatus geändert
2	AlwaysTRUE	Immer 1 (high), Feste EINS
3	AlwaysFALSE	Immer 0 (low), Feste NULL

Auch hier vergibt das System automatisch symbolische Namen, die sich nach eigenen Vorstellungen abändern lassen. Die restlichen Bits des Systemmerkerbytes werden nicht benutzt (Bild 7.13).

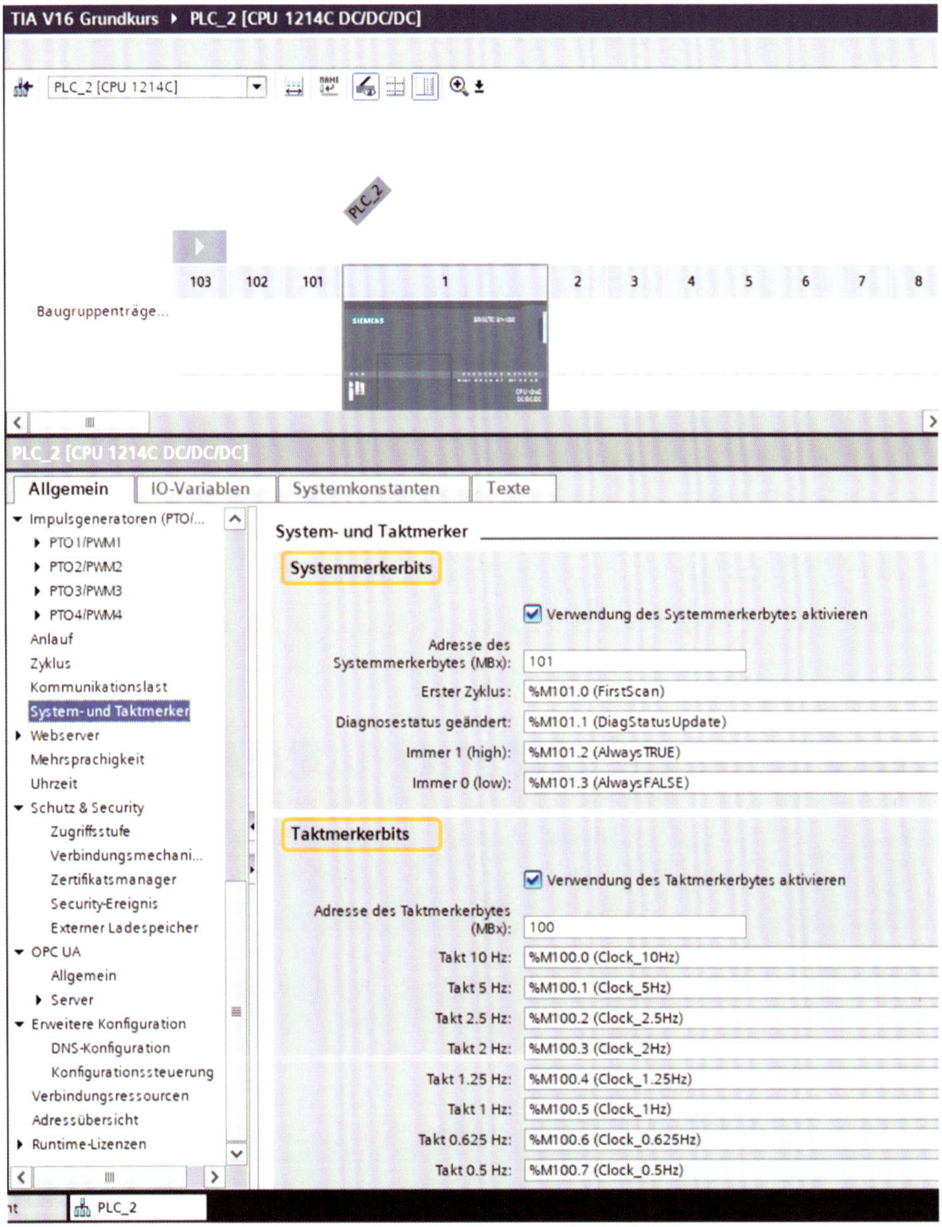

Bild 7.13 *Gerätekonfiguration: Systemmerker und Taktmerker*

7.3.2 Einstellungen Digital-Eingabemodul

Neben der in der Kataloginformation hinterlegten Firmware lässt sich auch die Hardwarekonfiguration auf Korrektheit prüfen und die CPU ggf. stoppen (Bild 7.14). Dazu kann die Voreinstellung von der CPU übernommen oder für jedes Modul separat eingestellt werden.

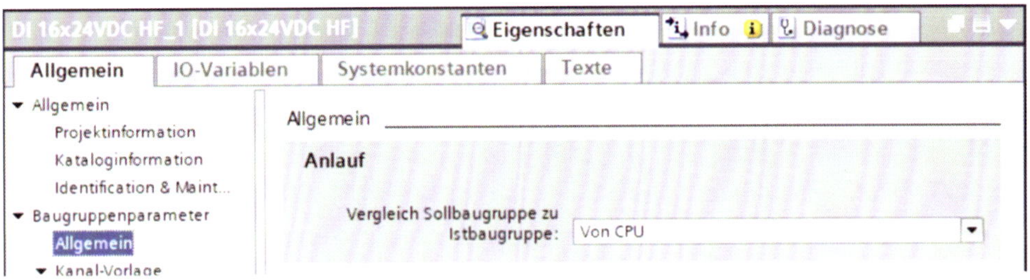

Bild 7.14 Gerätekonfiguration: Parametrierung DI-Eingänge, Vergleich Soll-Ist

Etwaige Fehler in der Verdrahtung oder eine fehlende Versorgungsspannung am Modul lassen sich detektieren. Bei unsicherer Kontaktgabe ist das Entprellen des Eingangssignals über eine Eingangsverzögerung parametrierbar. Die Kanal-Vorlage wird erst einmal für alle Kanäle übernommen, kann jedoch auch individuell angepasst werden (Bild 7.15).

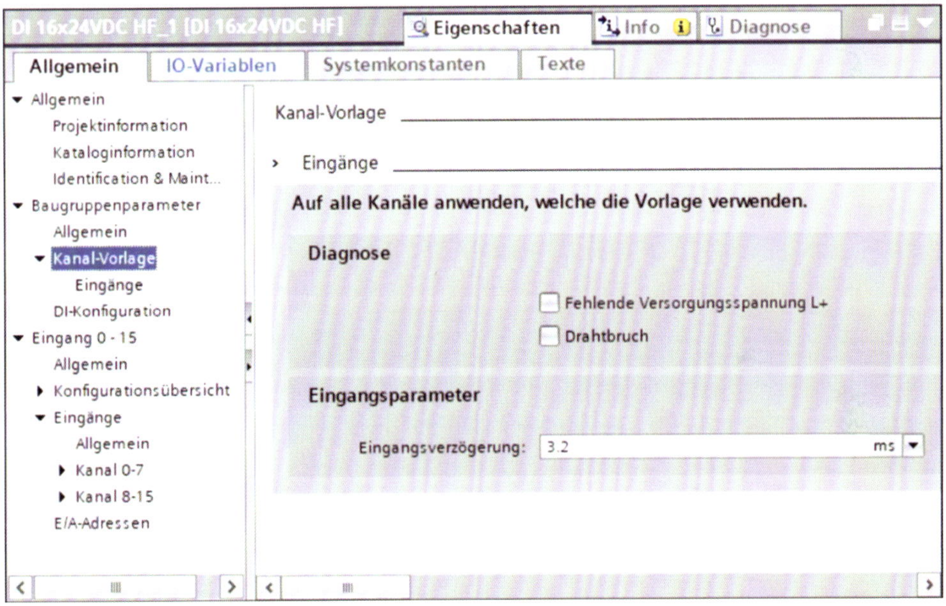

Bild 7.15 Gerätekonfiguration: Parametrierung DI-Eingänge, Parametereinstellungen – Kanal-Vorlage

Bei der Übernahme der Parameter aus der Vorlage sind Änderungen der einzelnen Parameter erst einmal deaktiviert (Bild 7.16).

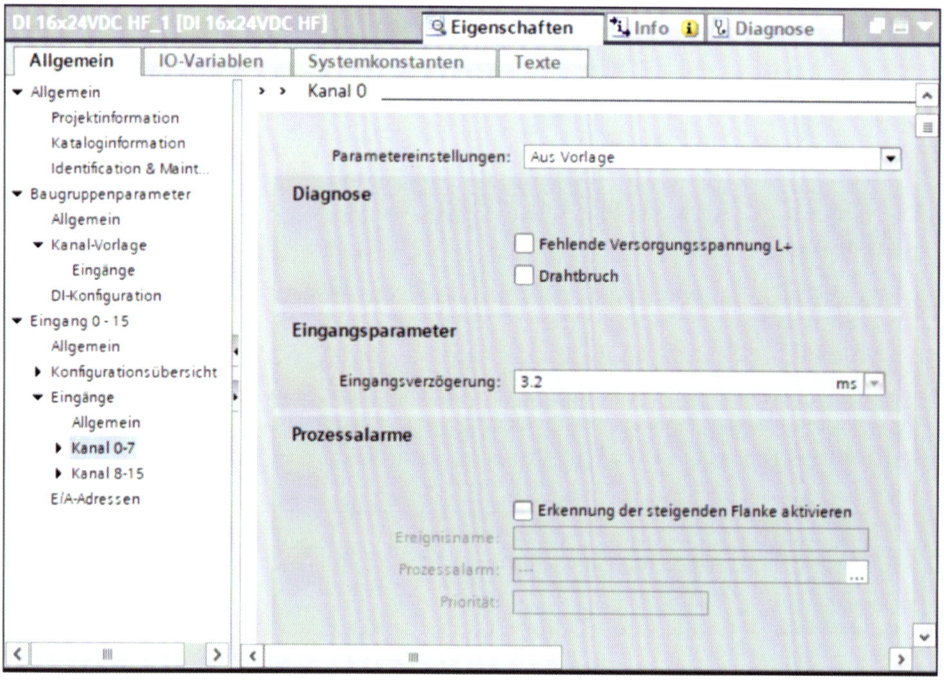

Bild 7.16 *Gerätekonfiguration: Parametrierung DI-Eingänge, Diagnose Eingangsparameter*

7.3.3 Einstellungen Digital-Ausgabemodul

Etwaige Fehler in der Verdrahtung oder eine fehlende Versorgungsspannung am Modul lassen sich detektieren (Bild 7.17). Beim CPU-STOP kann das Verhalten parametriert werden. Die Kanal-Vorlage wird erst einmal für alle Kanäle übernommen, kann jedoch auch individuell angepasst werden.

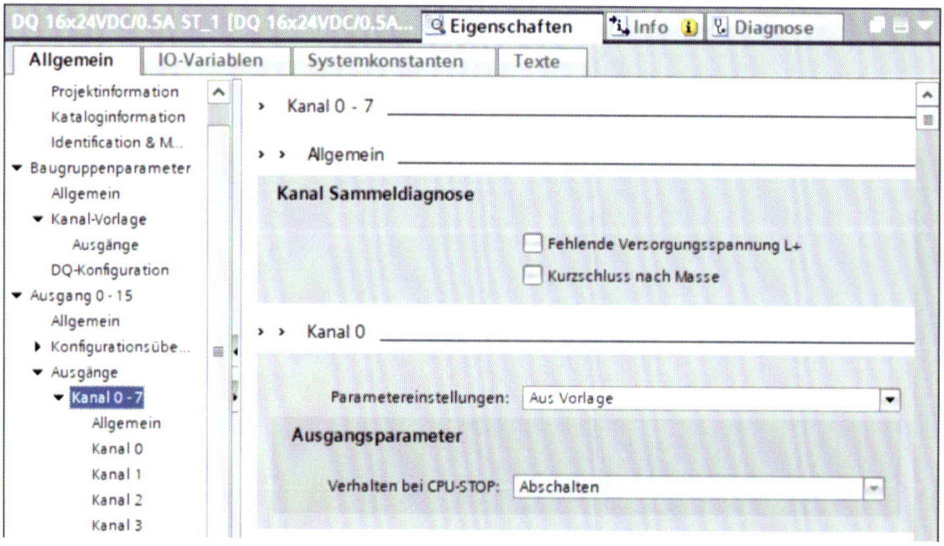

Bild 7.17 *Gerätekonfiguration: Parametrierung DQ-Ausgänge, Sammeldiagnose Ausgangsparameter*

7.3.4 Einstellungen Analog-Eingabemodul

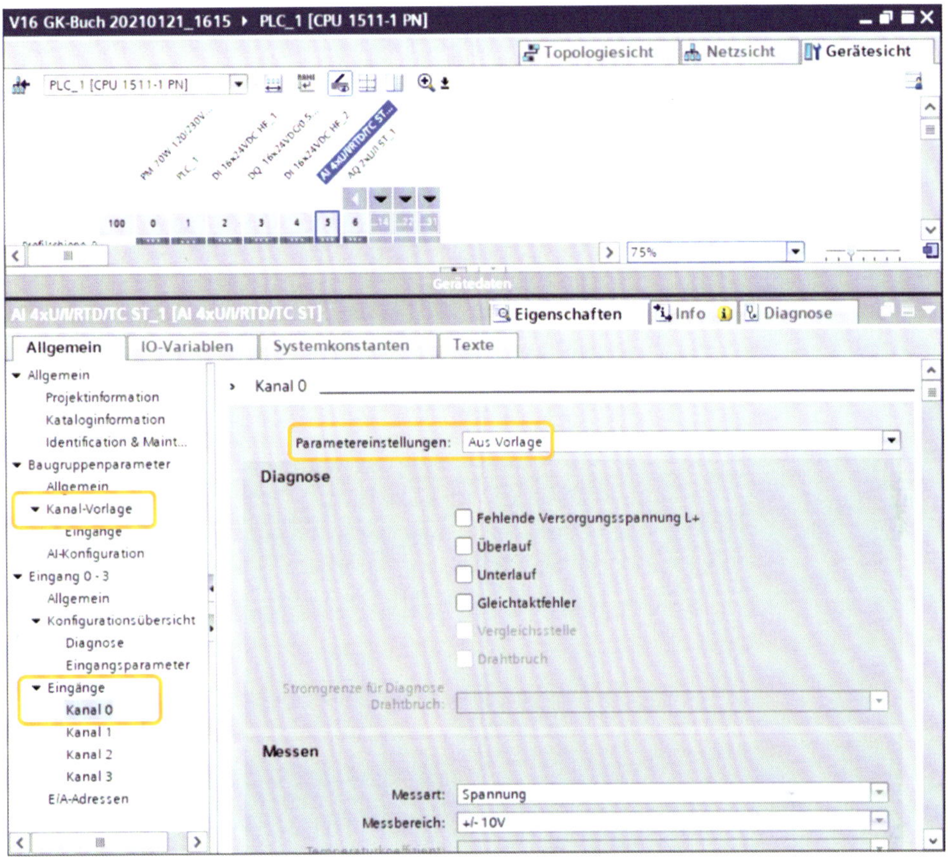

Bild 7.18 *Gerätekonfiguration: Analog-Eingabemodul, Parameter*

Die Analog-Eingabemodule werden in der Messart unter Baugruppenparameter → Kanal-Vorlage → Eingänge eingestellt, korrespondierend ist die hiesige Einstellung der Parametereinstellungen auf **Aus Vorlage** (Bild 7.18).

Die Messart kann bei dieser Baugruppe als deaktiviert, Spannung, Strom oder Widerstand eingestellt werden (Bild 7.19). Dazu sind die Parametereinstellungen auf Manuell umzustellen, damit die Parameter Messart und Messbereich auswählbar werden.

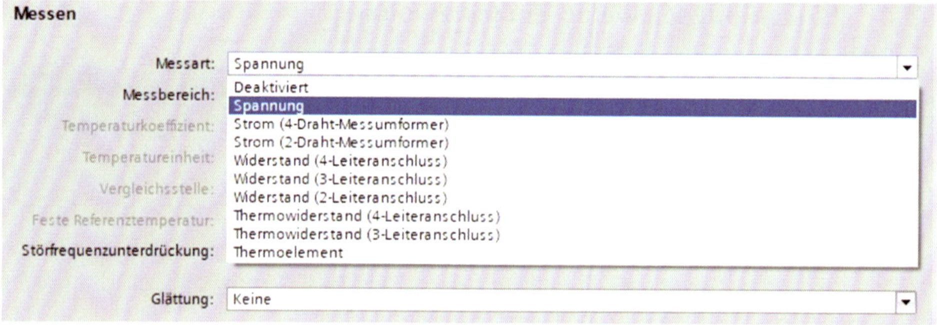

Bild 7.19 *Gerätekonfiguration: Analog-Eingabe-Modul, Einstellungen 2*

Für den Messbereich ist bei manueller Einstellung auch eine breite Palette von Spannungen möglich (Bild 7.20).

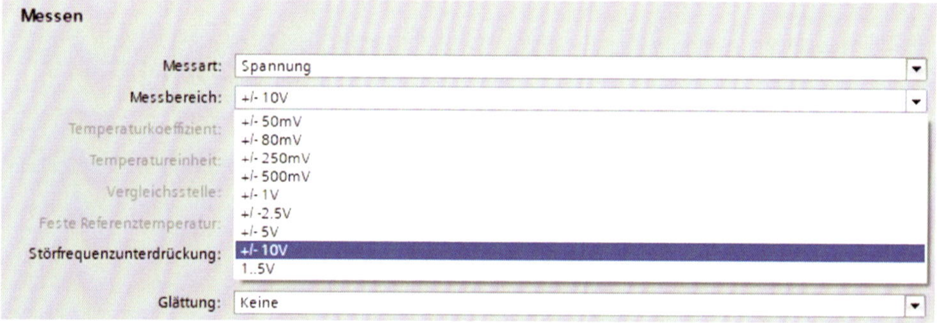

Bild 7.20 *Gerätekonfiguration: Analog-Eingabe-Modul, Einstellungen 3*

Erwähnung sollte auch die Störfrequenzunterdrückung finden, die auf die Netzfrequenz eingestellt wird (Bild 7.21). Die Störungen, die von Dimmern, Leuchtstofflampen oder auch Frequenzumrichtern ausgehen, werden netzsynchron generiert und können damit minimiert werden.

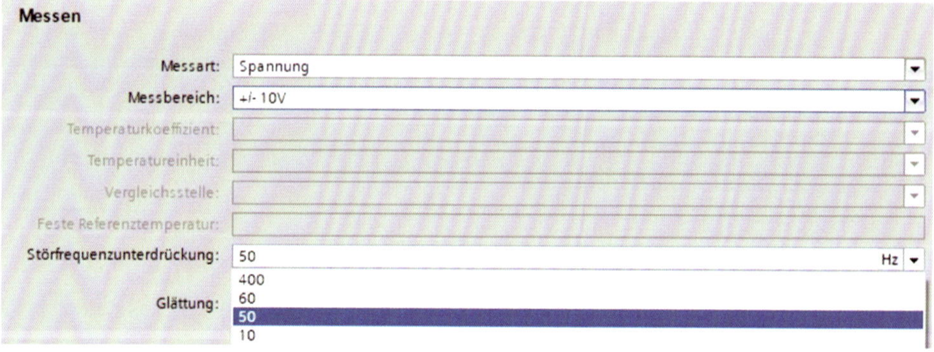

Bild 7.21 *Gerätekonfiguration: Analog-Eingabe-Modul, Einstellungen 4*

7.3.5 Einstellungen Analog Ausgabemodul

Für die Einstellung der analogen Ausgangsbaugruppen sind einzig softwaretechnische Einstellungen implementiert.

Bei den Einstellungen für die Analogeingabebaugruppen können die Ausgabeart, der Ausgabebereich und das Verhalten bei CPU_STOP über Eigenschaften → Allgemein → Ausgänge bestimmt werden, sofern der Parameter Parametereinstellungen auf Manuell gesetzt wurde (Bild 7.22).

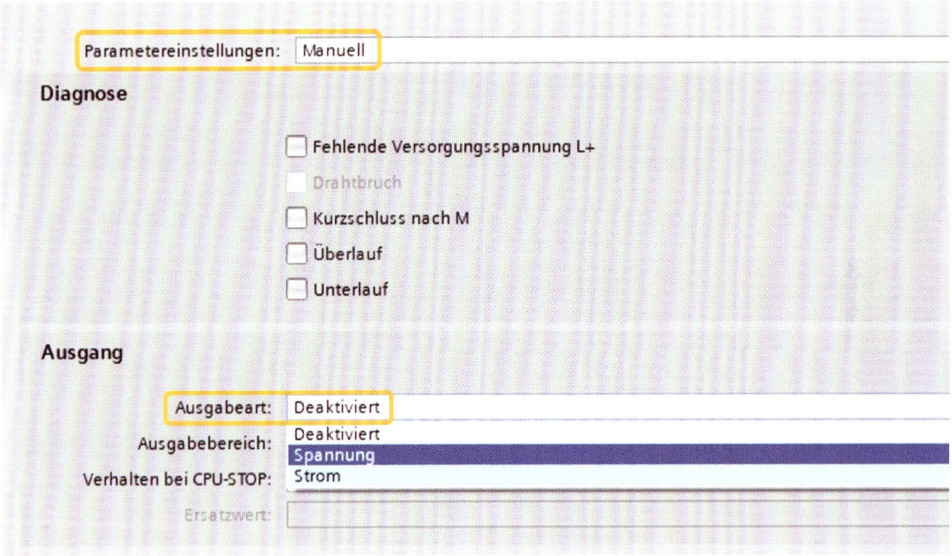

Bild 7.22 *Gerätekonfiguration Analog-Ausgabe-Modul Einstellungen 1*

In diesem Beispiel ist die Ausgabeart **Spannung** konfektioniert worden. Bei dieser Einstellung ist für den Ausgabebereich wahlweise +-10V, 0..10V oder 1..5V einstellbar (Bild 7.23).

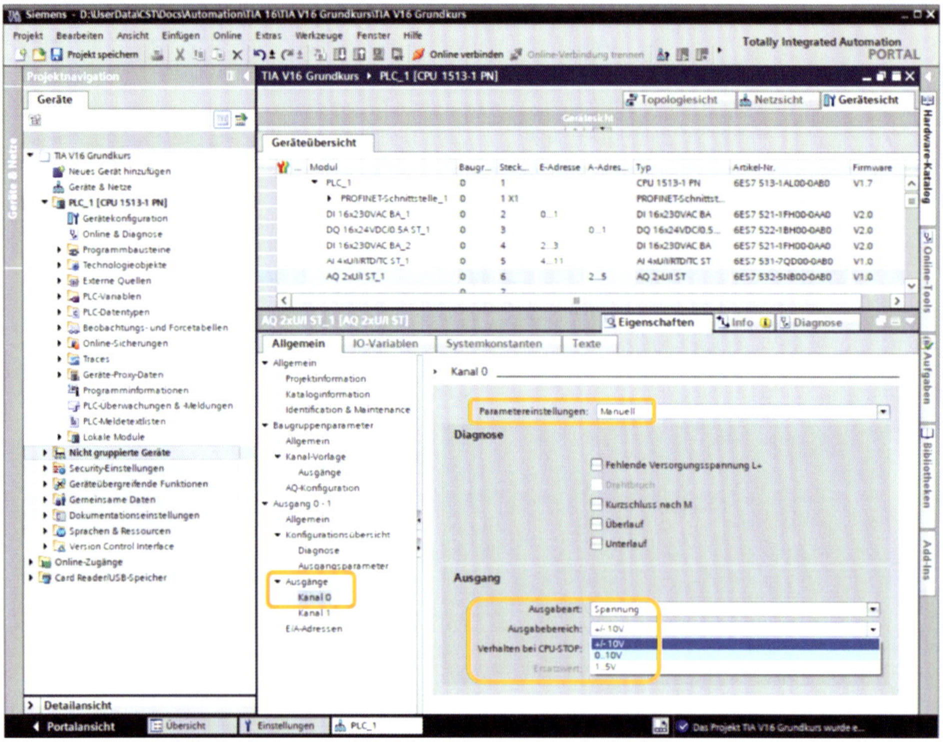

Bild 7.23 *Gerätekonfiguration: Analog-Ausgabe-Modul, Einstellungen 2*

Das Verhalten bei CPU-Stop gewinnt z. B. bei Ventilen, die analog angesteuert werden, an Bedeutung (Bild 7.24).

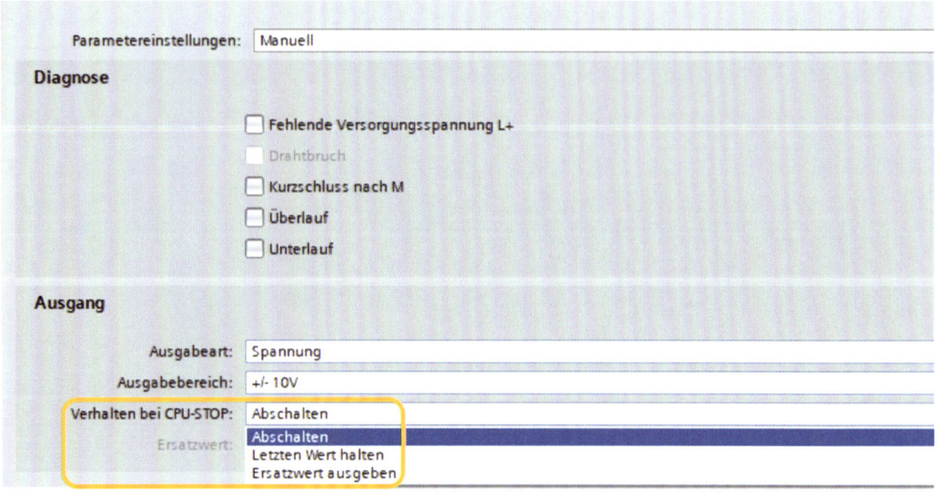

Bild 7.24 *Gerätekonfiguration: Analog-Ausgabe-Modul, Einstellungen 3*

Wählt man die Ausgabe eines Ersatzwertes, so wird das darunter stehende Feld für die Eingabe eines Ersatzwertes freigeschaltet.

In der Karteikarte **IO-Variablen** können den Ausgängen symbolische Namen zugeordnet werden, diese werden dann auch in die PLC-Variablentabelle übernommen (Bild 7.25). Auch ist die Zuordnung zu einer Variablentabelle möglich, sofern mehrere zur Auswahl stehen.

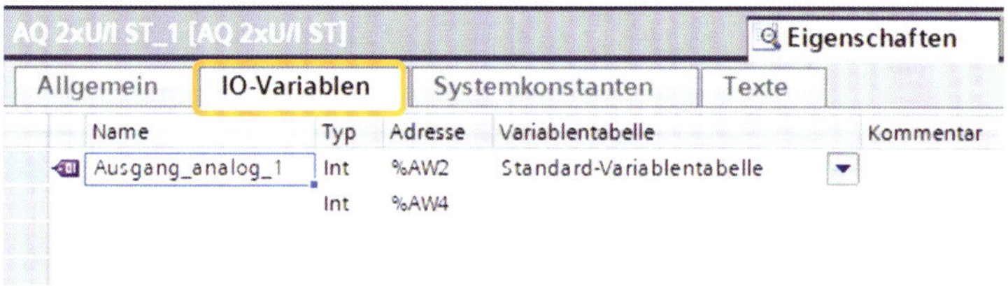

Bild 7.25 *Zugang zur Variablentabelle*

Diese symbolischen Namen werden in die Standard-Variablentabelle übernommen. Dort kann dann der Datentyp geändert werden – falls erforderlich (Bild 7.26).

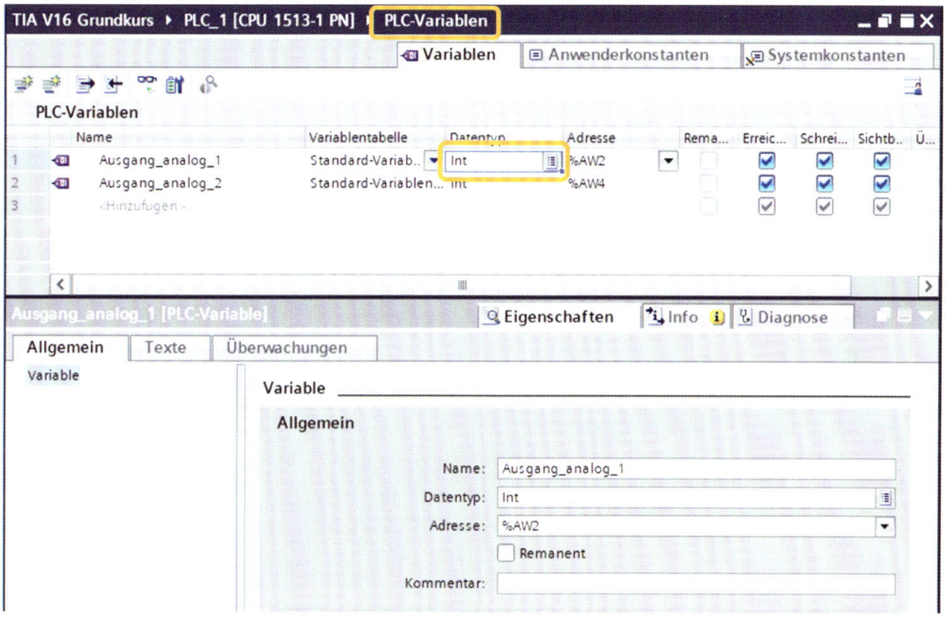

Bild 7.26 *Vergabe eines Datentyps für Ausgang_analog_1*

Die Karteikarten **Systemkonstanten** und **Texte** haben Bedeutungen für die Fehlersignalisierung und Mehrsprachigkeit.

7.3.6 Änderungen an der Gerätekonfiguration

Bei der Konfiguration der Geräte können Fehler unterlaufen oder sich durch Austausch defekter Module Änderungen an der Gerätekonfiguration ergeben. Per Rechtsklick auf das betreffende

Modul oder auf die CPU öffnet sich ein Kontextmenü, in dem ein Gerätetausch angeboten wird, diesen zur Auswahl mit links klicken (Bild 7.27).

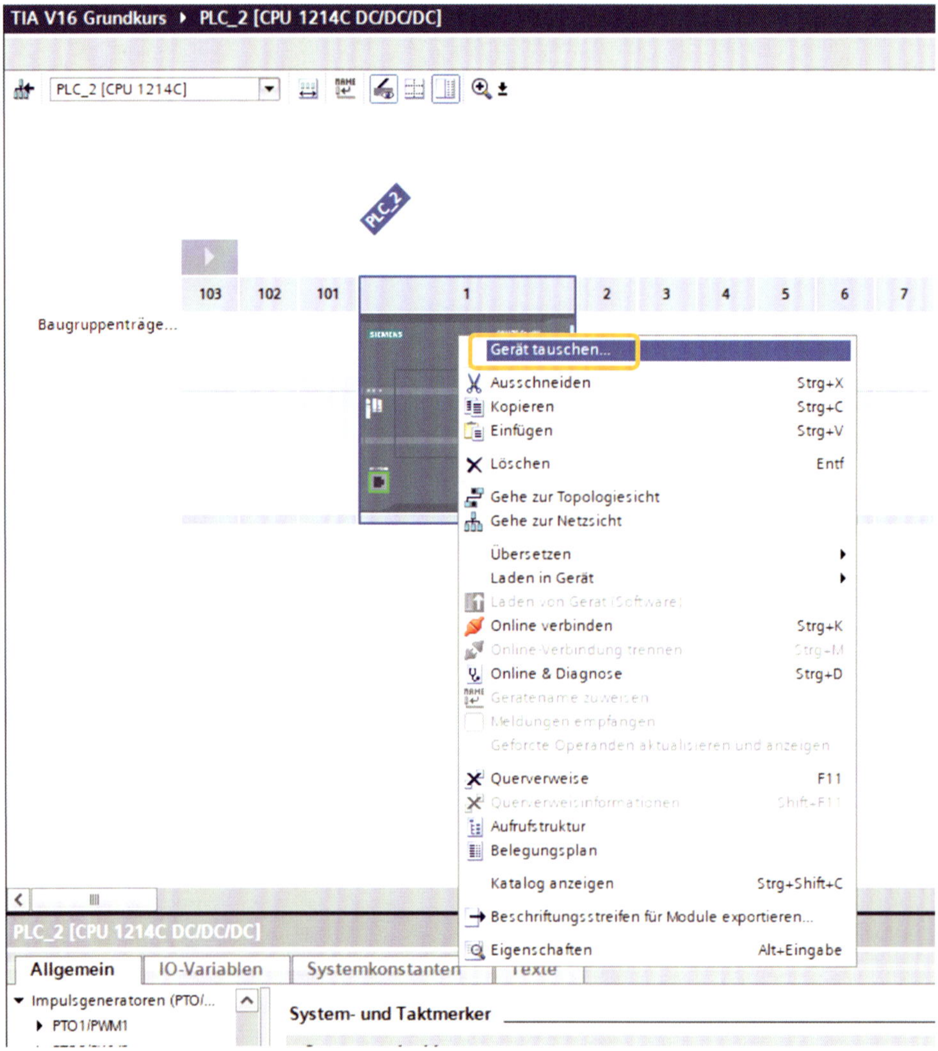

__Bild 7.27__ Gerätekonfiguration: Gerät tauschen

Für den Austausch der CPU öffnet ein neuer Dialog und es werden CPU aus derselben Baureihe zur Auswahl angeboten (Bild 7.28).

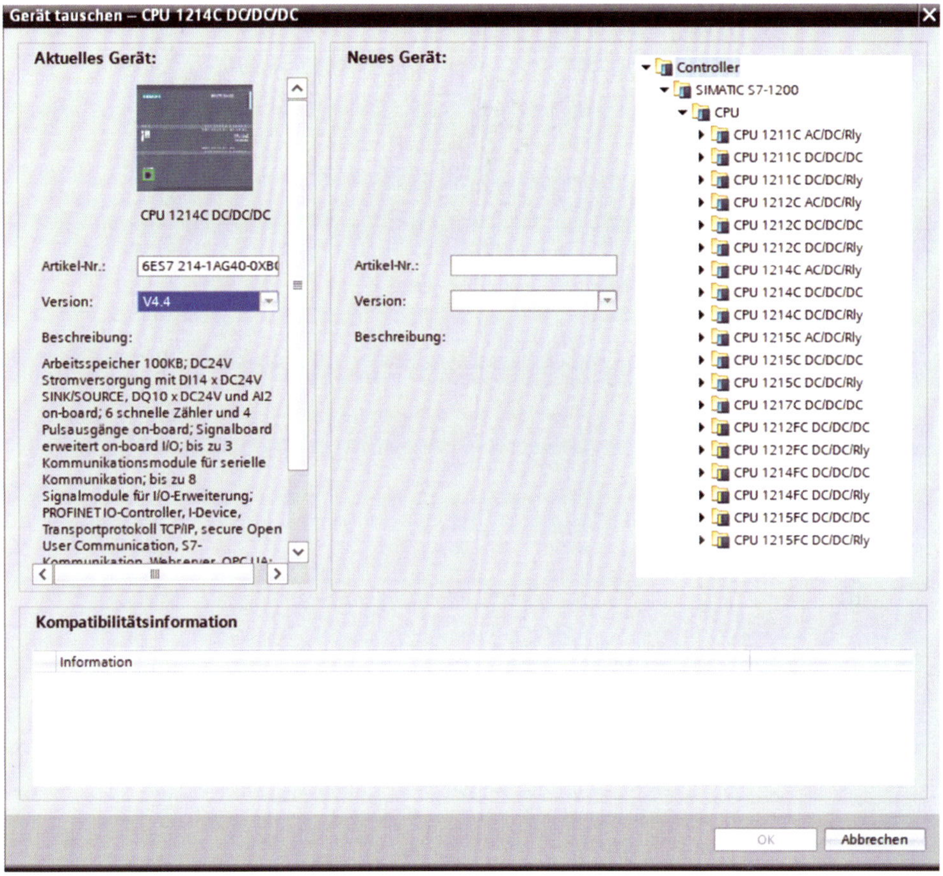

Bild 7.28 *Gerätekonfiguration: Gerät tauschen – Katalog*

Den Austausch einer CPU gegen ein grundlegend anderes Modell zeigt Bild 7.29.

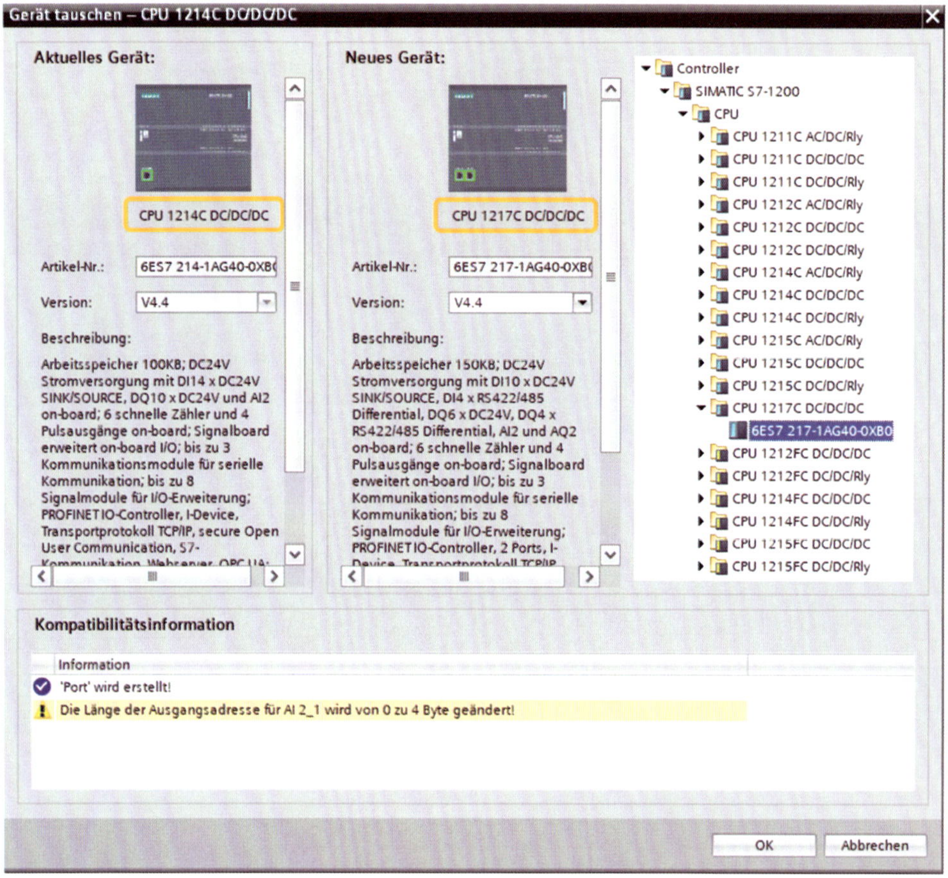

Bild 7.29 *Gerätekonfiguration: Gerät tauschen gegen unterschiedliches Gerät*

In den Kompatibilitätsinformationen werden Hinweise gegeben, wo etwaige Änderungen erforderlich sein können.

Hat man sich bei der Auswahl der CPU in deren Firmware geirrt, so ist ein einfacher Austausch der Firmware in der Konfiguration über den Dialog **Kataloginformation** möglich (Bild 7.30).

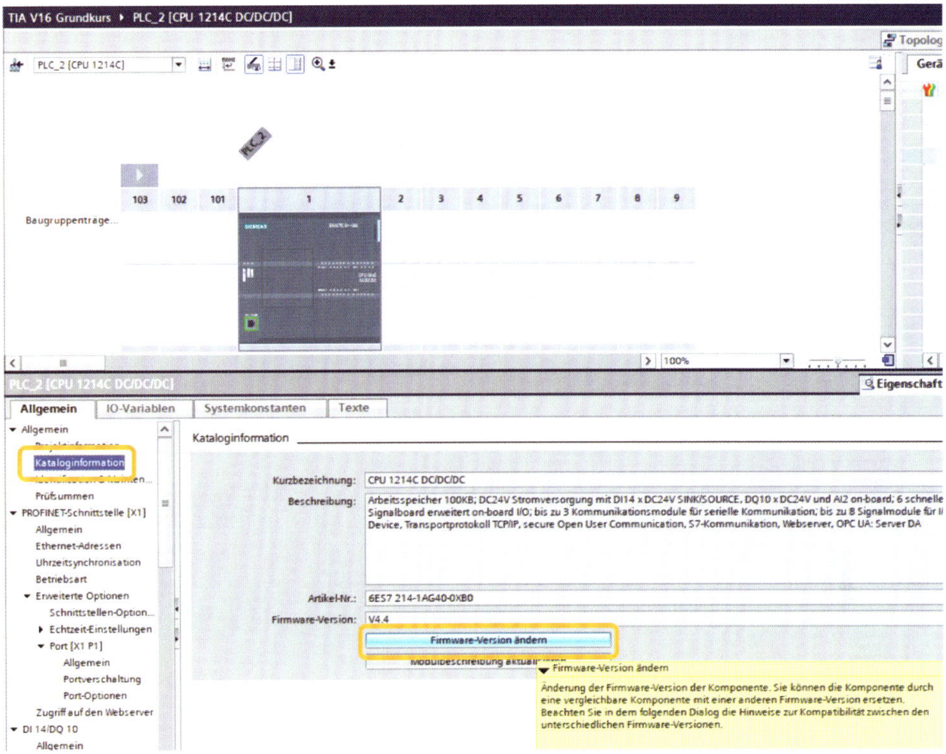

Bild 7.30 Gerätekonfiguration: Firmware ändern über Kataloginformationen

Gegenüber einem Austausch der CPU werden im Dialog nur die unterschiedlichen Firmwareversionen zum Tausch angeboten, für die CPU selbst gibt es keine Auswahlmöglichkeit (Bild 7.31).

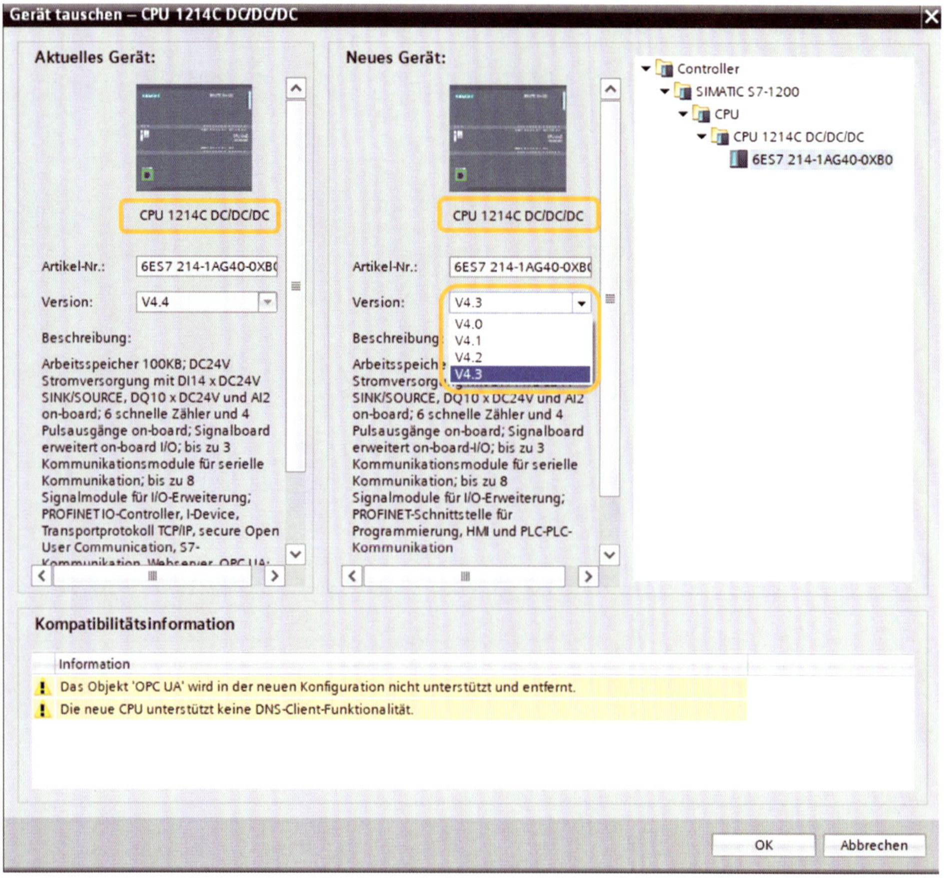

Bild 7.31 *Gerätekonfiguration: Firmware ändern über Gerät tauschen*

Wie weit auf die Funktionalitäten der höheren Programmversion verzichtet werden kann, ist im Einzelfall zu entscheiden.

Für den Austausch der anderen Module ergeben sich ähnliche Bilder. Sollte keine alternative Firmware zur Verfügung stehen, so bleibt das entsprechende Feld ausgegraut.

Oft steht man vor der Frage, welche Eingänge noch nicht belegt sind. Hier helfen Blicke in die **PLC-Variablentabelle** und in den **Belegungsplan**.

Die Variablentabelle wird ergänzt durch eine vergrößerte Darstellung der Hardware (Bild 7.32). Hier werden bei 400 % Vergrößerung Details sichtbar, die vorher nicht dargestellt wurden.

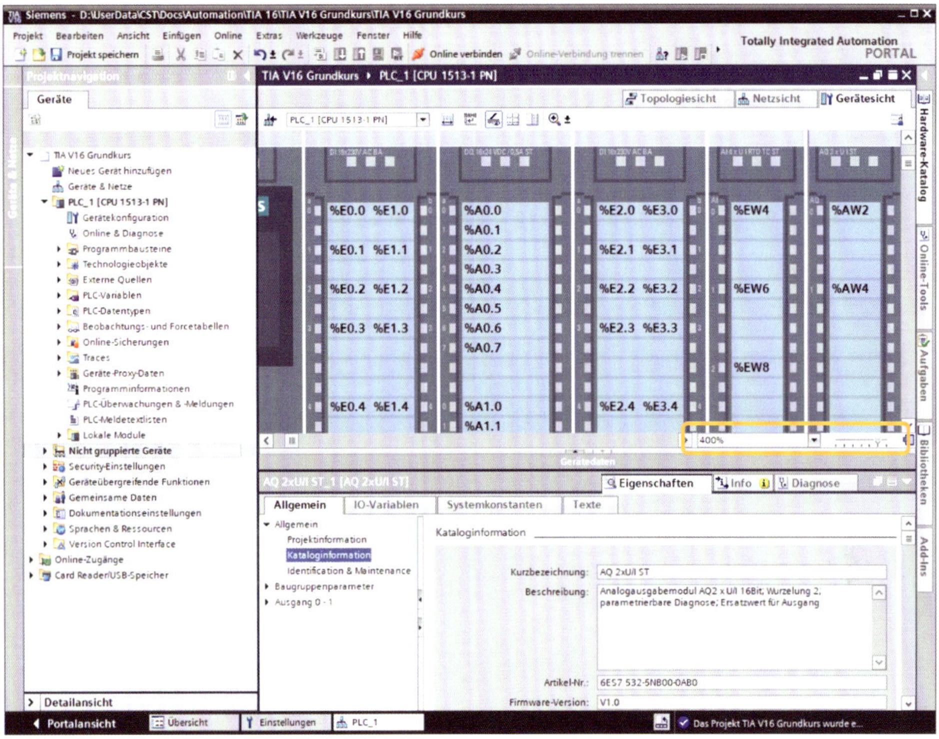

Bild 7.32 *Gerätekonfiguration: Gerätesicht in vergrößerter Darstellung*

7.4 PLC-Variablen

Da in der Programmierung vielfach auf eine bekannte Hardware zugegriffen wird, stehen damit sowohl die Anzahl als auch die Bedeutung von Ein- und Ausgängen fest. Aus deren Funktion ergibt sich fast schon automatisch ein sinnvoller Name, der für die symbolische Adressierung verwendet werden kann.

Da mittlerweile in der Programmierung nicht mehr ausschließlich mit absoluten Adressen, sondern auf der Basis der symbolischen Adressen programmiert wird, müssen hier für die globalen PLC-Variablen die Symbole festgelegt werden. Diese globalen PLC-Variablen sind beschreibende Namen – ggf. mit Kommentar – für jene Eingänge, Ausgänge und Merker, die im Programm Verwendung finden. Später kann bei der Programmierung über diesen Namen auf die globalen PLC-Variablen zugegriffen werden. Diese globalen Variablen sind im gesamten Programm in allen Bausteinen verwendbar. Man wählt hierzu in der Projektnavigation das **Projekt TIA V16** und dann **PLC-Variablen**. Man öffnet die **Standard-Variablentabelle** mit einem Doppelklick und trägt dort, wie in Bild 7.33 gezeigt, die Namen für die Eingänge, Ausgänge und Merker ein. (Hier ist es das CPU Taktmerkerbyte MB100 mit den acht CPU Taktmerkerbits M100.0-M100.7 und die beiden Analogeingänge EW288, EW290).

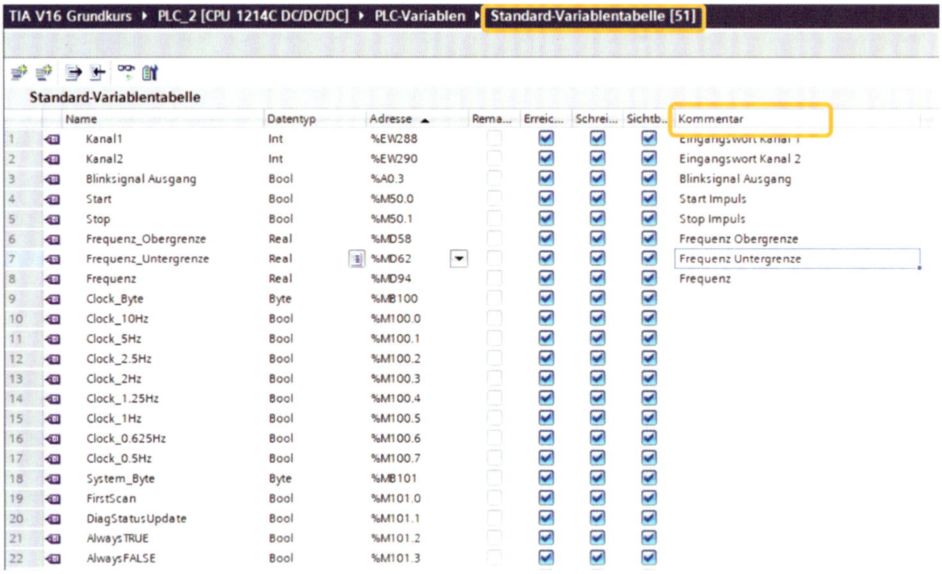

	Name	Datentyp	Adresse	Rema...	Erreic...	Schrei...	Sichtb...	Kommentar
1	Kanal1	Int	%EW288	☐	☑	☑	☑	Eingangswort Kanal 1
2	Kanal2	Int	%EW290	☐	☑	☑	☑	Eingangswort Kanal 2
3	Blinksignal Ausgang	Bool	%A0.3	☐	☑	☑	☑	Blinksignal Ausgang
4	Start	Bool	%M50.0	☐	☑	☑	☑	Start Impuls
5	Stop	Bool	%M50.1	☐	☑	☑	☑	Stop Impuls
6	Frequenz_Obergrenze	Real	%MD58	☐	☑	☑	☑	Frequenz Obergrenze
7	Frequenz_Untergrenze	Real	%MD62	☐	☑	☑	☑	Frequenz Untergrenze
8	Frequenz	Real	%MD94	☐	☑	☑	☑	Frequenz
9	Clock_Byte	Byte	%MB100	☐	☑	☑	☑	
10	Clock_10Hz	Bool	%M100.0	☐	☑	☑	☑	
11	Clock_5Hz	Bool	%M100.1	☐	☑	☑	☑	
12	Clock_2.5Hz	Bool	%M100.2	☐	☑	☑	☑	
13	Clock_2Hz	Bool	%M100.3	☐	☑	☑	☑	
14	Clock_1.25Hz	Bool	%M100.4	☐	☑	☑	☑	
15	Clock_1Hz	Bool	%M100.5	☐	☑	☑	☑	
16	Clock_0.625Hz	Bool	%M100.6	☐	☑	☑	☑	
17	Clock_0.5Hz	Bool	%M100.7	☐	☑	☑	☑	
18	System_Byte	Byte	%MB101	☐	☑	☑	☑	
19	FirstScan	Bool	%M101.0	☐	☑	☑	☑	
20	DiagStatusUpdate	Bool	%M101.1	☐	☑	☑	☑	
21	AlwaysTRUE	Bool	%M101.2	☐	☑	☑	☑	
22	AlwaysFALSE	Bool	%M101.3	☐	☑	☑	☑	

Bild 7.33 *Standard-Variablentabelle*

Die Kommentare lassen sich in KOP/FBS/FUP auch in bzw. unter den Netzwerken in der Variableninformation einblenden, mit dem Button .

7.4.1 Variablen anlegen

Wie auch bei der Besetzung der Schnittstelle von Funktionen und Funktionsbausteinen sind Vorüberlegungen für die erforderlichen Variablen zu machen, insbesondere zu deren Adressen und symbolischen Namen.

Um neue Variablen im Programm zu verwenden, trägt man diese am besten vorab in die Variablentabelle ein. Unter PLC-Variablen befindet sich die Standard-Variablentabelle. Diese öffnet man mit Doppelklick und trägt die noch fehlenden Variablen ein. Dazu gehören natürlich nicht nur Ein- und Ausgänge, sondern auch Merker. Bei umfangreicheren Programmen sollte man zur besseren Strukturierung die Möglichkeit nutzen, eine separate Variablentabelle neben der Standard-Variablentabelle anzulegen. Allerdings kann eine Variable nur zu einer Variablentabelle zugeordnet werden. Man kann sich Kopierfunktionen zunutze machen, etwaige doppelt vergebene Symbolnamen werden mit einer angehängten Zahl unterscheidbar gemacht. In Excel-Manier kann man dies nutzen, um mehrere Variablen gleichen Namens anzulegen, die sich dann nur durch die angehängte Nummerierung unterscheiden (Bild 7.34).

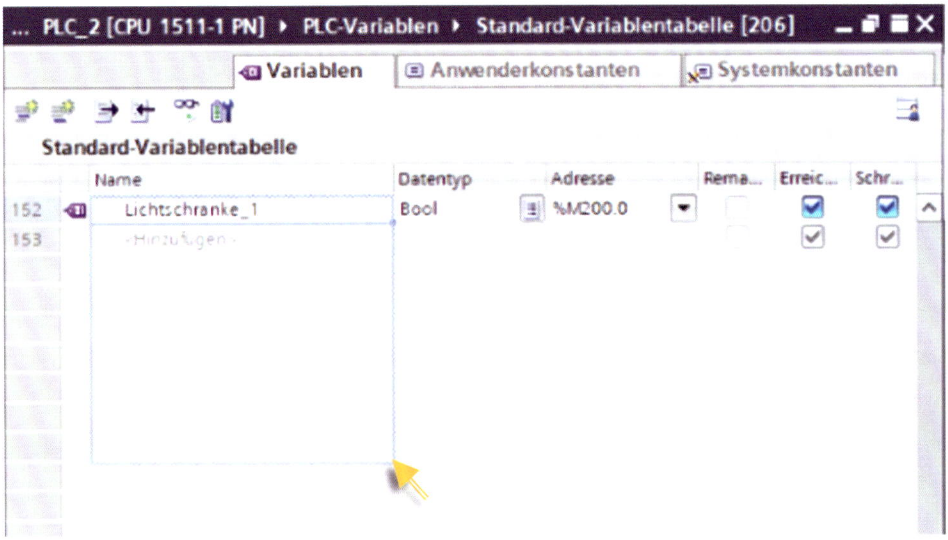

Bild 7.34 *Variablen duplizieren in Excel-Manier*

Ein Beispiel zeigt Bild 7.35: Es werden verschiedene boolesche Variablen namens *Lichtschranke* benötigt. Das Ergebnis des Einfügens ist perfekt, die Namen stimmen, die Adressierung ebenso.

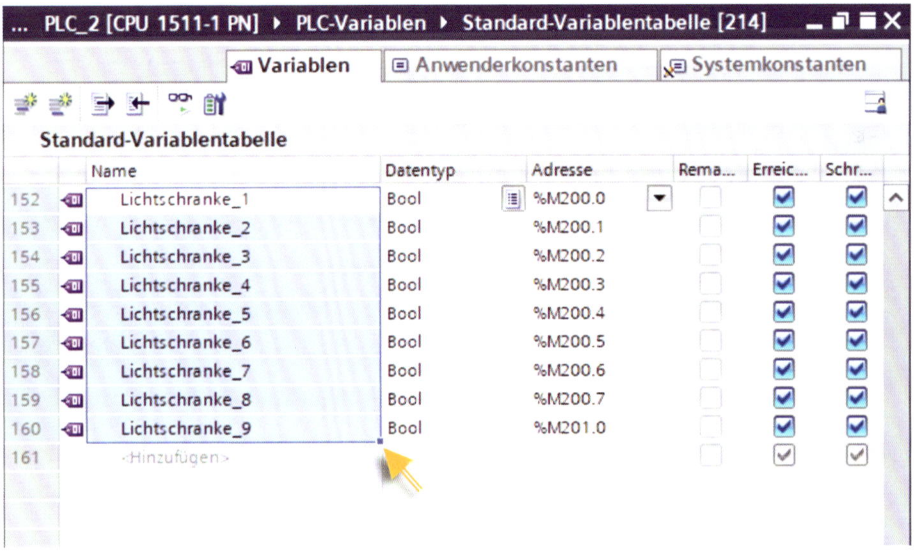

Bild 7.35 *Variablen duplizieren: ein Beispiel*

Bei doppelt vergebenen Adressen werden diese gelb unterlegt gekennzeichnet. Diese Problematik wird vom TIA Portal nicht automatisch gelöst. Aber auch hierbei kann die Excel-Funktionalität helfen, indem man wie beim Vervielfältigen eines Variablennamens den Bereich der ungültigen

Adresse markiert und entsprechend umbenennt. Bei Überschreitung von Bytegrenzen wird automatisch richtig hochgezählt (boolesche Variablen). Bei nicht-booleschen Variablen werden die Adressabstände korrekt berechnet.

Passt die Adresse nicht zum Datentyp, so wird die Adresse rot unterlegt gekennzeichnet. So passen in Bild 7.36 die booleschen Adressen nicht zum Datentyp Real.

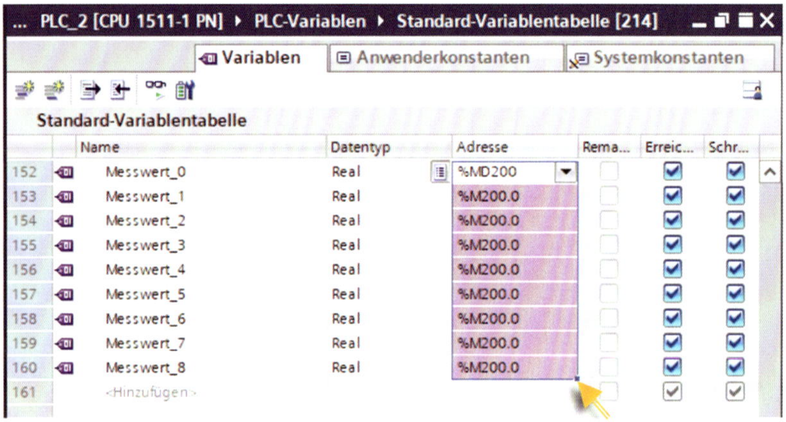

Bild 7.36 *Variablen-Adressen neu vergeben*

Die erste Adresse MD200 ist korrekt, diese lässt sich vervielfältigen. Die folgende Abfrage wird bestätigt – Variablen überschreiben – da die Namen und Datentypen schon korrekt angelegt sind und hier nur die Adressen neu vergeben werden sollen (Bild 7.37).

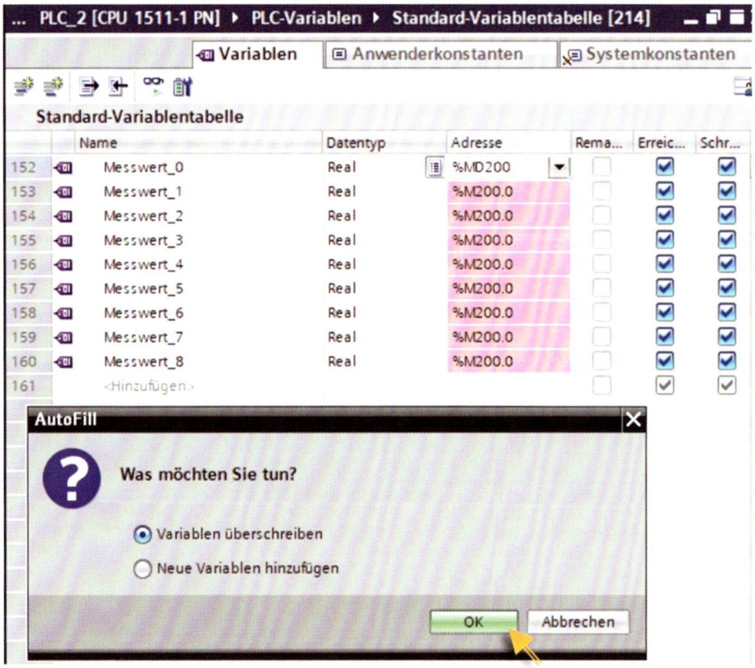

Bild 7.37 *Variablen-Adressen neu vergeben, Abfrage*

Das Ergebnis weist die korrekten 4-Byte Adressabstände aus, die Aktion ist somit erfolgreich gewesen (Bild 7.38).

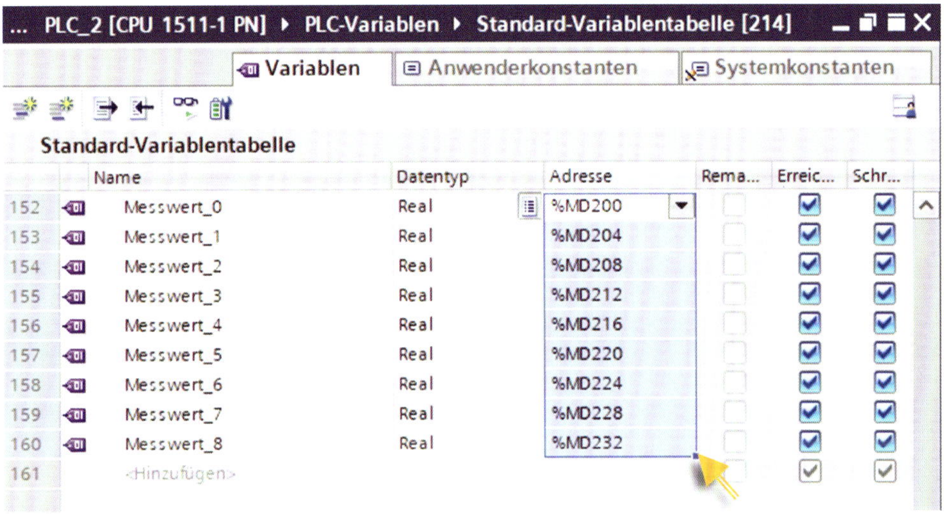

Bild 7.38 *Variablen-Adressen neu vergeben, Ergebnis*

Eine weitere Möglichkeit zur Strukturierung der Daten besteht im Anlegen von Datenbausteinen. Damit ersetzt man Merker, aber auch mit entsprechenden Kopierroutinen lassen sich Ein- und Ausgangssignale abgreifen bzw. setzen.

Das Kopieren von Eingangssignalen in einen Datenbaustein ist eine gängige Praxis und bietet besondere Vorteile bei der Inbetriebnahme, wenn Signale in deren Logik invertiert werden müssen – die Änderungen beschränken sich dann auf die Kopierroutine. Analog kann für die Ausgangssignale verfahren werden.

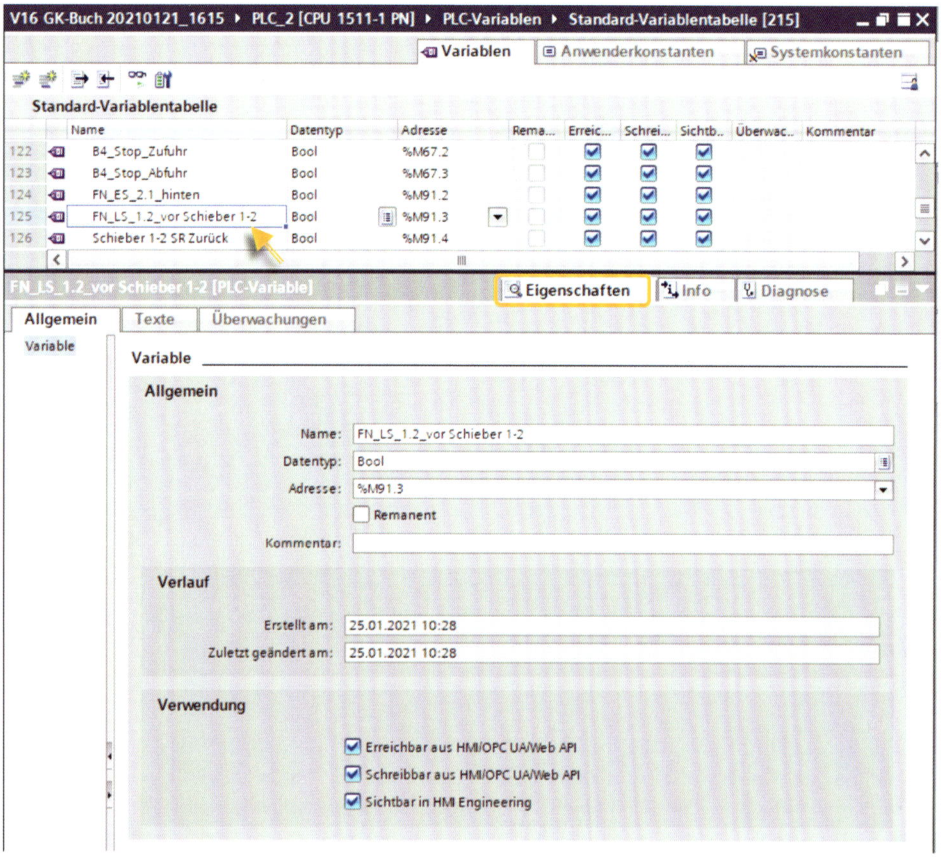

Bild 7.39 *Variablen – Eigenschaften*

Falls man sich vertippt hat und eine Adresse belegt hat, für die keine entsprechende Hardware verfügbar ist, so fällt das in der PLC-Variablentabelle und auch im Netzwerk nicht weiter auf. Bei der Übersetzung jedoch meldet sich das System mit einer Fehlermeldung (Bild 7.40).

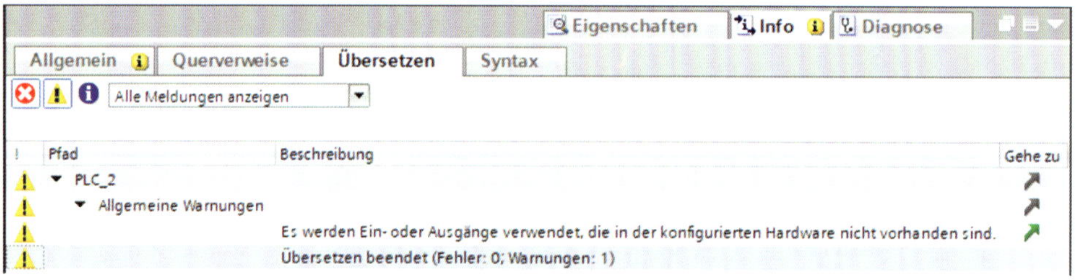

Bild 7.40 *Variablen-Adressen nicht in Hardware, Fehlermeldung Übersetzung*

Per Mausklick auf den grünen Pfeil verzweigt das TIA Portal in den Belegungsplan der Projektinformationen. Der in Bild 7.41 gelb markierte Bereich weist auf eine Unstimmigkeit hin. Positioniert man den Mauszeiger über dem Eingangsbyte EB 200 und anschließend über dem Eingangsbyte EB

12, so variiert der gelb unterlegte Tooltext. Bei EB 12 wird auf eine Hardwarebaugruppe verwiesen, bei EB 200 nicht, ein Hinweis darauf, dass zu dieser Adresse keine Hardware verfügbar ist.

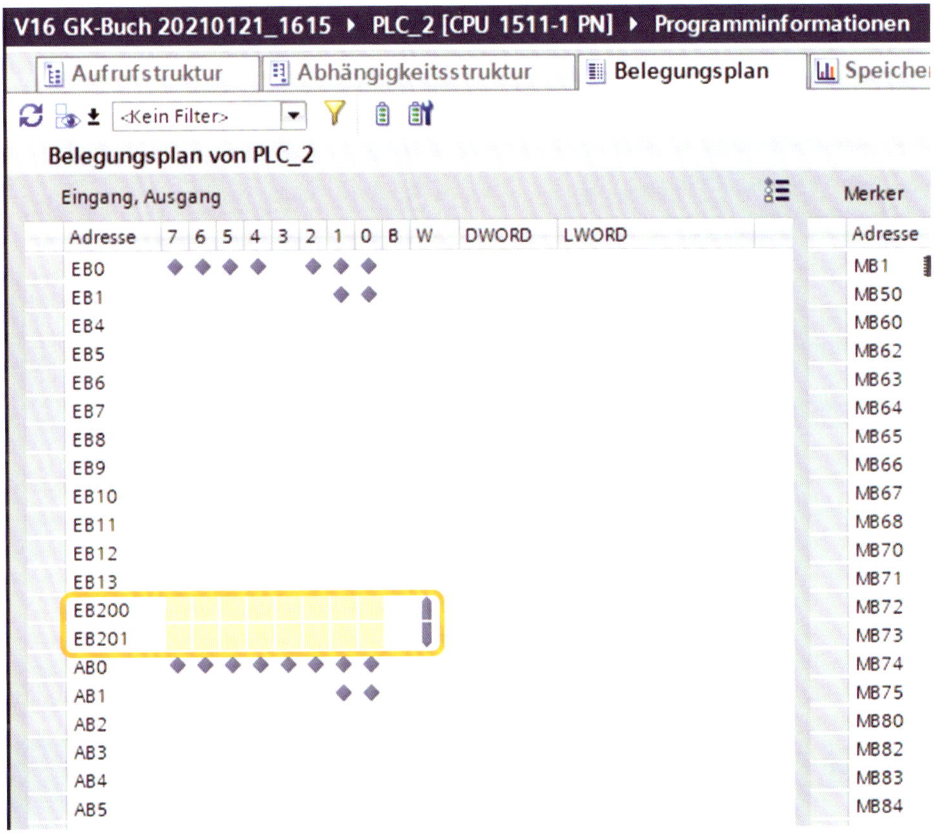

Bild 7.41 *Variablen-Adressen nicht in Hardware vorhanden*

Das Anlegen von Variablen kann in der Variablentabelle selbst oder auch im Dialog unter **Eigenschaften** vorgenommen werden. Man schließt danach die Variablentabelle und zieht sich die benötigten Variablen aus der Detailansicht mit der Maus an die entsprechenden Positionen im Netzwerk (Bild 7.42).

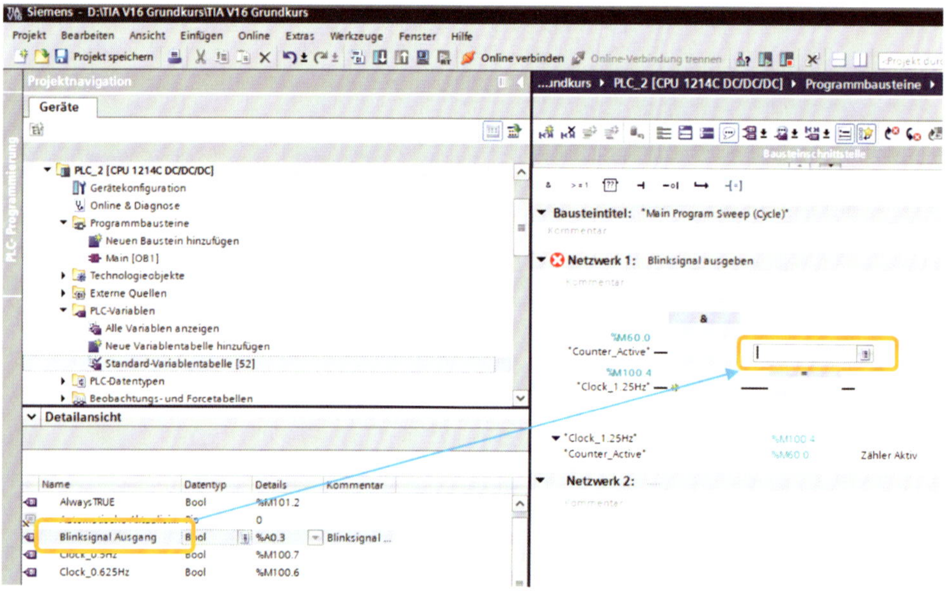

Bild 7.42 *Variable aus Detailansicht in Netzwerk einfügen*

Da bei größeren Datenmengen die Detailansicht zu klein werden kann, um alle Variablen darzustellen, ist auch eine Variablenauswahl über die Eingabe des Anfangsbuchstabens möglich. Dabei kann auch der Anfangsbuchstabe eines Datenbausteins eingegeben werden, um im weiteren Verlauf die Eingabe näher zu spezifizieren. Ein besonderer Vorteil ist die Vorauswahl des passenden Datentyps: an einem binären Eingang einer UND-Verknüpfung wird bei dieser Vorauswahl nur eine passende Variable vom Typ Bool vorgeschlagen.

Durch einen Mausklick auf Projekt speichern wird das Projekt dann gespeichert. Das sollte nicht vernachlässigt werden, da Datenverluste nicht auszuschließen sind, wenn das TIA Portal einmal abstürzen sollte. Nach der Speicherung funktioniert allerdings die Undo-Funktion nicht mehr. Bei Änderungen, derer man sich nicht so sicher ist, muss man also abwägen, ob man auf die sichere Speicherung verzichten möchte oder auf die Möglichkeit, mit Undo die Änderungen wieder zurückzuführen.

7.4.2 Variable umbenennen

Wenn eine neue Variable (Eingang, Ausgang, Merker) eingefügt werden soll, die noch nicht in der Variablentabelle eingetragen worden ist, kann dieser nach Eintrag der absoluten Adresse nachträglich per Rechtsklick und **Variable umbenennen** ein symbolischer Name zugeordnet werden (Bild 7.43).

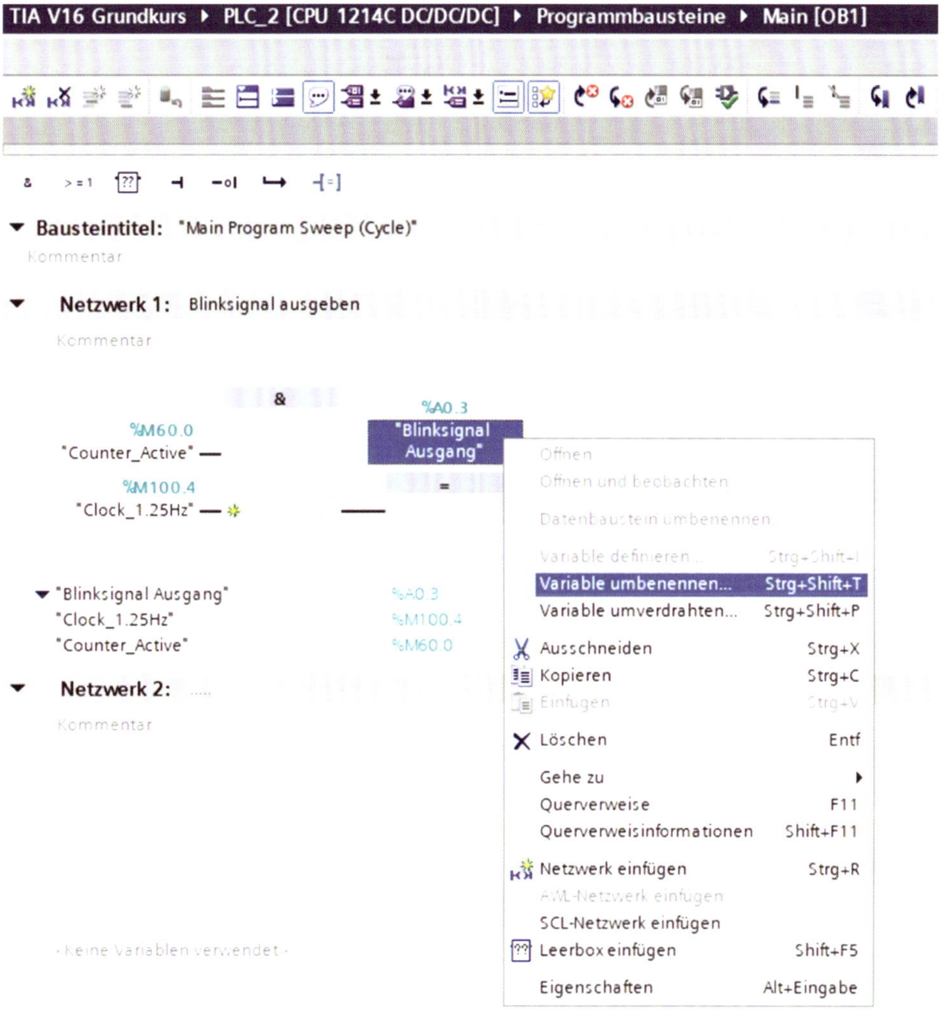

Bild 7.43 *Variable umbenennen 1*

Jetzt kann man im Feld **Name** den gewünschten Variablennamen eintragen (Bild 7.44).

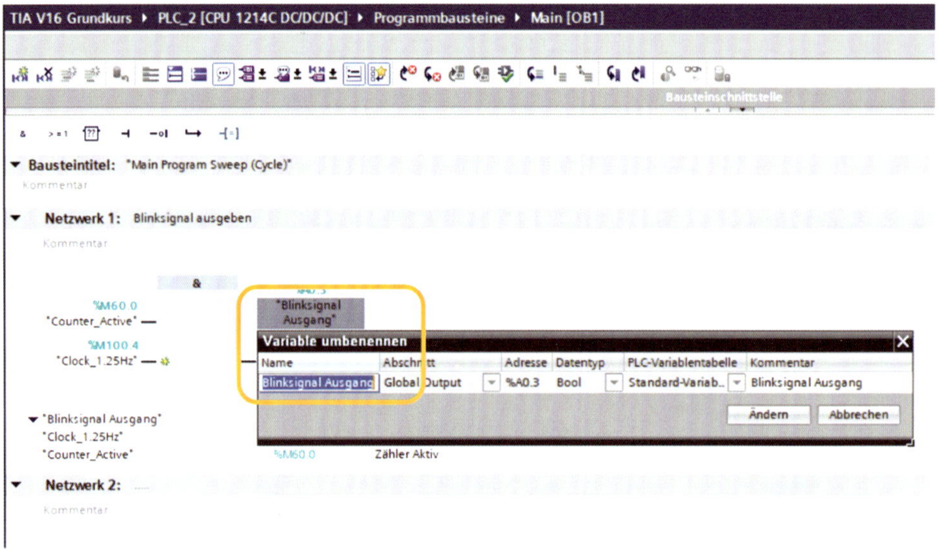

Bild 7.44 *Variable umbenennen 2*

Mit Betätigung von <Ändern> wird der neue Name übernommen und auch in der PLC-Variablentabelle aktualisiert.

7.4.3 Variable definieren

Statt eine Variable mit ihrer absoluten Adresse einzuführen und danach erst den symbolischen Namen zu vergeben, ist die umgekehrte Vorgehensweise ebenso zulässig. Die Anbindung einer neuen Variablen geschieht mit derem symbolischen Namen – in Bild 7.45 *Blinksignal*. Das TIA Portal findet den neuen Namen nicht in der PLC-Variablentabelle und markiert die neue Variable mit einer roten Schlangenlinie.

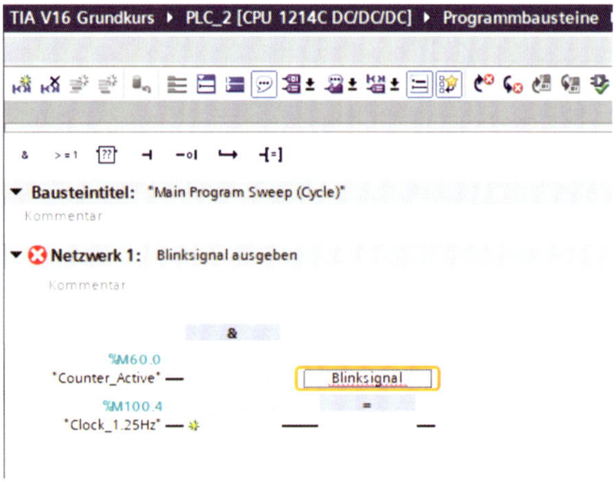

Bild 7.45 *Variable definieren 1*

Nach einem Rechtsklick auf den Variablennamen wird dann **Variable definieren** vorgeschlagen; das System legt die Variable in den nächsten freien Temporärbereich (Bild 7.46). Etwaige Byte-, Wort- oder Doppelwort-Abstände werden berücksichtigt. Wählt man statt des Temporärbereichs als Speicherbereich **Global Memory**, so wird der Merkerbereich ab der Adresse M0.0 aufsteigend mit der Variablen belegt. Globale Ein- und Ausgänge lassen sich ebenso wählen wie lokale Variablen, wenn man in einem FC oder FB programmiert.

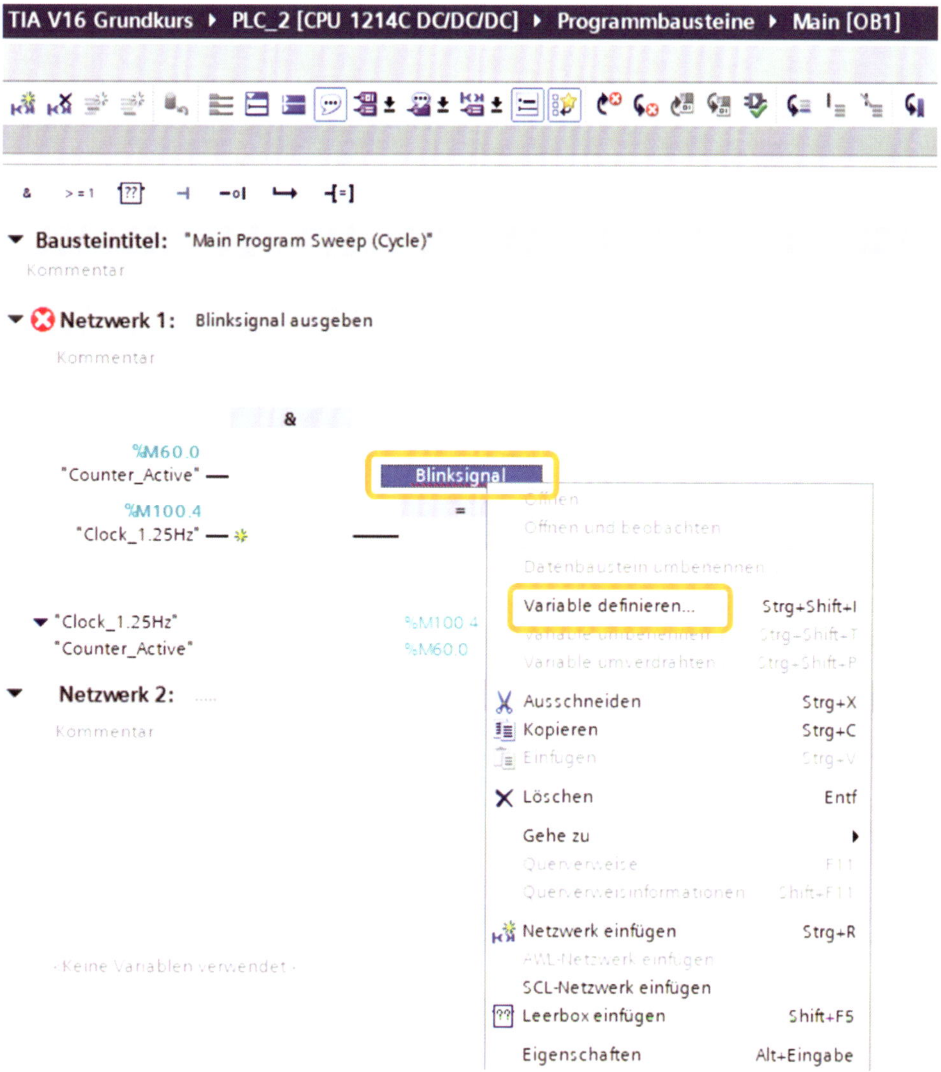

Bild 7.46 Variable definieren 2

Die absolute Adresse der Variablen lässt sich beim **Definieren** auch auf einen Eingang, Ausgang, Merker oder sogar lokale Variable legen (Bild 7.47).

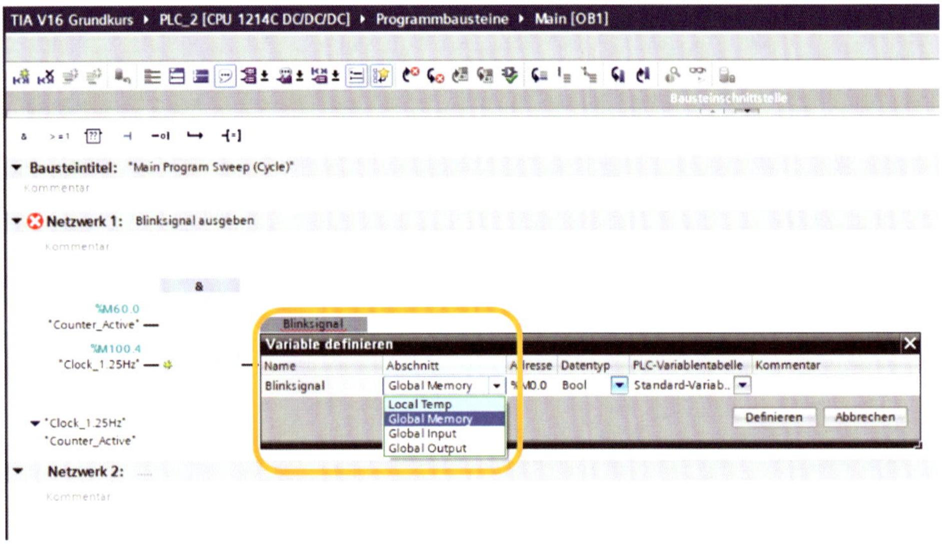

Bild 7.47 *Variable definieren 3*

Alternativ kann man auch eine absolute Adresse spezifizieren (Merker, Ein- und Ausgänge, innerhalb FC oder FB auch lokale Variablen), dann bleibt nur noch die Vergabe des Variablennamens zu erledigen. Bei den Merkern können sich schon einmal fehlerträchtige Überschneidungen ergeben, die Ein- und Ausgänge sollten in dieser Phase der Programmierung eigentlich schon symbolische Namen besitzen.

7.4.4 Variable umverdrahten

Während der Programmierung wird man hin und wieder feststellen, dass der Datentyp einer Variablen nicht der passende ist. Eine Änderung ist über die PLC-Variablentabelle möglich, einen kürzeren Weg bietet das Kontextmenü per Rechtsklick auf die Variable. Es wird ein Dialog geöffnet, in dem der Datentyp, die Adresse und die PLC-Variablentabelle änderbar sind, nicht aber der Variablenname.

Innerhalb von Funktionen oder Funktionsbausteinen ist ein Umverdrahten allein über eine Änderung in der Bausteinschnittstelle möglich.

Im Nachgang sind die Verwendungsstellen der Variablen darauf zu prüfen, ob der neue Datentyp korrekt verarbeitet wird, ggf. sind die Bausteinaufrufe anzupassen.

7.4.5 Variablen – Kontextmenü

Der Aufruf des Kontextmenüs zum Definieren, Umbenennen und Umverdrahten wurde bisher per Rechtsklick auf jede einzelne Variable initiiert. Führt man den Rechtsklick jedoch nicht auf der Variablen aus, sondern ins Leere des Netzwerks, so werden sämtliche Variablen aus diesem Netzwerk zum **Definieren**, **Umbenennen** oder **Umverdrahten** gelistet (Bild 7.48).

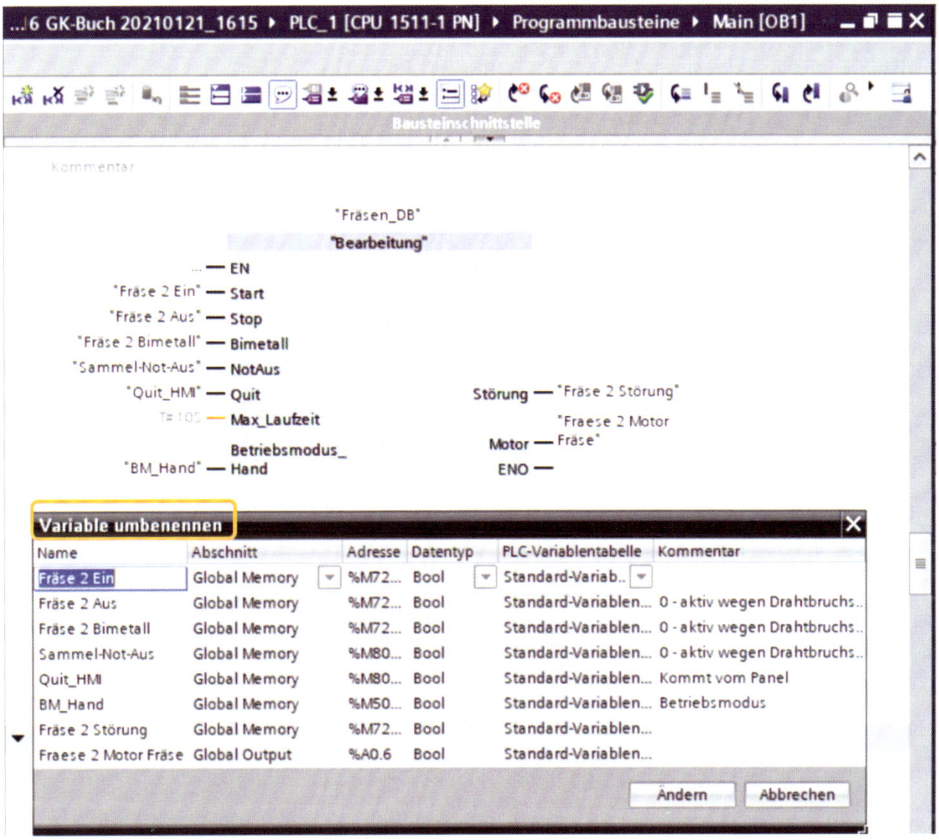

Bild 7.48 *Programmierung Kontextmenu netzwerkspezifisch*

7.5 Datenbaustein erstellen

Über die Projektnavigation **Neuen Baustein hinzufügen**, kann ein Datenbaustein erstellt werden, dort wird dann der DB gewählt (Bild 7.49).

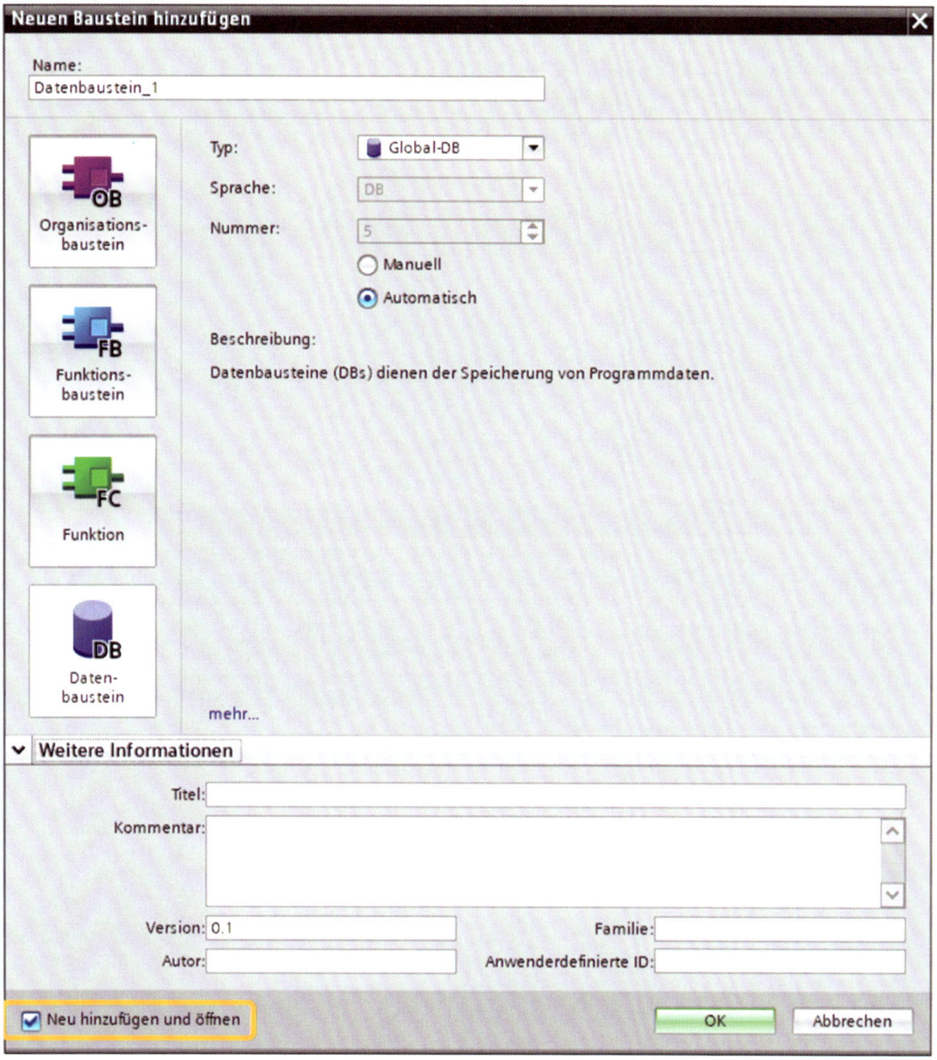

Bild 7.49 *Neuen Baustein hinzufügen (DB)*

Üblicherweise ist die Anwendung bekannt, in der der DB eingesetzt werden soll, somit kann dem DB beim Anlegen ein sinnvoller Name gegeben werden. Das Auswahlfeld **Neu hinzufügen und öffnen** führt bei einem entsprechenden Häkchen direkt in den geöffneten Datenbaustein, der dann mit entsprechenden Einträgen ausgebaut werden kann.

Der Teildialog **Weitere Informationen** muss nicht zwingend geöffnet werden, er kann aber kleine Informationen zum neu angelegten Baustein aufnehmen.

7.6 Funktion erstellen

Über die Projektnavigation **Neuen Baustein hinzufügen** kann auch eine Funktion erstellt werden, dort wird dann die geplante Funktion gewählt (Bild 7.50).

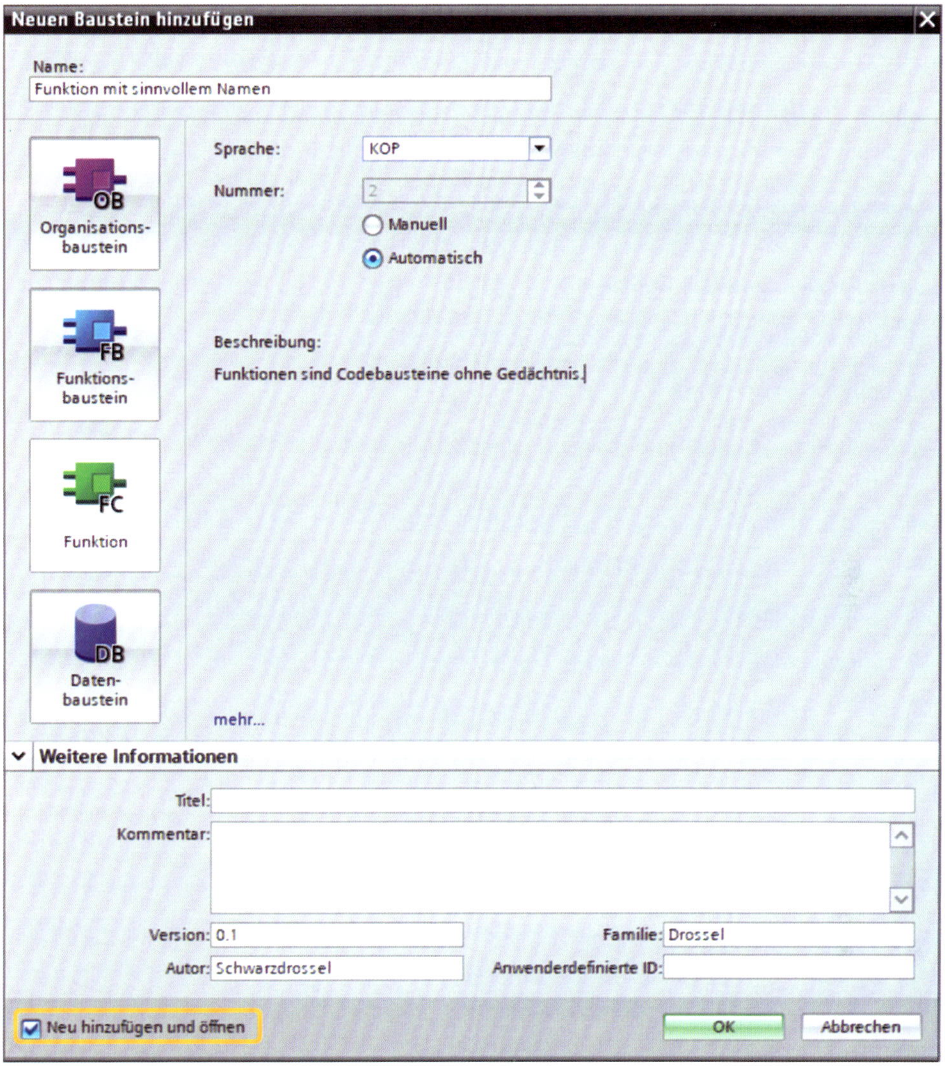

Bild 7.50 *Neuen Baustein hinzufügen (FC)*

Üblicherweise ist die Anwendung bekannt, in der die Funktion eingesetzt werden soll, somit kann der Funktion beim Anlegen ein sinnvoller Name gegeben werden. Das Feld **Sprache** nimmt eine Voreinstellung für die Bausteinsprache vor: KOP, FUP, AWL und SCL stehen zur Auswahl, FUP steht für Funktionsplan. Mittlerweile taucht in diversen Publikationen die Bezeichnung FBS (Funktionsbausteinsprache) auf, die mit FUP gleichzusetzen ist. Das Auswahlfeld **Neu hinzufügen und öffnen** führt bei einem entsprechenden Häkchen direkt in die geöffnete Funktion, die dann mit entsprechenden Einträgen in der Bausteinschnittstelle und den Netzwerken ausgebaut werden kann.

7.7 Funktionsbaustein erstellen

Um den Funktionsbaustein FB1 zu erstellen, wählt man in der Projektnavigation die Projekt TIA V16 PLC_x [CPU 1214C DC/DC/DC] und dann im Menü **Programmbausteine** aus. Dann führt man einen Doppelklick auf **Neuen Baustein hinzufügen** aus (Bild 7.51).

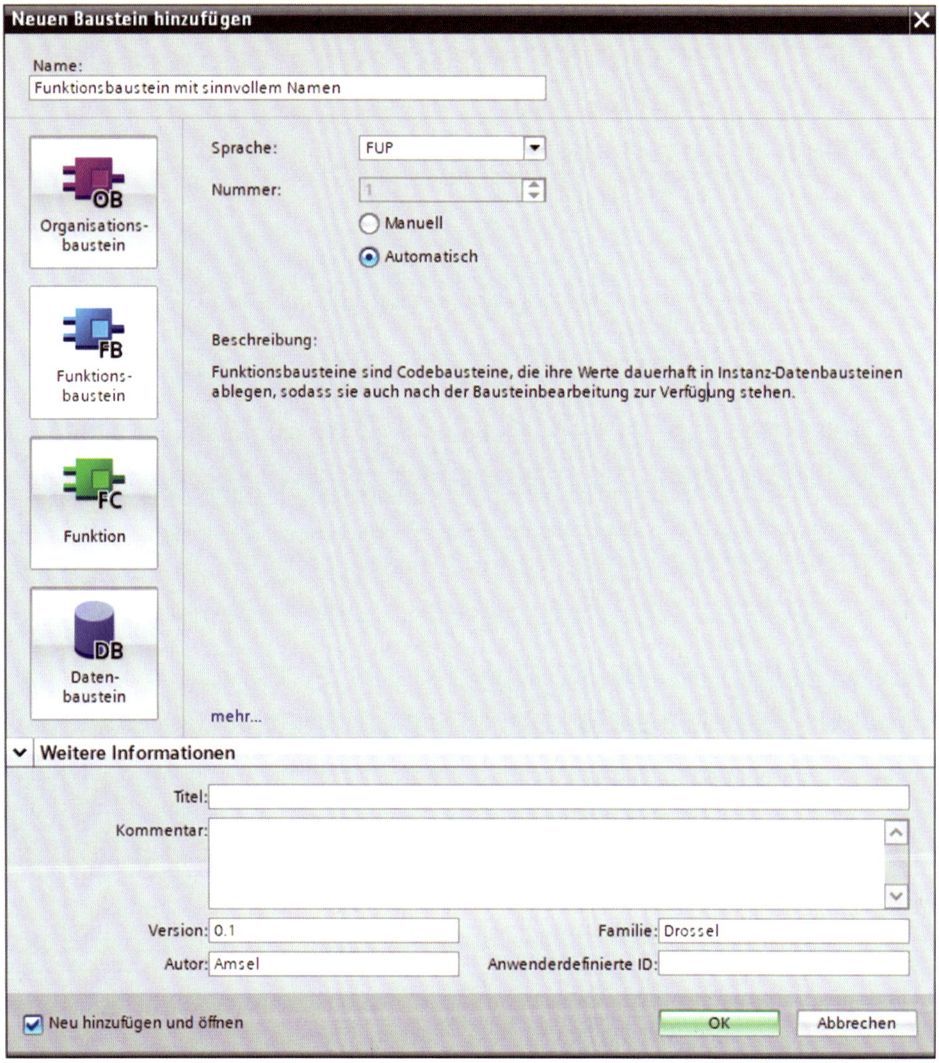

Bild 7.51 *Neuen Baustein hinzufügen (FB)*

Üblicherweise ist die Anwendung bekannt, in der der Funktionsbaustein eingesetzt werden soll, somit kann dem Funktionsbaustein beim Anlegen ein sinnvoller Name gegeben werden. Das Feld **Sprache** nimmt eine Voreinstellung für die Bausteinsprache vor: KOP, FUP, AWL, SCL, Graph und PRODIAG stehen zur Auswahl, damit ist die Auswahlmöglichkeit ein klein wenig größer als bei einem FC. Das Auswahlfeld **Neu hinzufügen und öffnen** führt bei einem entsprechenden

Häkchen direkt in den geöffneten Funktionsbaustein, der dann mit entsprechenden Einträgen in der Bausteinschnittstelle und den Netzwerken ausgebaut werden kann (Bild 7.52).

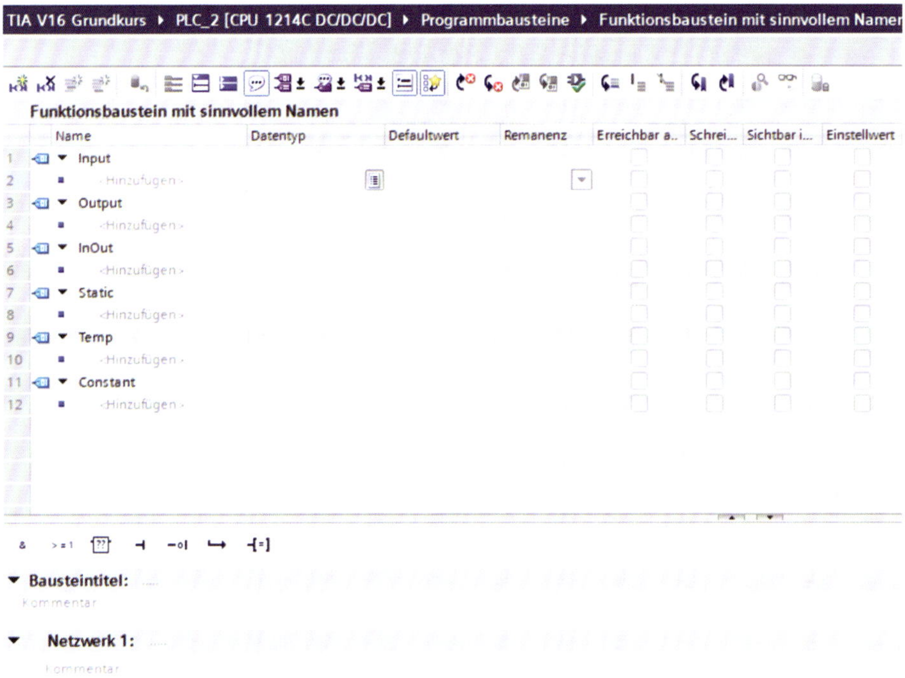

Bild 7.52 *Funktions-Bausteinschnittstelle*

Die geöffnete Funktions-Bausteinschnittstelle ist natürlich noch leer, im Netzwerk 1 ist die voreingestellte Programmiersprache erkennbar (FUP).

Man wählt in der Auswahl Funktionsbaustein (FB). Als Sprache wird **Funktionsplan FBS/FUP** vorgegeben, ist etwas anderes gewünscht, so ist es entsprechend einzustellen. Die Nummerierung erfolgt automatisch entsprechend der Voreinstellung, ebenso die Vergabe des Namens. Man sollte den Vorschlag durch einen sinnvollen Namen ersetzen, eine nachträgliche Änderung ist natürlich auch noch möglich. Da dieser FB im Programm über den symbolischen Namen aufgerufen wird, spielt die Nummerierung keine so große Rolle mehr, jedoch muss die Nummer bei manueller Vergabe eindeutig sein. Man übernimmt die Eingaben mit <OK> (→ Funktionsbaustein (FB1) → Blinker FB → FBS/FUP → OK). Prinzipiell sind sowohl die Nummerierung als auch alle anderen Parameter später noch modifizierbar. Beim Kopieren von Funktionen und Funktionsbausteinen kann eine identische Nummerierung entstehen. Das TIA Portal unterscheidet dann anhand des Namens, der durch Anhängen von Zahlen unterscheidbar gemacht wird.

7.8 Einfache Anweisungen

Bild 7.53 bis Bild 7.55 zeigen einfache Anweisungen für S7-1517 und S7-114C im Überblick.

Einfache Anweisungen

Name	Beschreibung
Bitverknüpfu...	
&	UND-Verknüpfung [Shift+F2]
>=1	ODER-Verknüpfung [Shift+F3]
x	EXKLUSIV ODER-Verknüpfung
-[=]	Zuweisung [Shift+F7]
-[/=]	Zuweisung negieren
-[R]	Ausgang rücksetzen
-[S]	Ausgang setzen
SET_BF	Bitfeld setzen
RESET_BF	Bitfeld rücksetzen
SR	Flipflop setzen/rücksetzen
RS	Flipflop rücksetzen/setzen
-|P|-	Operand auf positive Signalflanke ...
-|N|-	Operand auf negative Signalflanke .
-(P)-	Operand bei positiver Signalflanke ..
-(N)-	Operand bei negativer Signalflanke.
P_TRIG	VKE auf positive Signalflanke abfra...
N_TRIG	VKE auf negative Signalflanke abfra.
R_TRIG	Positive Signalflanke erkennen
F_TRIG	Negative Signalflanke erkennen

Bild 7.53 *Einfache Anweisungen S7-1517, Bitverknüpfungen detailliert*

Einfache Anweisungen

Name	Version
Bitverknüpfungen	V1.0
&	
>=1	
x	
-[=]	
-[/=]	
-[R]	
-[S]	
SET_BF	
RESET_BF	
SR	
RS	
-|P|-	
-|N|-	
-(P)-	
-(N)-	
P_TRIG	
N_TRIG	
R_TRIG	V1.0
F_TRIG	V1.0

Bild 7.54 *Einfache Anweisungen S7-1214C, Bitverknüpfung detailliert*

Bild 7.55 *Einfache Anweisungen zum Verschieben (detailliert), S7-1517 (links) im Vergleich mit S7-1214C (rechts)*

Die Unterschiede im Umfang der Anweisungen unter zwei unterschiedlichen CPU werden hier deutlich.

Es sind aber auch Unterschiede in den einzelnen Anweisungen bei identischer CPU, aber mit abweichendem Firmwarestand feststellbar. Als Beispiel zeigt Bild 7.56 die detaillierten Anweisungen zum Verschieben für S7-1517 mit zwei verschiedenen Firmware-Versionen.

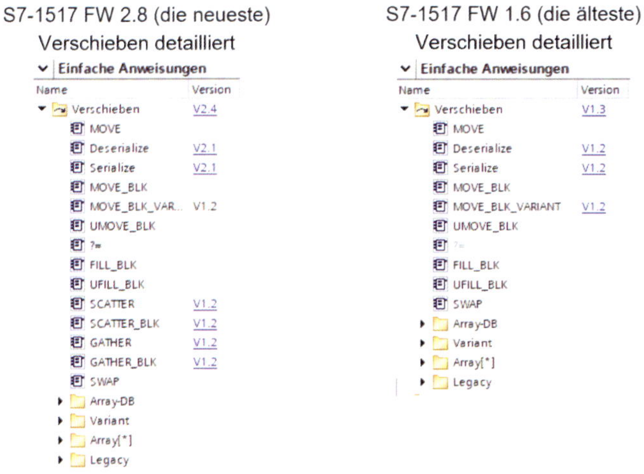

Bild 7.56 *Einfache Anweisungen S7-1517 – Verschieben bei verschiedenen Firmware-Versionen, FW 2.8 (die neueste) links, FW 1.6 (die älteste) rechts*

Beim Austausch der CPU ist also auch der Firmware entsprechende Aufmerksamkeit zu widmen, ggf. ist die Firmware der CPU zu aktualisieren oder die gegebene Firmware der CPU einzustellen. In der Regel haben die CPU mit höherer Firmware keine Probleme Programme auszuführen, die auf einer CPU kleinerer Firmware entstanden sind, allenfalls sind Anpassungen in der Hardware und damit eine Neuübersetzung erforderlich.

7.9 Erweiterte Anweisungen

Auch in den erweiterten Anweisungen fallen erst bei näherer Betrachtung signifikante Unterschiede auf. Letztlich ist auch bei der Handhabung einzelner Anweisungen die Weiterentwicklung des TIA Portals zu beobachten, insbesondere beim Wechsel von den S7-300/400 zu S7-1200/1500. Die erweiterten Anweisungen für den S7-1513 zeigt Bild 7.57.

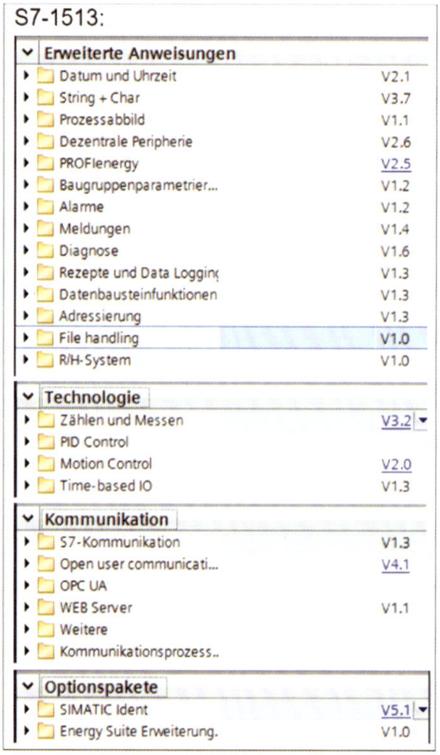

Bild 7.57 *Erweiterte Anweisungen für S7-1513*

Austausch der Anweisung TOF gegen TON, bei den S7-300/400 ist hierbei der Instanz-DB neu zu generieren, bei den S7-1200/1500 ist das nicht mehr notwendig.

7.10 HMI hinzufügen

Viele Anlagen laufen seit Jahren ohne eine Visualisierung. Mittlerweile werden allerdings immer häufiger Panels eingesetzt zur Visualisierung und Bedienung der Anlagen.

In der Projektnavigation kann über die Schaltfläche **Neues Gerät hinzufügen** eine HMI zum Projekt hinzugefügt werden. Es öffnet sich ein Fenster, dort wählt man in der linken Spalte **HMI.**

In Bild 7.58 wurde das TP700 Comfort Panel verwendet, welches im Menü erreicht wird unter HMI → SIMATIC Comfort Panel → 7'' Display → TP700 Comfort → 6AV2 124-0GC01-0AX0.

Unten links in der Ecke sollte die Option **Geräteassistenten aufrufen** deaktiviert werden. Die Vielfalt der Einstellmöglichkeiten erschließt sich leichter durch eine manuelle Einstellung.

Als Firmwareversion schlägt das TIA Portal die aktuelle Version vor; sollte das Panel noch eine ältere Version besitzen, so wird dessen Firmware vor dem Laden des Projektes aktualisiert. Durch den Klick auf den <OK>-Button wird jetzt die HMI in das Projekt eingefügt und ist in der Projektnavigation sichtbar.

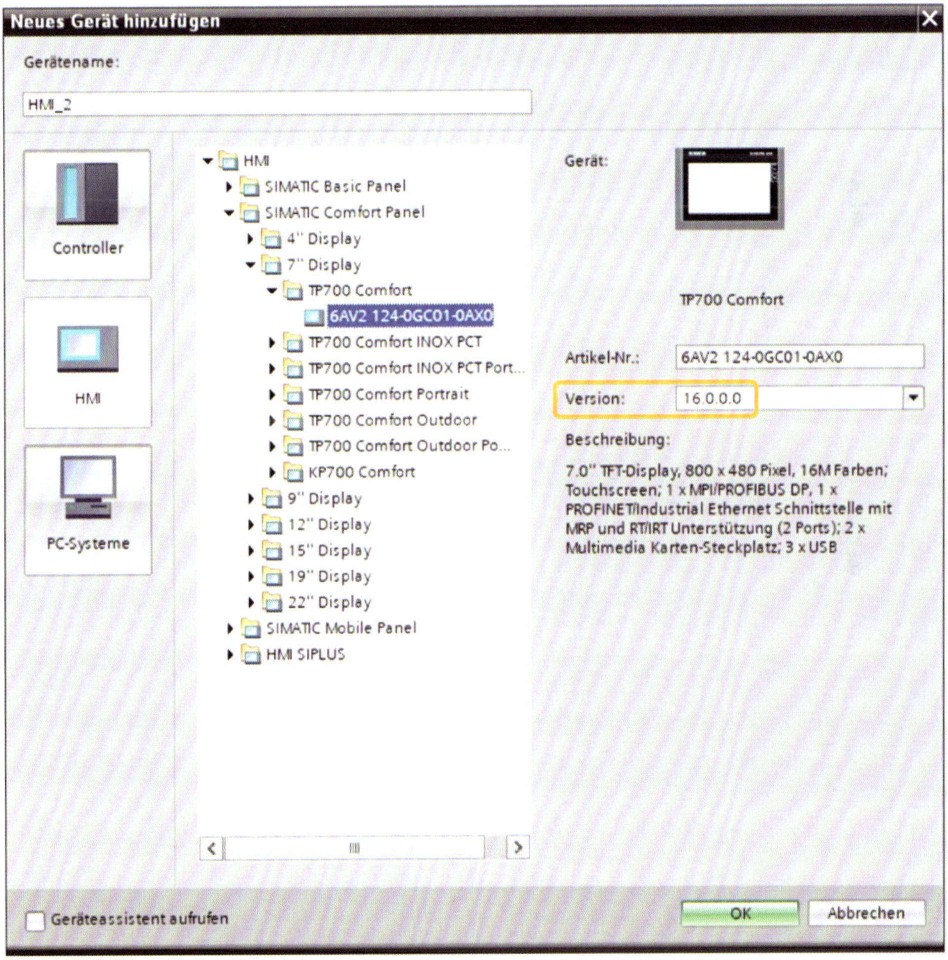

Bild 7.58 *Neues Gerät hinzufügen*

Nach dem Einfügen des Panels öffnet Bild_1. Zur kompletten Einstellung zu gehört die Wahl der Ethernet-Adresse und des Subnetzes.

Über die Projektnavigation **Gerätekonfiguration** öffnet man die Einstellungen des Panels in der Gerätesicht. Unter der Profinet-Schnittstelle lässt sich das Subnetz dem der SPS zuordnen und die IP-Adresse festlegen (Bild 7.59).

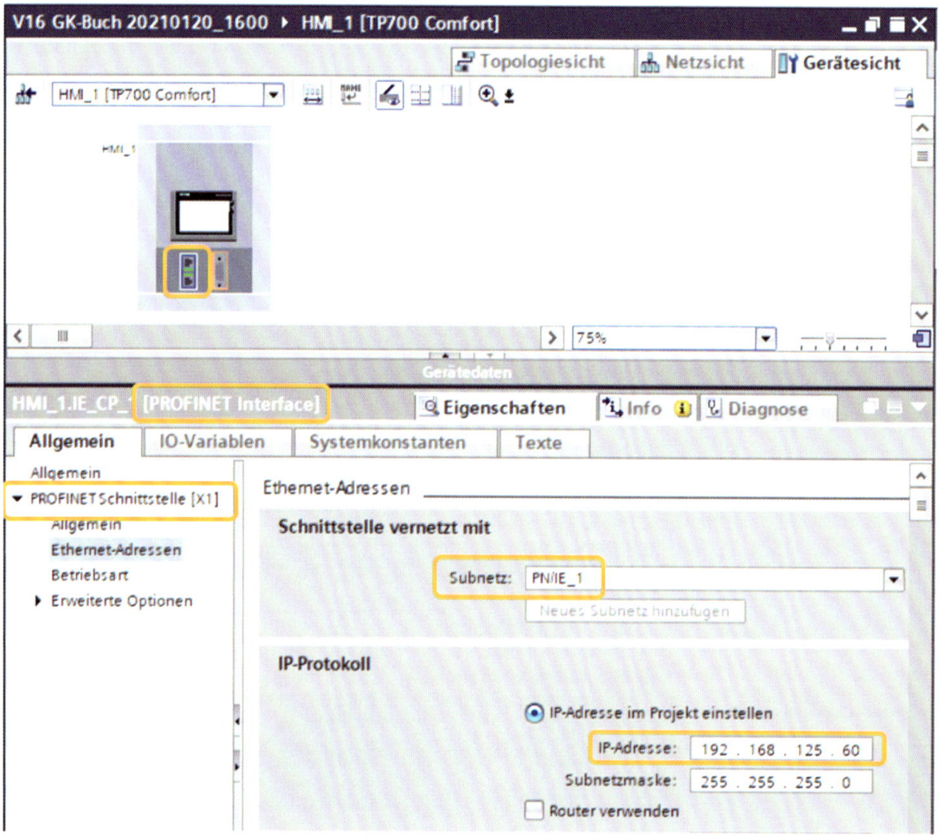

Bild 7.59 *PROFINET-Schnittstelle konfektionieren*

7.10.1 Bilder zur HMI hinzufügen

Bilder für die HMI können über die Projektnavigation erstellt werden. Hierfür muss man die Baumstruktur der HMI öffnen, zu **Bilder** navigieren und dort die Struktur aufklappen. Mit einem Doppelklick auf **neues Bild hinzufügen** wird ein neues Bild unterhalb der Option eingefügt. Jedes neue Bild wird Bild_n benannt, wobei n eine aufsteigende Nummer ist. Die Nummerierung der Bilder lässt sich aber durch sinnvolle Bezeichnungen ersetzen. Wir benennen das Bild_1 in der Projektnavigation beispielsweise zu *Anlagenübersicht* um und öffnen es für die weitere Bearbeitung.

Die Bilder sind erst einmal leer und müssen mit Elementen aus dem Werkzeugkasten – der Task-Card – gefüllt werden.

7.10.2 Rechteck/Kreis hinzufügen und konfektionieren

Unter den Basisobjekten lassen sich per Drag and Drop Elemente in das Bild einfügen. Das eingefügte Element ist damit im Focus, zur besseren Kennzeichnung wird es durch blaue Punkte am Rand des Elements markiert.

Im Inspektorfenster findet man unter Eigenschaften → Gestaltung die Palette der Einstellmöglichkeiten für diesen Objekttyp, in Bild 7.60 den Rahmen sowie den Hintergrund.

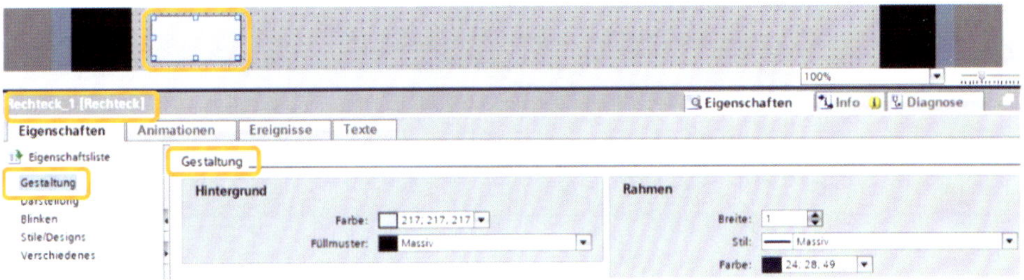

Bild 7.60 *HMI-Basisobjekt hinzufügen*

Eine weitere Karteikarte in den Eigenschaften sind die Animationen (Bild 7.61). Die Animationen füllen das Objekt mit Leben, hier kann die Anzeige die Farbe des Rechtecks in Abhängigkeit von einer Variablen umschalten. Dabei kann man sowohl die Farbe des Hintergrundes als auch des Rahmens auswählen, ein Blinken lässt sich zusätzlich aktivieren. Die Variable selbst, die das ganze steuert – hier Band 2_Motor – wird von der CPU her angebunden (Bild 7.62).

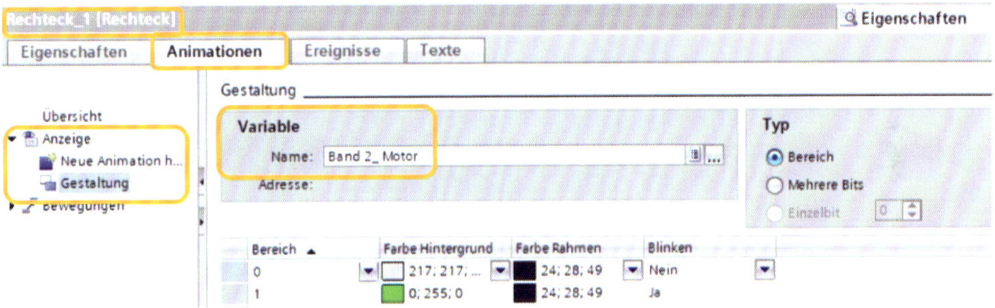

Bild 7.61 *HMI-Basisobjekt Animation konfektionieren*

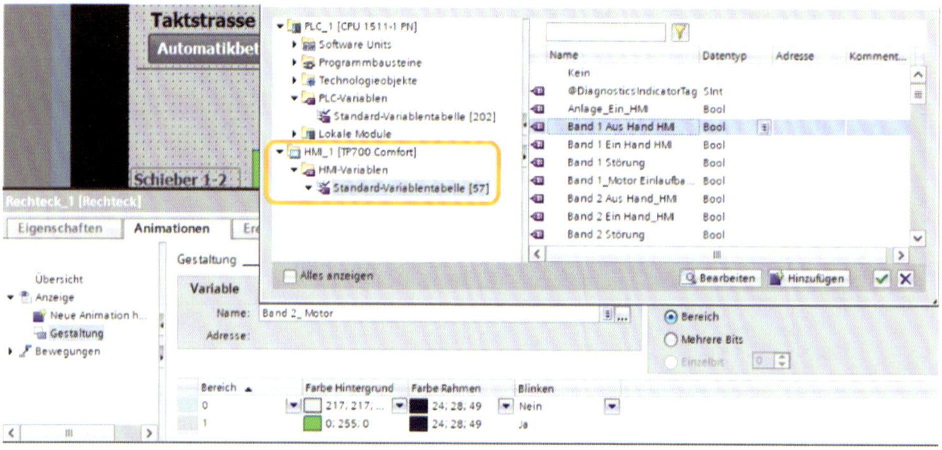

Bild 7.62 *HMI-Basisobjekt animieren, Variablenanbindung*

Die letzte Karteikarte **Ereignisse** ist leer, da dem Rechteck keine Ereignisse zugeordnet werden können (Bild 7.63).

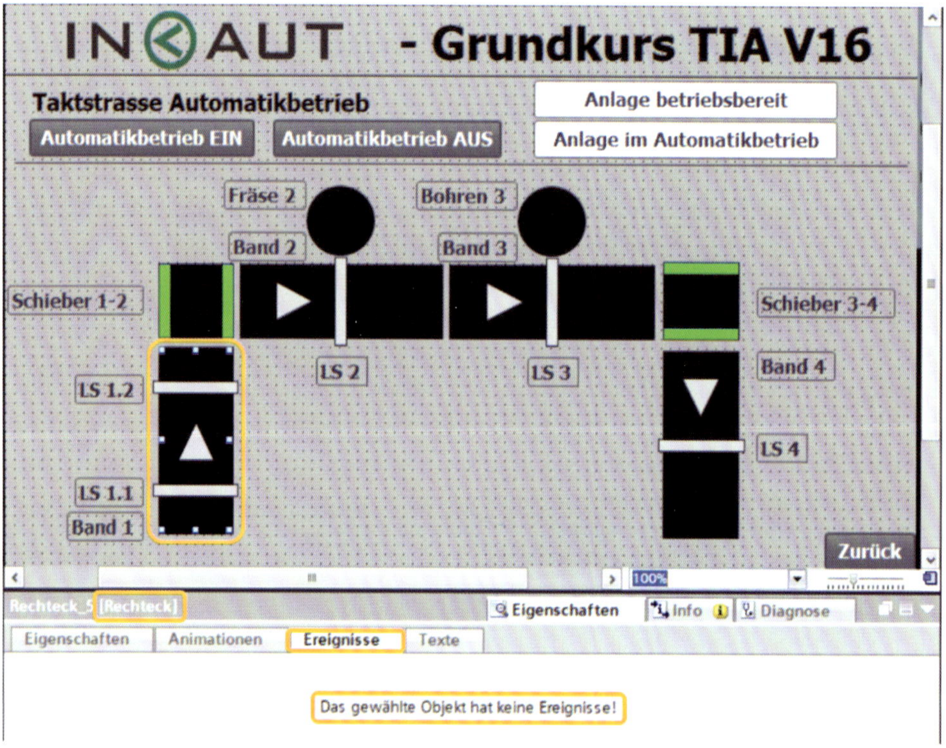

Bild 7.63 *HMI-Basisobjekt Rechteck, Ereignisse*

7.10.3 Text hinzufügen und konfektionieren

Ein Textfeld hat weitgehend dieselben Eigenschaften wie ein Rechteck. Zu den genannten Einstellmöglichkeiten des Rechtecks kommt hier noch das Anpassen des Textes hinzu.

Dieser kann durch einen Doppelklick auf das Textfeld selbst im Textfeld direkt geändert werden oder in den Eigenschaften unter **Allgemein** (Bild 7.64).

Bild 7.64 *HMI-Basisobjekt gestalten*

7.10.4 Schaltfläche hinzufügen und konfektionieren

So wie sich Textfeld und Rechteck in diversen Eigenschaften überschneiden, so ist eine Schaltfläche mit einem Textfeld mit zusätzlichen Funktionalitäten vergleichbar.

Eine zusätzliche Funktion für die Schaltfläche ist der Darstellungsstil, dieser kann unter Einstellungen → Stile angepasst werden und gibt der Schaltfläche ein anderes Aussehen.

Das Besondere an der Schaltfläche ist jedoch, dass man mit ihr Ereignisse auslösen kann. Hier in Bild 7.65 wird durch einen Druck auf die Schaltfläche die Variable Anlage_Ein_HMI auf «1» gesetzt. Die Möglichkeiten, eine Funktion zu definieren, sind sehr vielfältig, im Umfang abhängig vom Ereignistyp: Klicken, Drücken, Loslassen etc.

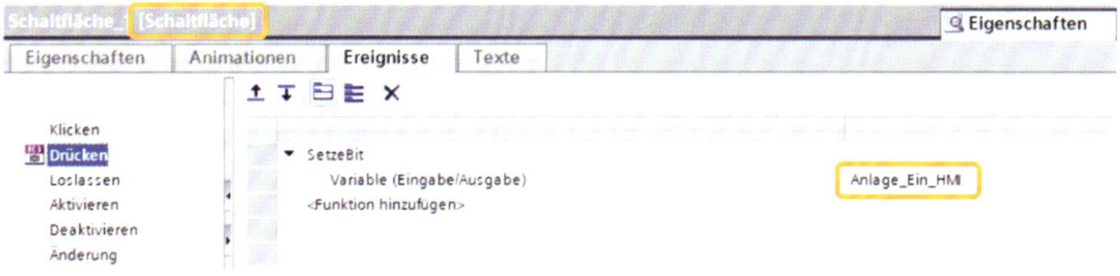

Bild 7.65 *HMI-Element Ereignis konfektionieren*

7.10.5 Meldeanzeige hinzufügen und konfektionieren

Die Meldeanzeige findet man unter Werkzeuge → Controls, diese lässt sich wie auch die anderen Elemente per Drag & Drop in ein Bild einfügen.

Die Meldeanzeige lässt sich über viele Einstellungen optisch an das Bild anpassen.

Das Hauptaugenmerk sind jedoch die Meldungen, diese lassen sich unter Eigenschaften → Allgemein → Anzeige einstellen und an die gewünschte Darstellung anpassen. Dabei ist man nicht auf eine einzige Meldeanzeige beschränkt, man kann auch mehrere Meldeanzeigen konfektionieren, beispielsweise die eine nur für die Anzeige der Meldeklasse *Errors*, eine zweite für die Meldeklasse *System* und eine dritte für die restlichen Meldeklassen (Bild 7.66). Gerade bei umfangreichen Systemen werden während des Betriebes diverse Meldungen generiert, die sonst die Aufmerksamkeit von den Fehlern ablenken.

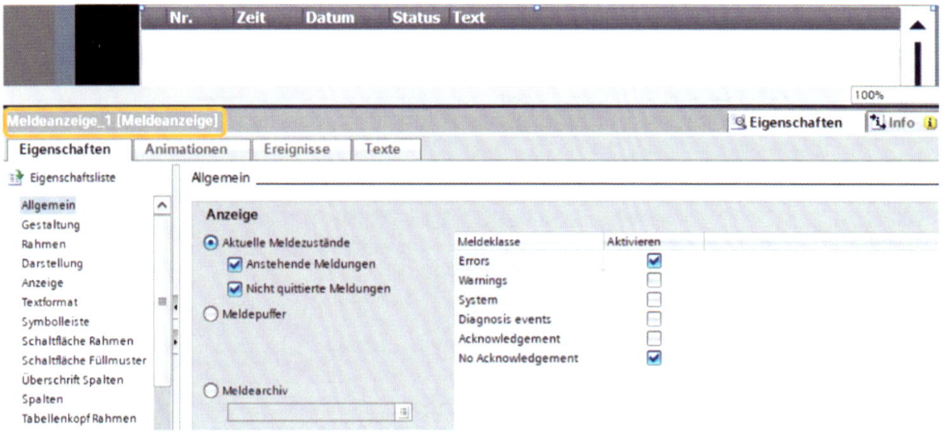

Bild 7.66 *HMI Controls-Meldeanzeige konfektionieren*

7.10.6 Globales Bild

Das Globale Bild ist ein vordefiniertes Bild, dessen Elemente alle anderen Bilder überblenden (Bild 7.67). Die Elemente sind aber in der Auswahl stark eingeschränkt auf System-Diagnosefenster, Meldefenster und Meldeindikator. Diese Elemente sind in anderen Bildern nicht verfügbar.

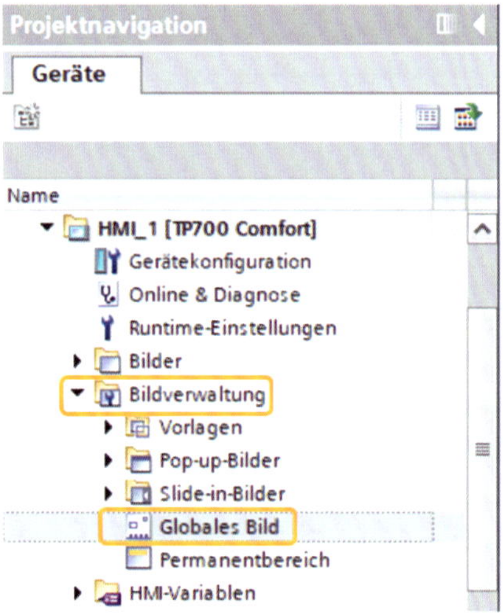

Bild 7.67 *Meldungen HMI-Projektnavigation, Globales Bild*

7.10.7 Meldeindikator hinzufügen und konfektionieren

Die Positionierung des Meldeindikators ist nicht so wichtig, da er klein ist und andere Elemente überblendet (Bild 7.68).

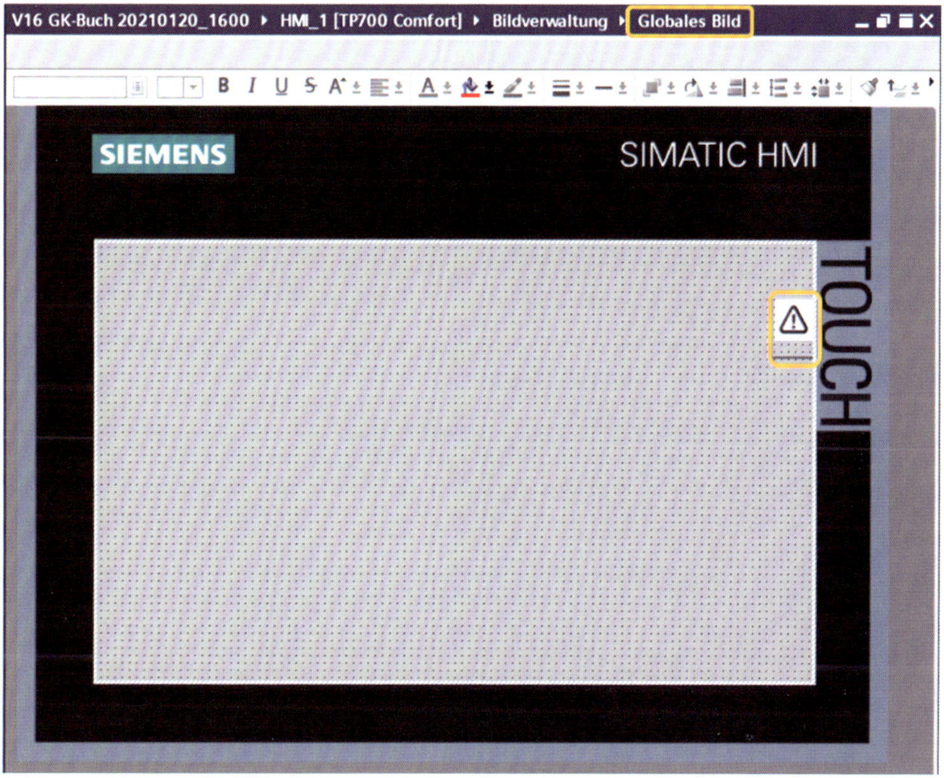

Bild 7.68 Visualisierung Meldungen, Meldeindikator im Globalen Bild

Auch der Meldeindikator hat konfektionierbare Eigenschaften, die Einstellungen in Bild 7.69 bewirken, dass er nur bei Meldungen der Meldeklasse *Errors* sichtbar wird.

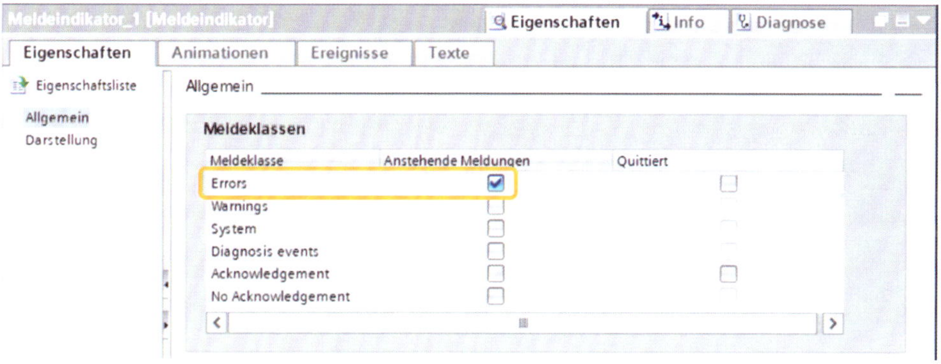

Bild 7.69 Visualisierung Meldeindikator Eigenschaften

7.10.8 HMI-Variablen

Bild 7.70 zeigt den Ort der HMI-Variablen in der Projektnavigation.

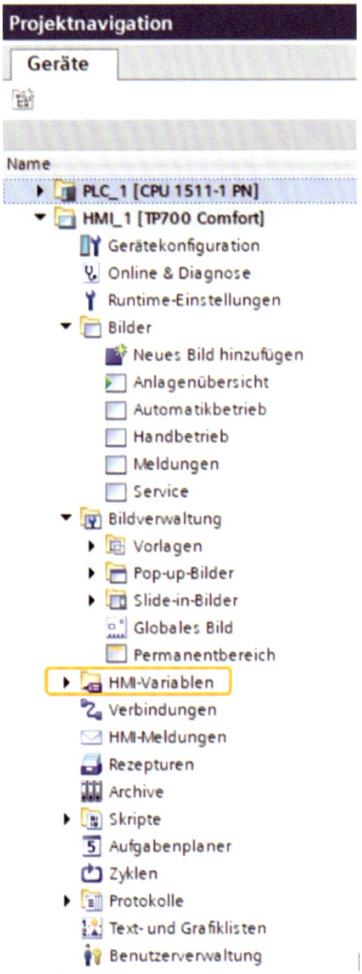

Bild 7.70 *HMI-Variablen in der Projektnavigation*

Die HMI-Variablen sind von den PLC-Variablen zu unterscheiden. Sie können eigenständig sein, also nur auf dem Panel gültig. In den meisten Fällen werden sie von der SPS über eine HMI-Verbindung mit Daten gespeist. Den Reiter *Eigenschaften* zeigt Bild 7.71. Das Auffrischungsintervall der Daten in der HMI und auch umgekehrt von der HMI auf die SPS ist im **Erfassungszyklus** hinterlegt.

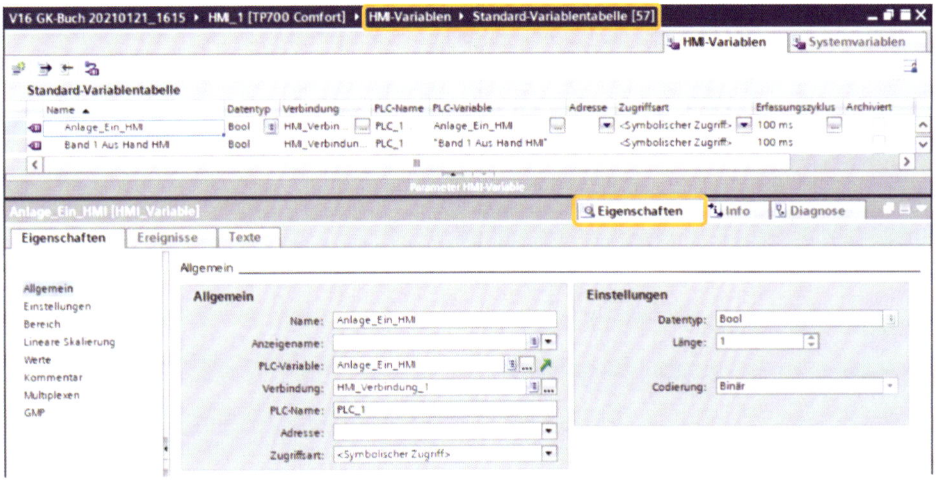

Bild 7.71 *HMI-Variable mit Eigenschaften*

Über welche Verbindung – es können mehrere existieren – die SPS mit dem Panel kommuniziert, ist unter den Verbindungen hinterlegt (Bild 7.72).

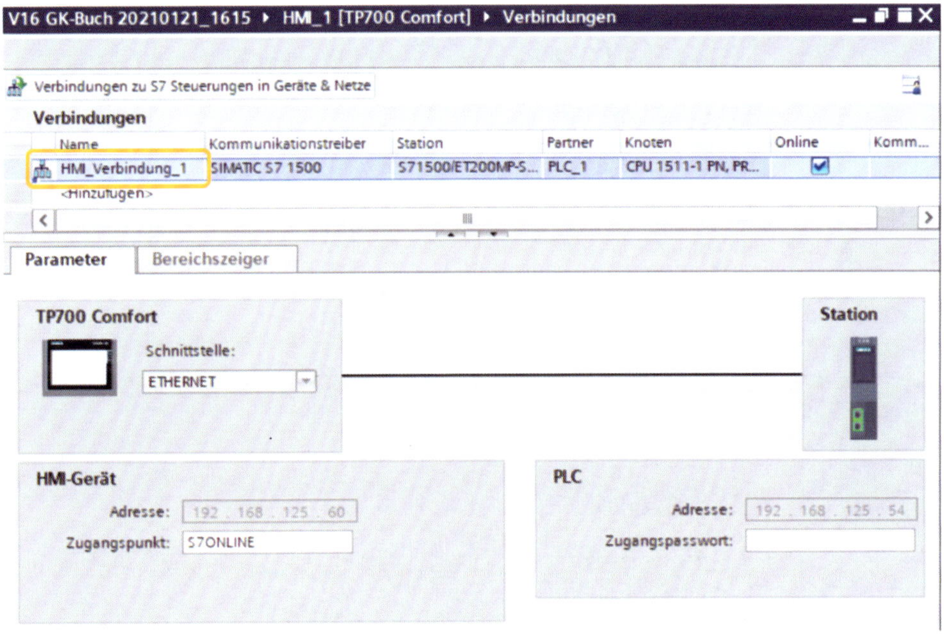

Bild 7.72 *HMI-Verbindung mit Eigenschaften*

In der Gerätekonfiguration (unter **Netzsicht**) wird die Vernetzung der SPS mit der HMI dargestellt, damit ist die physikalische Verbindung gemeint (Bild 7.73).

Schaltet man auf **Verbindungen** um, so wird die logische Verbindung zwischen SPS und HMI dargestellt. Lässt man den Mauszeiger auf der PN/IE_1 Verbindung ruhen, so wird der Name dieser Verbindung ausgegeben. Er ist mit dem unter der Verbindung des HMI in der Projektnavigation identisch.

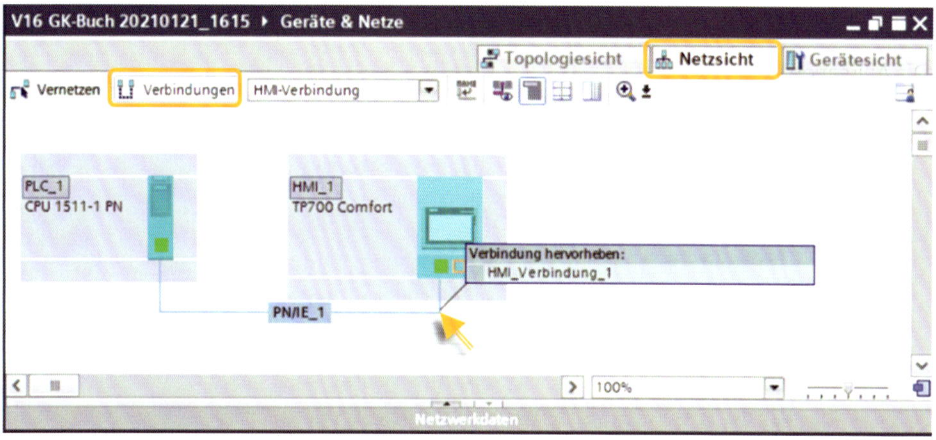

Bild 7.73 HMI-Gerätesicht, Verbindung mit Eigenschaften

7.10.9 HMI-Objekt – Eigenschaften

Die Objekteigenschaften sind jetzt mehrfach benutzt worden, je nach Vorliebe lassen sie sich unterschiedlich darstellen: Seitendarstellung (Bild 7.74) und Listendarstellung (Bild 7.75).

Bild 7.74 HMI-Objekt, Eigenschaften in Seitendarstellung

Die Umschaltfläche ist immer mit der jeweils anderen Darstellung beschriftet. Inhaltlich sind dieselben Parameter konfektionierbar.

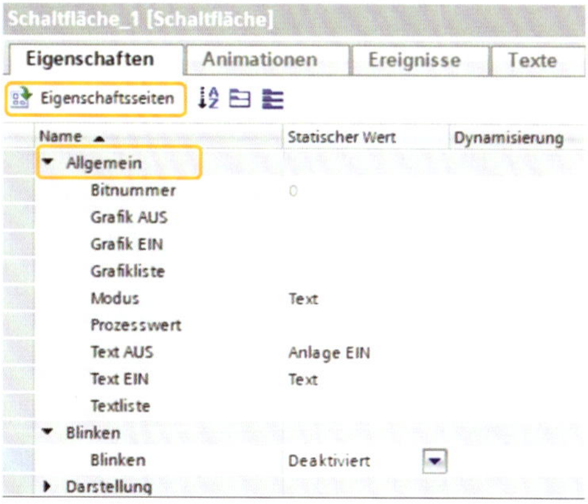

Bild 7.75 HMI-Objekt, Eigenschaften in Listendarstellung

7.10.10 HMI-Variablenanbindung

Die Animation der Objekte und die von ihnen ausgelösten Ereignisse benötigen Variablen, die mit der CPU verbunden sind. Im einfachsten Fall kopiert man die betreffenden Variablen per Drag and Drop aus der PLC-Variablentabelle in die HMI-Variablentabelle.

In einer zweiten Variante holt man sich die Variable bei der Programmierung der Objekte direkt von der CPU. Dazu wählt man die drei Punkte am Ende des Eingabefeldes an, dann öffnet sich ein Dialog mit dem Focus auf der HMI-Variablentabelle. In der rechten Fensterhälfte werden die schon in der HMI vorhandenen Variablen gelistet (Bild 7.76). Ist die gesuchte Variabel dabei, so ist man am Ziel; wenn nicht, wechselt man zu den PLC-Variablen und sucht die Variable aus der PLC-Variablentabelle heraus. Mit dem grünen Häkchen wird die Variable angebunden.

Die PLC-Variablentabelle kann schon einmal etwas unübersichtlich werden. Dann lässt sich über das Trichtersymbol ein Filterbegriff spezifizieren und aktivieren. Die Auswahl der Variablen verringert sich erheblich.

Nicht alle Variablen sind als Merker angelegt und damit in der PLC-Variablentabelle vorhanden, sie entstammen Datenbausteinen, die hier unter den Programmbausteinen zu finden sind. Die Anwahl des Datenbausteins liefert im rechten Fenster dann die Elemente des Datenbausteins, von denen eines übernommen werden kann. Auch hier besteht die Möglichkeit des Filterns.

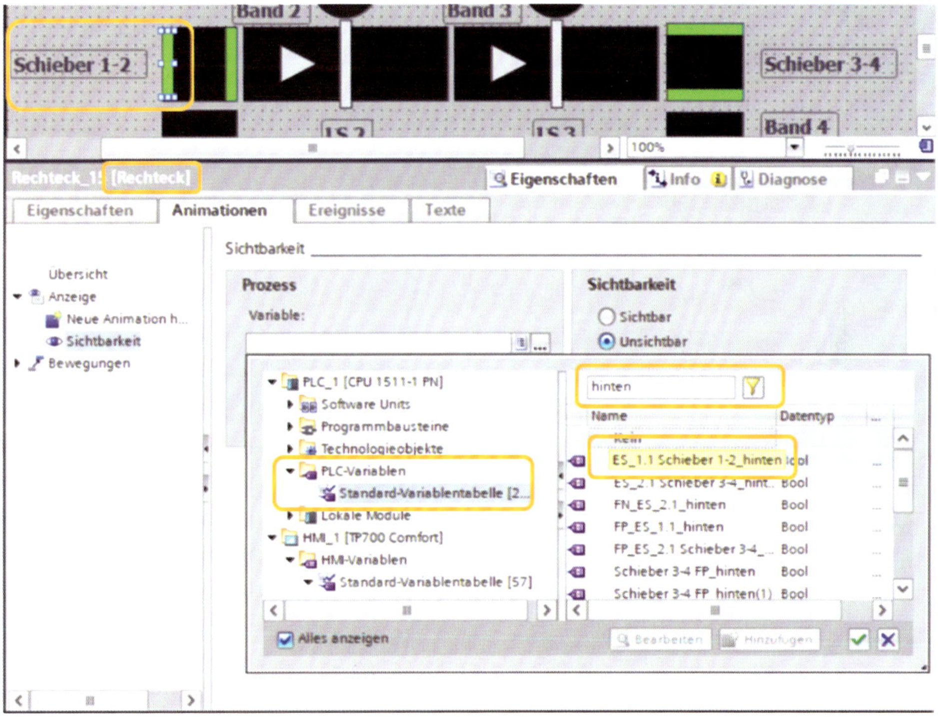

Bild 7.76 Visualisierung Variable aus SPS anbinden

8 Beispielprojekt: Vorstellung und Ablauf

Eine gängige Anwendung in der Automatisierungstechnik ist die Steuerung von Transporteinrichtungen. In den Kapiteln 8 bis 15 wird ein Beispielprojekt vorgestellt, in dem ein Werkstück über mehrere Förderbänder zu zwei Bearbeitungsstationen gebracht wird. Daran wird ein typischer Ablauf der Programmierung und Durchführung eines Projekts dargestellt.

Das gesamte Projekt lässt sich nach kostenloser Registrierung auf der Webseite www.sps-lehrgang.net herunterladen.

Notwendige Betriebsarten

Neben dem automatischen Betrieb der Anlage ist immer auch ein Handbetriebsmodus vorzusehen – der wird zur Inbetriebnahme gebraucht, aber auch nach Störungen, um die Anlage in einen Grundzustand zu bringen. Ebenso ist die Möglichkeit besonderer Betriebszustände vorzusehen. Darunter versteht man sowohl Störungen der Anlage selbst als auch Ereignisse von außen – also Not-Aus oder Not-Halt-Einrichtungen, auch Motorschutzschalter. Neben den besonderen Betriebszuständen, den Störungen, sind die «normalen» Betriebszustände mit derselben Sorgfalt zu behandeln: Besetzt/Frei, Steht/Läuft nebst Laufrichtung und ggf. auch der Geschwindigkeit und auch die gerade aktive Betriebsart. Die Anwahl einer Betriebsart bedeutet nicht, dass diese in der Ansteuerung auch umgesetzt wird.

Zum Beispiel kann die Anwahl des Automatikbetriebes scheitern, wenn die Grundstellung der Anlage nicht vorliegt. Das ist letztlich Definitionssache und sollte dem Pflichtenheft entnommen werden können – sofern eines vorliegt.

Taktstraße mit zwei Bearbeitungsstationen

In der Beschreibung der Anlagenfunktion werden nicht alle Abhängigkeiten sprachlich erfasst, es bleibt also Raum zur Ausgestaltung der Programmierung mit besonderem Augenmerk auf einfache und damit servicefreundliche Abbildung der Abläufe. Die Komplexität bleibt erhalten, durch Aufteilung in kleinere Programmeinheiten wird sie als Ganzes überschaubar.

Die in Bild 8.1 dargestellte Taktstraße mit zwei Bearbeitungsstationen ist ein Modell von Fischertechnik. Sie besteht aus vier Förderbändern, zwei Schiebern und zwei Bearbeitungsstationen. Links befindet sich Band 1, das Einlaufband, hier werden die Werkstücke in die Anlage eingebracht und bis zum ersten Schieber befördert (Bild 8.2). Dieser öffnet und schiebt dann das Werkstück auf Band 2, das es transportiert bis es unter der Fräse angekommen ist und dort bearbeitet wird. Nach der Bearbeitung unter der Fräse geht es weiter über Band 3 nach rechts zum Bohren. Nachdem auch diese Bearbeitung beendet ist, wird das Werkstück in den zweiten Schieber gefahren. Dieser öffnet rechtzeitig, sodass das Werkstück nicht gegen den geschlossenen Schieber gefahren wird. Aus dem zweiten Schieber wird das Werkstück dann auf Band 4 verschoben und dort aus der Anlage entfernt (Bild 8.3).

Die Positionserkennung der Werkstücke erfolgt mit Lichtschranken, die ein Signal liefern, wenn kein Werkstück die Lichtschranke unterbricht.

Die Endlagen der Schieber werden über Endschalter ermittelt, die als Schließer verdrahtet sind.

Die Motoren der Bänder und der Bearbeitungsstationen haben nur eine Laufrichtung.

Die Motoren der Schieber haben zwei Laufrichtungen.

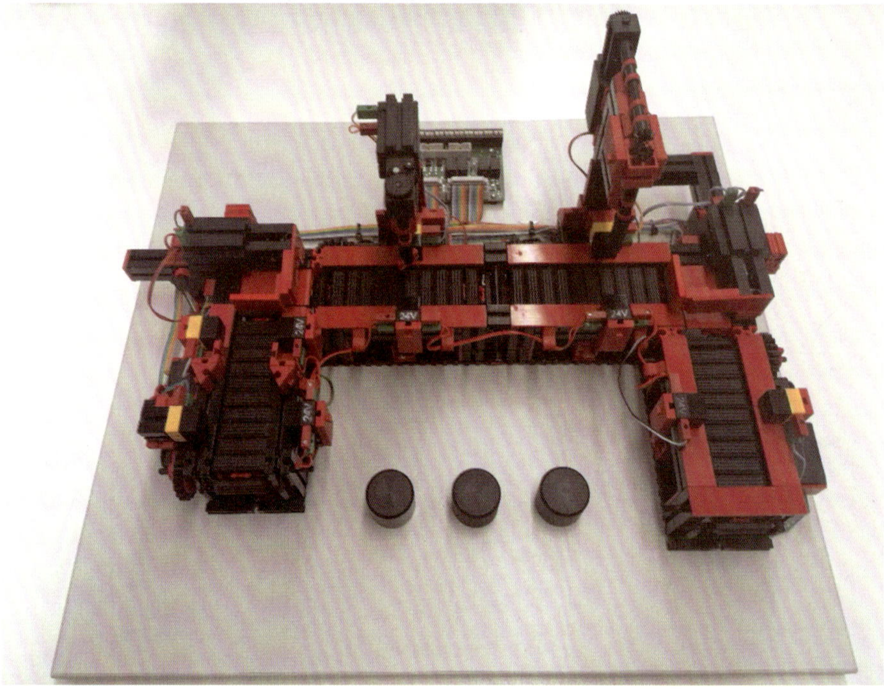

Bild 8.1 *Taktstraße Gesamtansicht*

Bild 8.2 *Taktstraße Detailansicht: Einlaufband – Band 1 mit zwei Lichtschranken – im Hintergrund Schieber 1-2 und Band 2*

Bild 8.3 Taktstraße Detailansicht: Schieber 3-4 und das Auslieferungsband Band 4

Die Anbindung an die SPS wird über ein kleines Interface realisiert (Bild 8.4).

Bild 8.4 Taktstraße Detailansicht: Ansteuerplatine Interface

Die SPS ist an die Anlage über ein Flachbandkabel angebunden (Bild 8.5).

Bild 8.5 *Taktstraße Detailansicht: Anbindung an SPS*

8.1 Funktionsbeschreibung

Für die Funktion der Anlage wird zwischen Hand- und Automatikbetrieb unterschieden, diese Betriebsmodi werden auch später getrennt programmiert.

8.1.1 Handbetrieb

Für die meisten Anlagen ist neben dem Automatikmodus auch ein Handbetriebsmodus vorzusehen. Hierbei werden keine Laufzeiten überwacht, aber anliegende Störungen müssen quittiert werden. Im Störungsfall lässt sich mittels Handbetrieb die Anlage auch in eine Grundstellung bringen. Die Endschalter der Schieber werden ausgewertet, damit keine mechanischen Defekte auftreten. Vor der Programmierung der automatisierten Abläufe sollte als erster Schritt der Handbetrieb realisiert werden. Wenn dieser getestet ist, hat man eine funktionierende Basis, die dann um den Automatikbetrieb erweitert wird.

8.1.2 Automatikbetrieb

Zur Einrichtung des Automatikbetriebs werden zunächst die nacheinander ablaufenden Schritte beim Betrieb der Anlage aufgezählt.

- Die Anlage ist im Ruhezustand, es liegt keine Störung vor, die Schieber sind ausgefahren und die Anlage ist leer. Mit dem Einschalten der Anlage und des Automatikbetriebes über das Panel ist die Anlage bereit, Werkstücke aufzunehmen.
- Nach dem Auflegen eines Werkstückes am Einlagerungsband – Band 1 – wird die Lichtschranke 1.1 unterbrochen. Die Unterbrechung der Lichtschranke 1.1 startet das Band 1, um das Werkstück bis vor den Schieber 1-2 zu befördern.
- Beim Unterbrechen der Lichtschranke vor dem Schieber 1-2 (der Lichtschranke 1.2) stoppt Band 1 und das Zurückfahren des Schiebers 1-2 wird gestartet.
- Nach dem Zurückziehen des Schiebers 1-2 wird das Band 1 gestartet und das Werkstück in den Schieber 1-2 befördert.
- Band 1 wird gestoppt, von welchem Ereignis ist in der Programmierung zu klären.
- Band 2 wird gestartet, auch hier ist ein Ereignis für den Start zu definieren.
- Der Schieber 1-2 befördert das Werkstück auf Band 2 und stoppt nach Erreichen des Endschalters.
- Beim Unterbrechen der Lichtschranke unter der Fräse (Lichtschranke 2) stoppt das Band 2 und der Fräsvorgang wird für eine definierbare Zeit – die Fräszeit – gestartet.
- Nach Beendigung des Fräsvorganges starten Band 2 und Band 3.
- Beim Unterbrechen der Lichtschranke unter der Bohrmaschine (Lichtschranke 3) stoppen die Bänder 2 und 3 und der Bohrvorgang wird für eine definierbare Zeit – die Bohrzeit – gestartet.
- Nach Beendigung des Bohrvorganges wird Schieber 3-4 zurückgezogen.
- Nach dem Zurückziehen des Schiebers 3-4 wird das Band 3 gestartet und das Werkstück in den Schieber 3-4 befördert.
- Band 3 wird gestoppt.
- Band 4 wird gestartet.
- Der Schieber 3-4 befördert das Werkstück auf Band 4.
- Beim Unterbrechen der Lichtschranke 4 stoppt das Band 4.
- Jetzt muss das Werkstück vom Band 4 abgenommen werden, damit ein weiteres Werkstück aufgelegt werden und der Bearbeitungszyklus von neuem beginnen kann.

Für die Antriebe sind Laufzeitüberwachungen vorzusehen, die Laufzeitüberwachung ist auch entsprechend auszuwerten, d. h. eine Laufzeitüberschreitung stoppt den Antrieb und generiert eine Fehlermeldung auf dem Panel. Auf dem Panel ist die Störung zu quittieren.

Die Fehlermeldungen sollen auch auf die im Ablauf vorhergehende Baugruppe rückwirken, sodass deren Ausführung nicht freigegeben wird.

8.2 Benötigte Baugruppen festlegen

Für die Steuerung wird eine SPS mit entsprechenden digitalen Ein- und Ausgangsbaugruppen benötigt.

Nach einer Bestandsaufnahme ergibt sich ein Bedarf von 5 Lichtschranken, 4 Endschaltern und 8 Motoren, wobei die Schiebermotoren in zwei Richtungen angesteuert werden.

Somit sind mindestens 9 digitale Eingänge und 10 digitale Ausgänge vorzusehen. Die Anforderungen an das Panel sind eher gering, für die Aufgabenstellung genügt ein 7-Zoll-Panel TP700 Comfort. Für die CPU wählt man eine S7-1511 nebst Netzteil und entsprechenden EA-Baugruppen. Bild 8.6 zeigt eine komplette Konfiguration dieser Hardware.

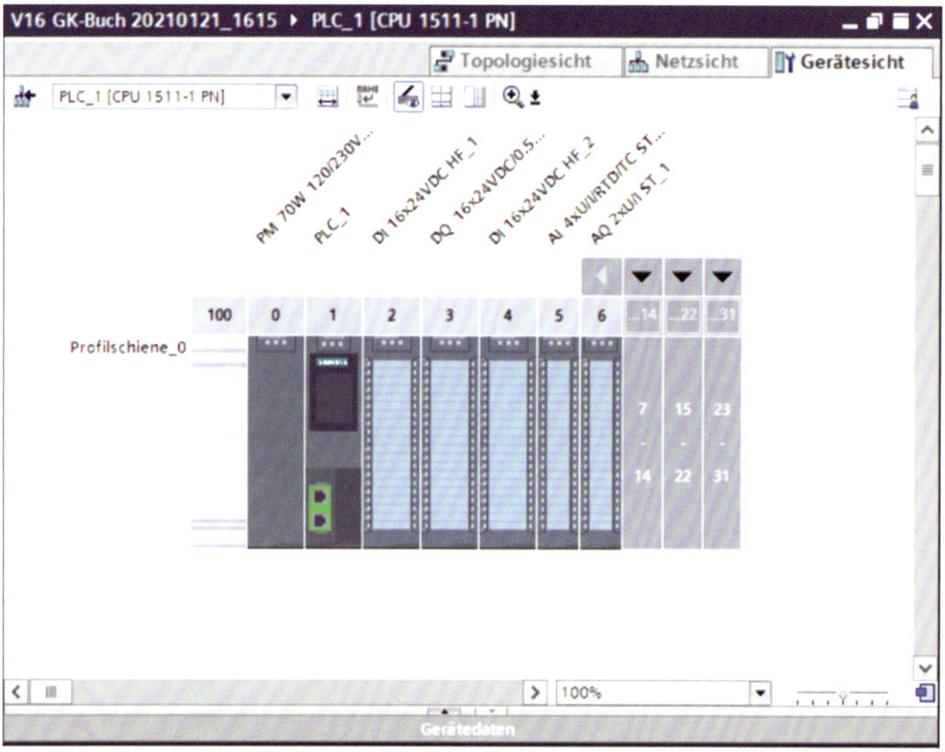

Bild 8.6 Gerätekonfiguration SPS-Hardware, komplett

8.3 Festlegung der Ein- und Ausgänge

Eine mögliche Besetzung der Ein- und Ausgänge zeigt Tabelle 8.1.

Tabelle 8.1 *Ein- und Ausgänge*

Variablenname	Adresse
LS_1.1 Werkstück_am_Einlauf	%E0.0
LS_3 Bohrmaschine	%E0.1
LS_4 Auslagerband	%E0.2
ES_1.1 Einlaufschieber_hinten	%E0.4
ES_2.1 Ausfuhrschieber_hinten	%E0.5
ES_1.2 Einlaufschieber_vorne	%E0.6
ES_2.2 Ausfuhrschieber_vorne	%E0.7

Tabelle 8.1 Ein- und Ausgänge – Fortsetzung

Variablenname	Adresse
LS_1.2 Einlaufschieber	%E1.0
LS_2 Fraesmaschine	%E1.1
MS_1.2 Einlaufschieber_vor	%A0.0
MS_1.1 Einlaufschieber_zurück	%A0.1
MS_2.2 Ausfuhrschieber_vor	%A0.2
MS_2.1 Ausfuhrschieber_zurück	%A0.3
M_B_1 Einlaufband	%A0.4
M_B_2 Band_Fraesmaschine	%A0.5
M_Fräs_2 Q_Fraeser	%A0.6
M_B_3 Band_Bohrmaschine	%A0.7
M_Bohr_3 Bohrmaschine	%A1.0
M_B_4 Band_Ausgang	%A1.1

Die Ein- und Ausgänge sind nicht lückenlos besetzt, sei es dem Defekt eines Kanals oder der Kreativität des Verdrahters geschuldet. Eine entsprechende Korrektur einer fehlerhaften Verdrahtung oder der Austausch der Hardware ist aufwändiger als die Anpassung im Programm.

8.4 Bausteinfestlegung für Ablaufprogramm

Der wesentliche Vorteil einer SPS liegt in der Wiederverwendbarkeit der Software, insbesondere der Bausteine zur Steuerung vergleichbarer Baugruppen.

Für die vier Bänder ist also nur ein einziger Baustein zu schreiben und dann mehrfach aufzurufen. Für die Bearbeitungsstationen Fräsen und Bohren bietet sich der zweimalige Aufruf eines anderen Bausteins an. Letztlich ist auch bei den Schiebern nur ein einziger Baustein zu schreiben und mit unterschiedlichen Ansteuerungen zweimal aufzurufen. Für den OB1 – das zyklische Programm – braucht man nur einen einzigen Aufruf, ebenso auch für die Ablauf-FC. Die benötigten Bausteine sind in Tabelle 8.2 zusammengestellt.

Tabelle 8.2 Bausteinfestlegung

Baustein	Bezeichnung
OB1	zyklisches Programm
FB1	Schieber
FB2	Band
FB3	Bearbeitung
FC1	Ablauf

Für Schieber, Band und Bearbeitung sind ggf. Störungen zu speichern und Laufzeiten zu überwachen, daher empfiehlt sich hier die Verwendung von Funktionsbausteinen mit Speichermöglichkeit (Tabelle 8.3 und Tabelle 8.4). Der Baustein zur Steuerung des Ablaufs wird nur einmal aufgerufen, etwaige zu speichernde Variablen werden in Merkern abgelegt. Vorteilhaft ist hierbei, dass die Werte mit dem Ausschalten der SPS verloren gehen; in besonderen Fällen muss man sich um die dauerhafte Speicherung der Zustände bemühen.

Das Bimetall ist eine andere Bezeichnung für einen Motorschutzschalter, eine Störung, die wie der Not-Aus von außen am Baustein anliegt.

Weitere Bausteine, die Daten für die Visualisierung und den Test der Anlage bereitstellen, werden im Rahmen der Programmentwicklung hinzukommen.

Tabelle 8.3 *FB-Band*

Name	Schnittstellenkategorie	Beschreibung
Start	Input	1 – Aktiv
Stop	Input	0 – aktiv wegen Drahtbruchsicherheit
Bimetall	Input	0 – aktiv wegen Drahtbruchsicherheit
Not-Aus	Input	0 – aktiv wegen Drahtbruchsicherheit
Quit	Input	1 – Aktiv
Max_Laufzeit	Input	
Störung	Output	
Motor	Output	

Tabelle 8.4 *FB-Schieber*

Name	Schnittstellenkategorie	Beschreibung
Vor	Input	
Zurück	Input	
Bimetall	Input	0 – aktiv wegen Drahtbruchsicherheit
Not-Aus	Input	0 – aktiv wegen Drahtbruchsicherheit
Quit	Input	1 – Aktiv
Störung	Output	
Motor_Vorwärts	Output	
Motor_Rückwärts	Output	

FB-Bearbeitung

Das Werkstück wird zweimal bearbeitet (Fräsen und Bohren). Da die Steuerung dieser Bearbeitungen ähnlich der Bandansteuerung ist, könnte man hier ebenfalls zur Vereinfachung den Baustein FB-Band einsetzen. Da aber im Laufe der Programmentwicklung die Anforderungen von Bearbeitung und Bandansteuerung im Funktionsbaustein jedoch unterschiedlich behandelt werden könnten, wird ein eigener Baustein *Bearbeitung* geschaffen (Tabelle 8.5).

Tabelle 8.5 *FB-Bearbeitung*

Name	Schnittstellenkategorie	Beschreibung
Start	Input	1 – Aktiv
Stop	Input	0 – aktiv wegen Drahtbruchsicherheit

Tabelle 8.5 *FB-Bearbeitung – Fortsetzung*

Name	Schnittstellenkategorie	Beschreibung
Bimetall	Input	0 – aktiv wegen Drahtbruchsicherheit
Not-Aus	Input	0 – aktiv wegen Drahtbruchsicherheit
Quit	Input	1 – Aktiv
Max_Laufzeit	Input	
Störung	Output	
Motor	Output	

Beim Aufruf der Funktionsbausteine werden Datenbausteine vom System angelegt, diese Instanzdatenbausteine werden zu einem späteren Zeitpunkt noch näher erläutert.

8.5 Hardware anlegen

Für die Auswahl der Hardware sind verschiedene Kriterien zu berücksichtigen: Preis/Leistung, aktuelle Verfügbarkeit, Erweiterungsfähigkeit und letztlich auch die Version der verfügbaren Software, hier TIA Portal V16.

Die für diese Aufgabenstellung gewählte Hardware (Tabelle 8.6) ist natürlich überdimensioniert, eine Kompakt-CPU aus der S7-1200-Baureihe wäre vollkommen ausreichend gewesen. Auch hat die SPS hier mehr Hardware verbaut, die im Projekt eigentlich nicht benötigt wird.

Für die Konfektionierung der Hardware sind die Siemens-Bestellnummern erforderlich.

Tabelle 8.6 *Hardware mit Bestellnummern. FW bezeichnet die Firmwareversion der Baugruppe.*

Bezeichnung	Bestellnummern	FW
Netzteil PM 70W 120/230VAC	6EP1 332 – 4BA00	
CPU 1511-1 PN	6ES7 511 – 1AK02 – 0AB0	V2.8
Digitale Eingänge DI 16x24VDC HF	6ES7 521 – 1BH00 – 0AB0	V2.0
Digitale Ausgänge DQ 16x24V DC/0,5A ST	6ES7 522 – 1BH00 – 0AB0	V2.0
Digitale Eingänge DI 16x24VDC HF	6ES7 521 – 1BH00 – 0AB0	V2.0
Analoge Eingänge AI 4 U/I/RTD/TC ST	6ES7 531 – 7QD00 – 0AB0	V1.0
Analoge Ausgänge AQ 2xU/I ST	6ES7 532 – 5NB00 – 0AB0	V1.0

Über die Projektnavigation wird **Neues Gerät hinzufügen** angewählt. Man sieht dann den Dialog in Bild 8.7 und wählt dort einen Controller entsprechend obiger Liste aus. Die vom TIA Portal vorgeschlagene Versionsnummer ist immer die aktuellste, die im TIA Portal verfügbar ist, ggf. ist je nach Hardware eine andere Firmwareversion zu wählen.

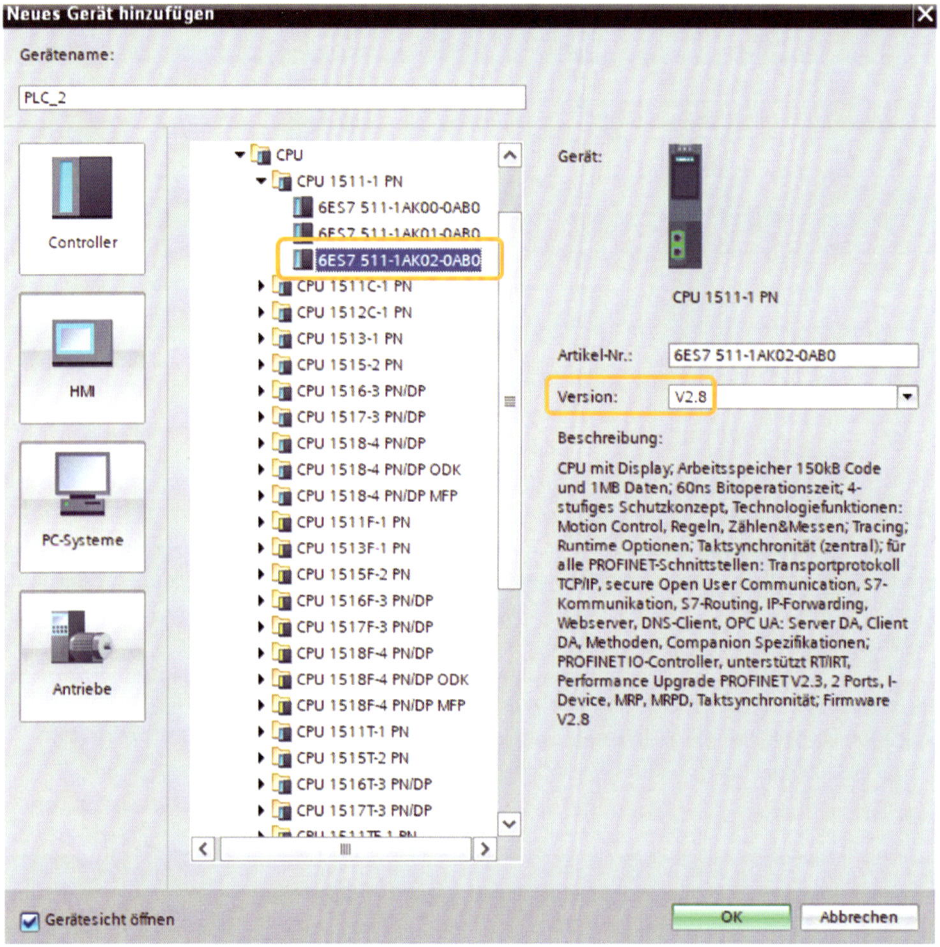

Bild 8.7 *Neues Gerät hinzufügen – Controller*

Mit der Auswahl der CPU wird im Editorfenster die Gerätekonfiguration geöffnet bis die Konfektionierung und Einstellung der Hardware abgeschlossen ist.

Die SPS benötigt auch noch eine Stromversorgung. Das Netzteil wird im Katalog ausgewählt und an die im Editorfenster/Gerätesicht blau markierte Position links neben die CPU eingesetzt (Bild 8.8).

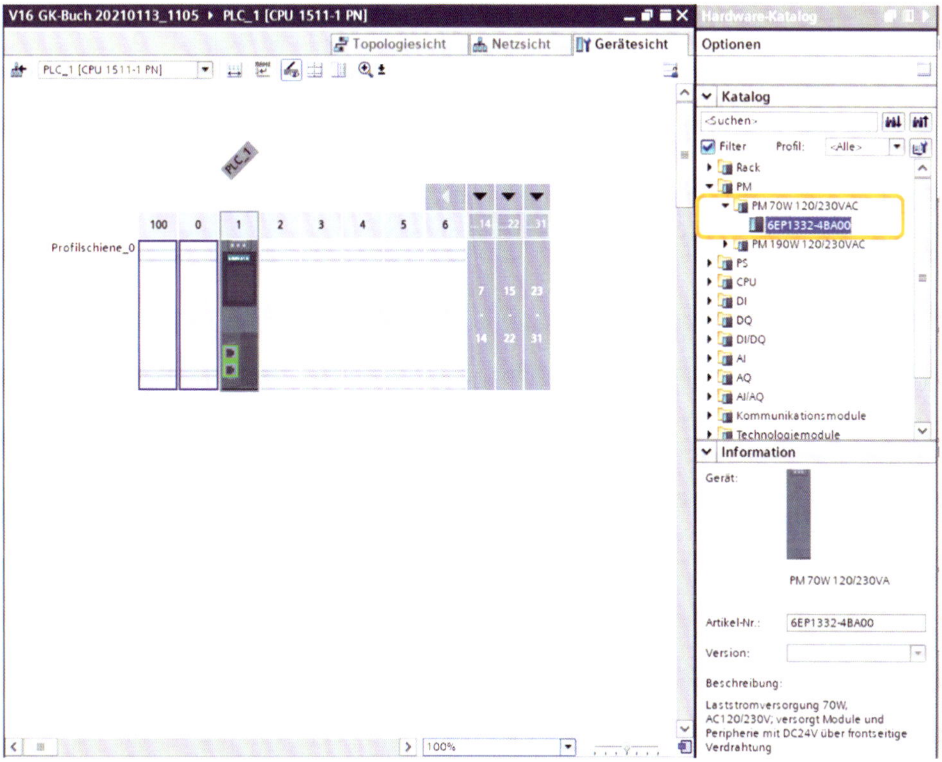

Bild 8.8 *Netzteil – Powermodul hinzufügen*

Weiterhin werden digitale Ein- und Ausgänge benötigt, deren Auffinden durch die Suchfunktion im Hardware-Katalog erleichtert wird: Bestellnummer eingeben und auf- oder abwärts suchen lassen. Statt der vorgeschlagenen Versionsnummer sollte Version 2.0 entsprechend obiger Hardwareliste im Information-Menü gewählt werden.

Da das digitale Eingangsmodul an Position 4 und 2 benötigt wird, setzt man es zweimal per Drag and Drop ein. Ein Doppelklick zu **Einsetzen** ist auch möglich, die Position ist dann entsprechend zu korrigieren (Bild 8.9).

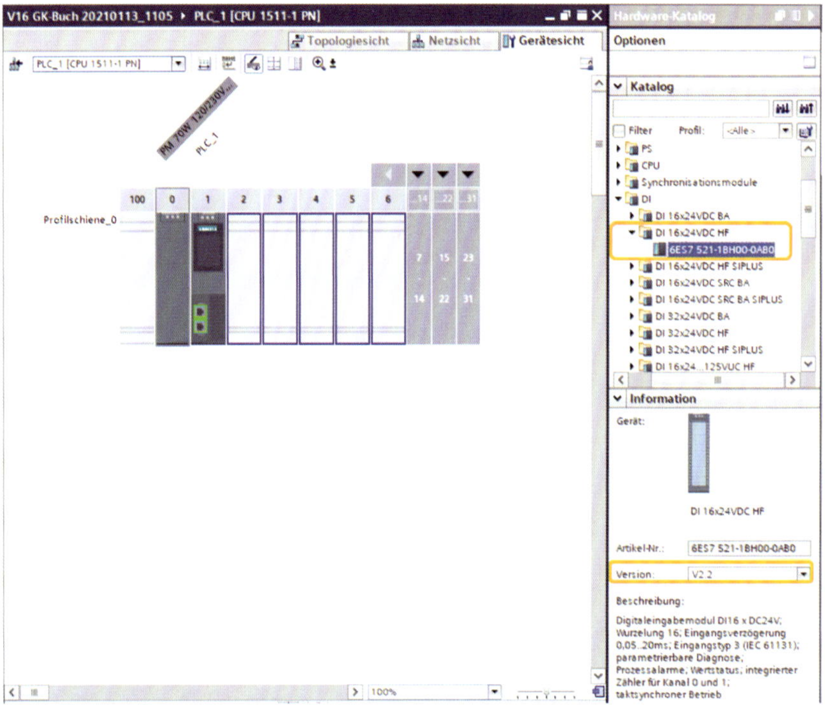

Bild 8.9 Digitales Eingangsmodul hinzufügen

Bild 8.10 zeigt eine Gerätekonfiguration mit zwei digitalen Eingangsmodulen.

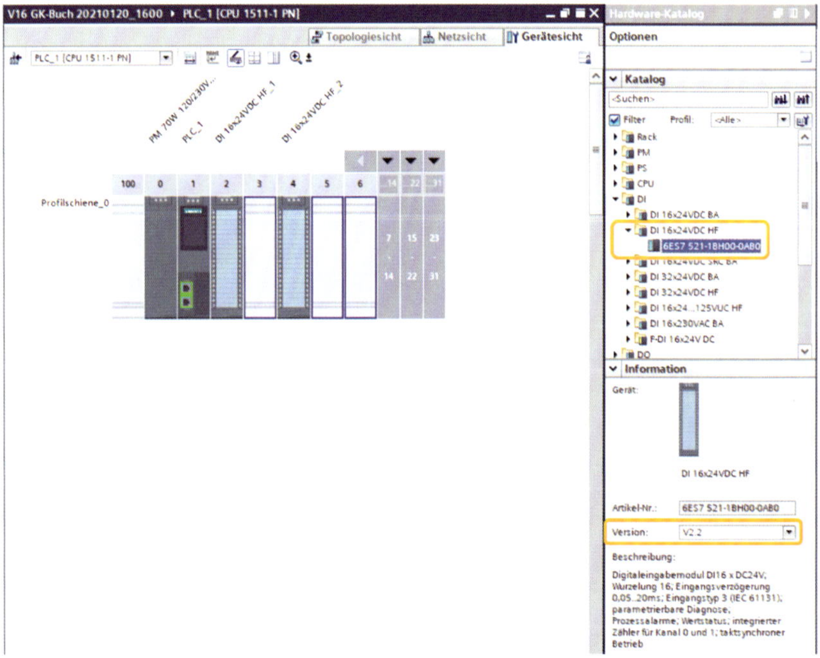

Bild 8.10 Gerätekonfiguration – Digitale Eingänge hinzugefügt

Auf Steckplatz 3 kommt noch ein digitales Ausgangsmodul hinzu (Bild 8.11).

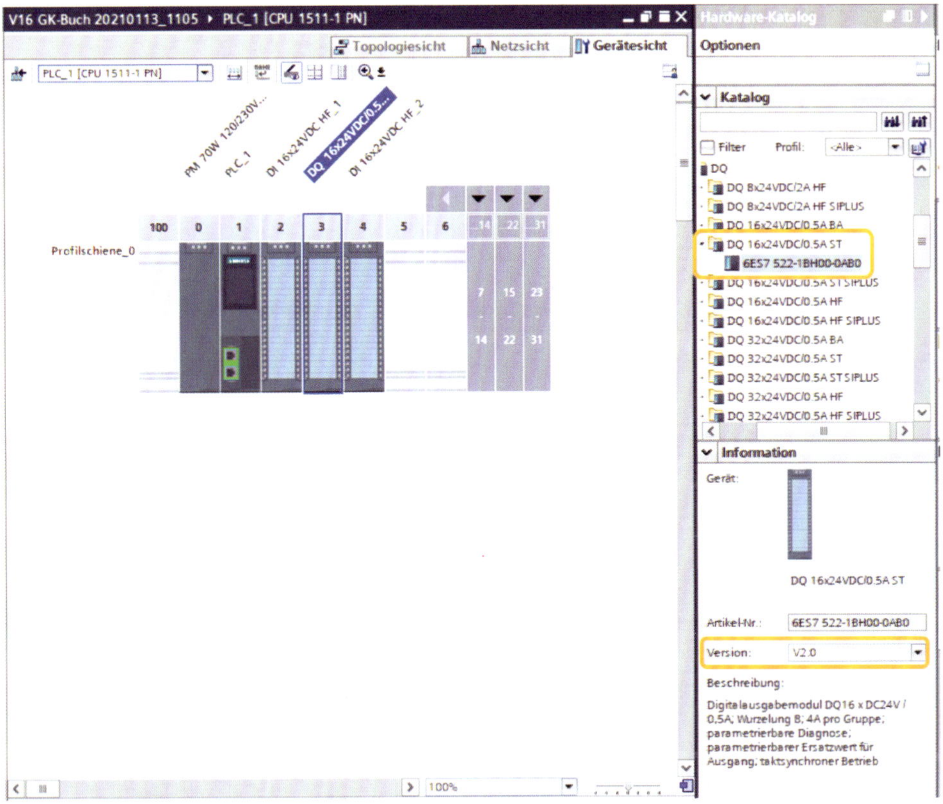

Bild 8.11 *Digitales Ausgangsmodul hinzufügen*

Die hier verwendete SPS hat noch analoge Ein- und Ausgänge montiert, diese finden zwar im Projekt keine Anwendung, werden aber der Vollständigkeit halber mit montiert (Bild 8.12). Die Firmwareversion im Information-Menü ist grau hinterlegt, hier existiert also keine weitere Variante.

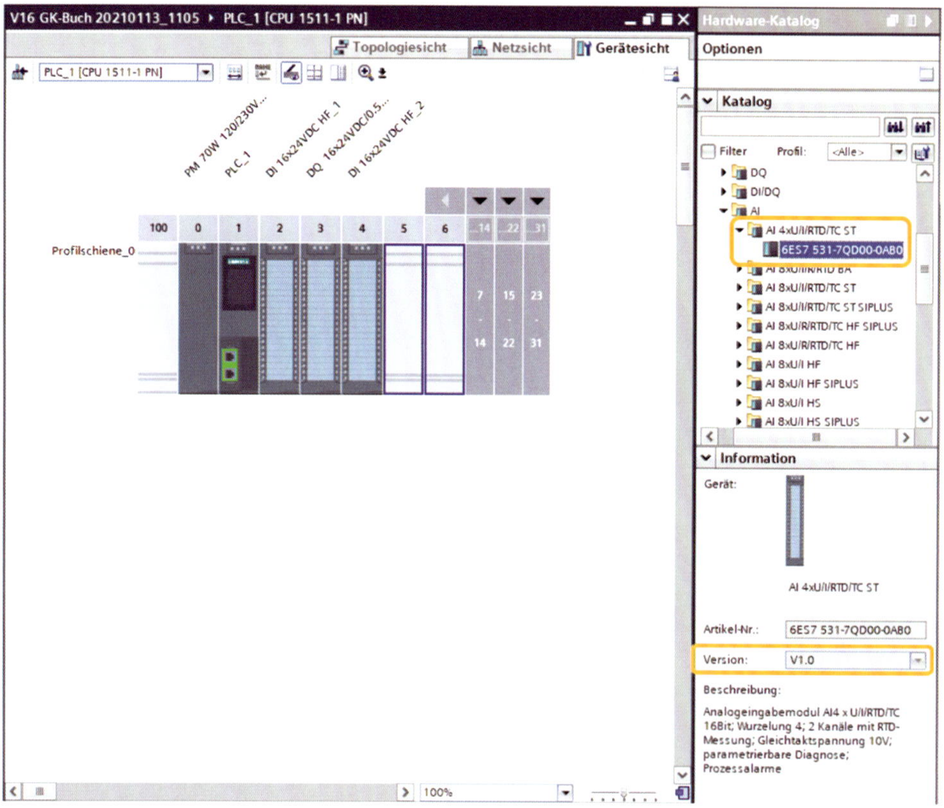

Bild 8.12 *Analoges Eingangsmodul hinzufügen*

Das Analogausgabemodul wird anhand obiger Bestellnummer auf Steckplatz sechs eingefügt (Bild 8.13).

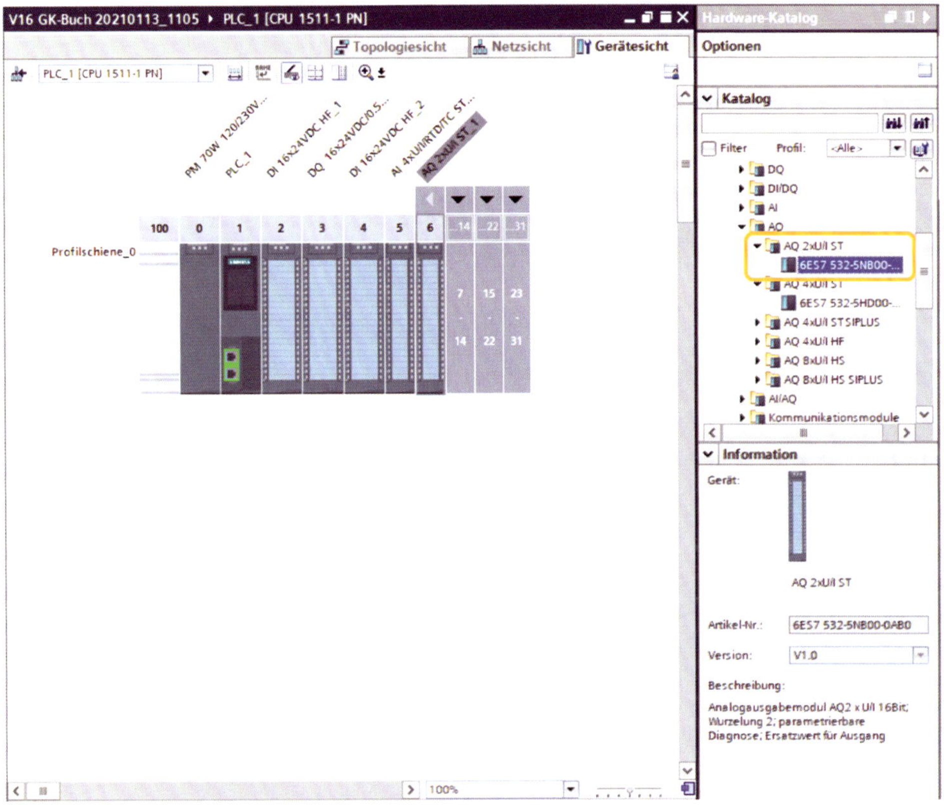

Bild 8.13 *Analoges Ausgangsmodul hinzugefügt*

Damit ist die Hardware angelegt, die abschließend noch konfektioniert werden muss (Bild 8.14). Falls bei einem Modul die Firmware irrtümlich falsch gewählt wurde, besteht hier noch einmal die Möglichkeit zur Änderung.

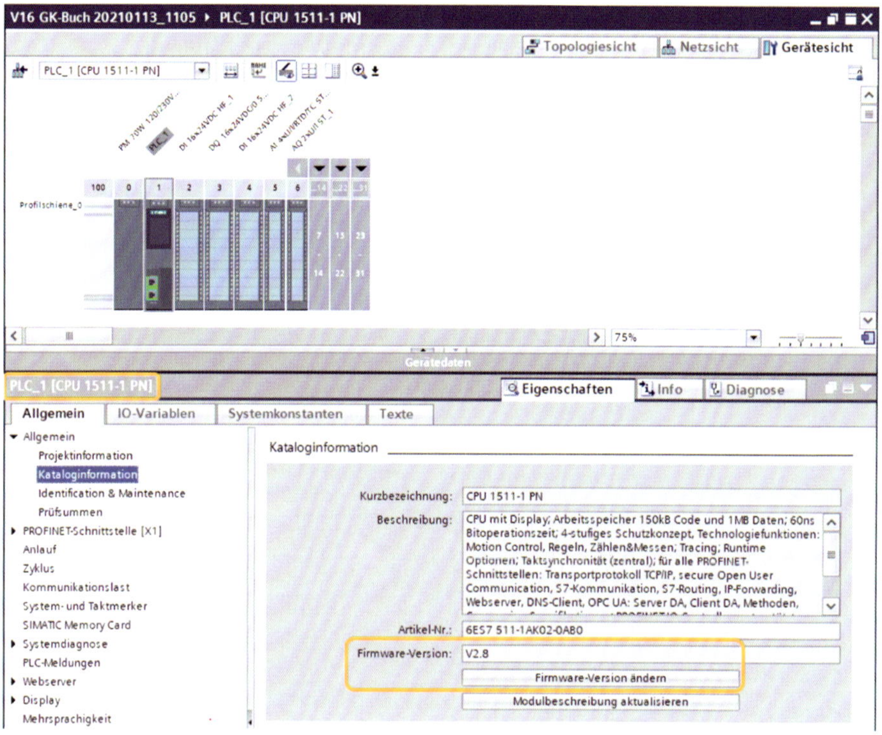

Bild 8.14 Parametrierung CPU – Firmware

Etwas unterhalb der Kataloginformation finden sich die Einstellungen der Profinet-Schnittstelle, hier gilt es das Subnetz anzulegen und die Ethernet-Adresse zu bestimmen (Bild 8.15). Ein Router wird nicht verwendet.

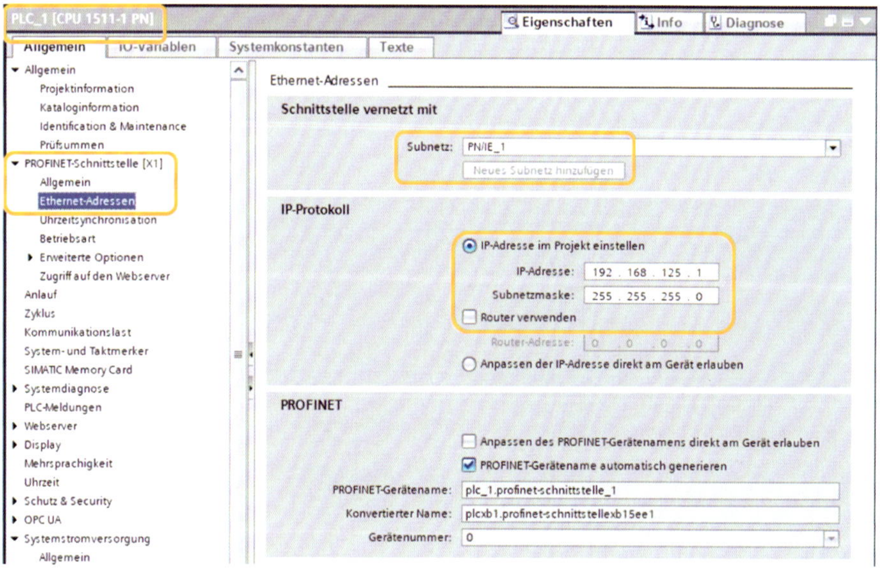

Bild 8.15 Parametrierung CPU – Ethernet-Adresse

Die Einstellungen der CPU werden mit der Aktivierung des Systemmerkerbytes auf der Merkeradresse 1 abgeschlossen (Bild 8.16). Damit stehen dann für die Programmierung die Variablen **AlwaysTRUE** und **AlwaysFALSE** sowohl mit symbolischer als auch absoluter Adresse zur Verfügung. Der Taktmerker findet erst einmal keine Anwendung und wird nicht aktiviert.

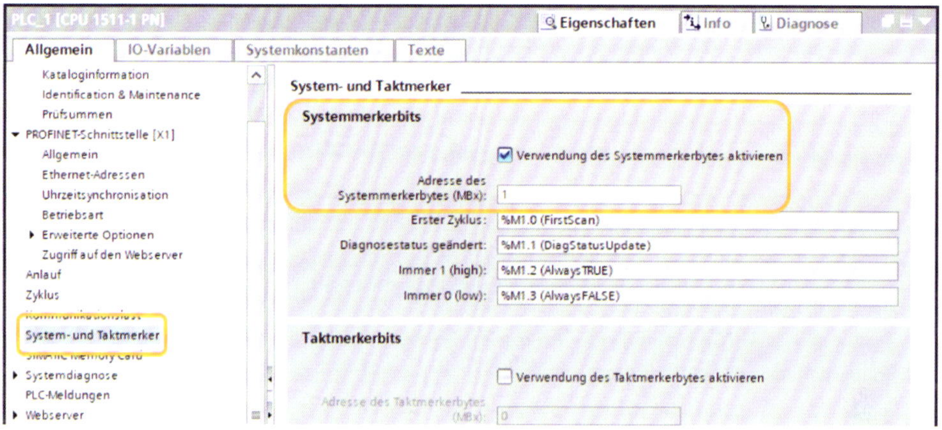

Bild 8.16 *Parametrierung CPU – Systemmerker*

Neben der CPU sind auch die digitalen Ein- und Ausgabemodule zu parametrieren. Bei den digitalen Eingängen ist auf die Auswahl der Firmware 2.0 zu achten und dies ggf. anzupassen (Bild 8.17).

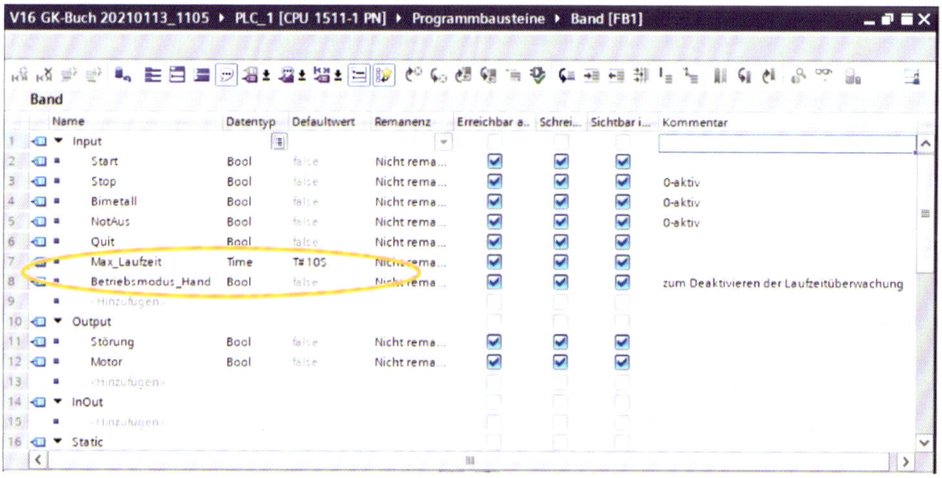

Bild 8.17 *Parametrierung digitale Eingänge – Firmware*

Die digitalen Eingänge des ersten Moduls – auf dem Steckplatz 2 – werden auf die Adressen 2 und 3 gelegt, die des zweiten Moduls auf die Adressen 0 und 1 (Bild 8.18). Da die Adressen vom TIA Portal fortlaufend vergeben werden, ist der Tausch nur über eine freie Ausweichadresse möglich. Eine Belegung mit bereits verwendeten Adressen wird vom TIA Portal erkannt und als Fehler rot unterlegt. Anhand der Modulbezeichnung in der Kopfzeile kann unterschieden werden, ob man gerade das erste (...HF_1) oder zweite (...HF_2) Modul ausgewählt hat. Die Nummerierung hängt dabei von der zeitlichen Reihenfolge des Einsetzens und nicht von der Steckplatznummer ab.

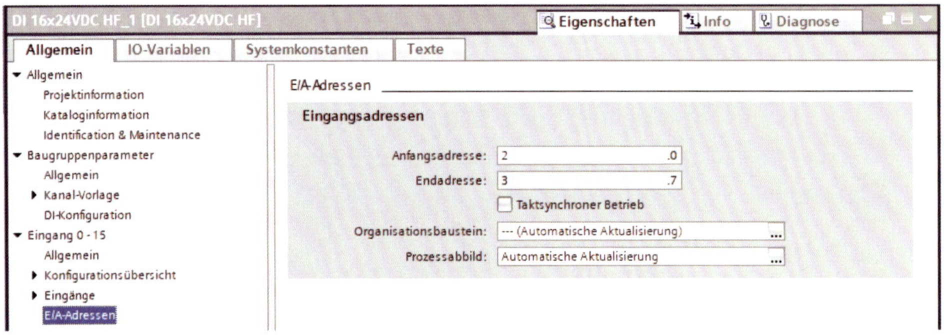

Bild 8.18 *Parametrierung digitale Eingänge – Adressen*

Die Adressen der digitalen Ausgänge bleiben so, wie sie vom TIA Portal vergeben wurden (Bild 8.19).

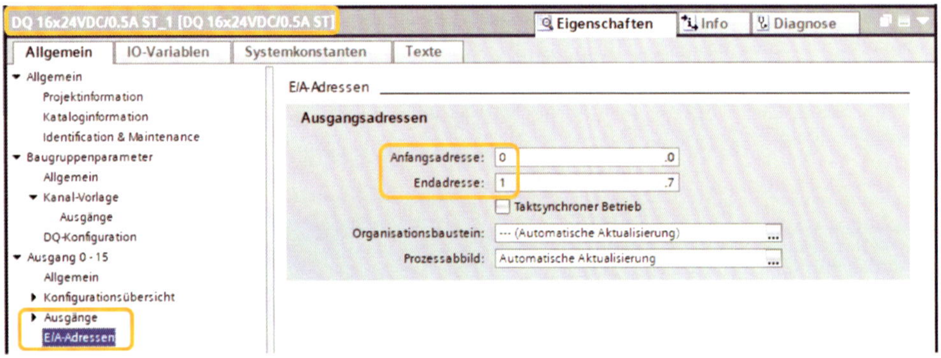

Bild 8.19 *Parametrierung digitale Ausgänge – Adressen*

Die Module der analogen Eingänge werden so weit wie möglich deaktiviert, hier unter Kanal-Vorlage (Bild 8.20).

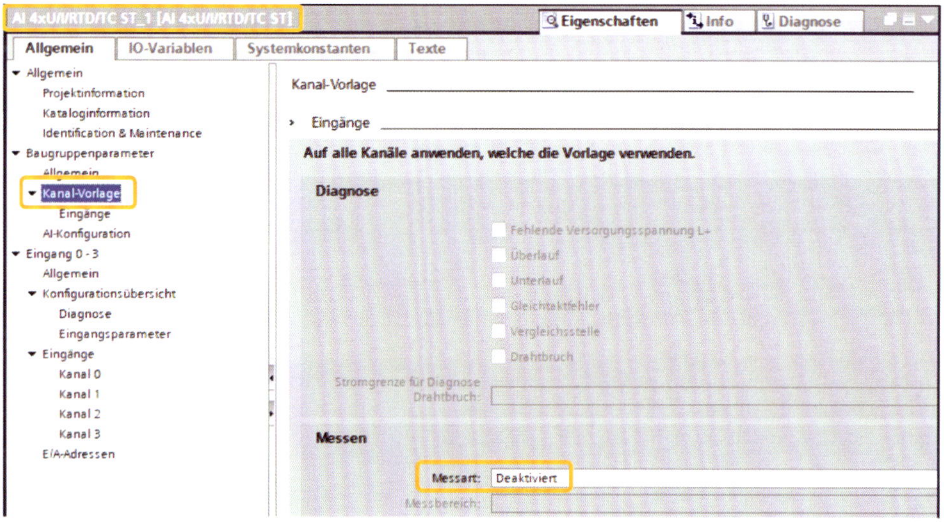

Bild 8.20 Parametrierung analoge Eingänge – Kanal-Vorlage Messen

Entsprechend ist in den einzelnen Kanälen 0..3 für die Parametereinstellungen auch **Aus Vorlage** auszuwählen (Bild 8.21).

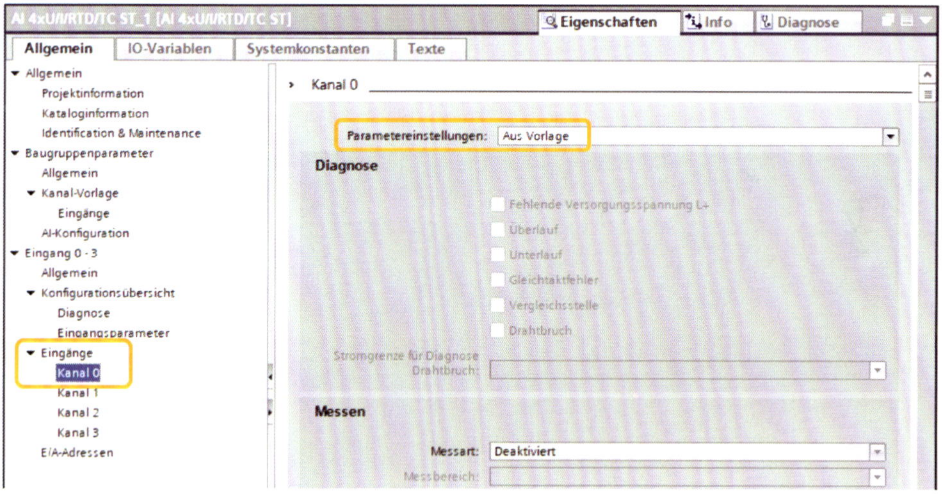

Bild 8.21 Parametrierung analoge Eingänge – Eingänge Parametereinstellungen

Für die analogen Ausgänge sind vergleichbare Einstellungen wie bei den analogen Eingängen vorzunehmen – in der Vorlage und später auch in den zwei Kanälen (Bild 8.22).

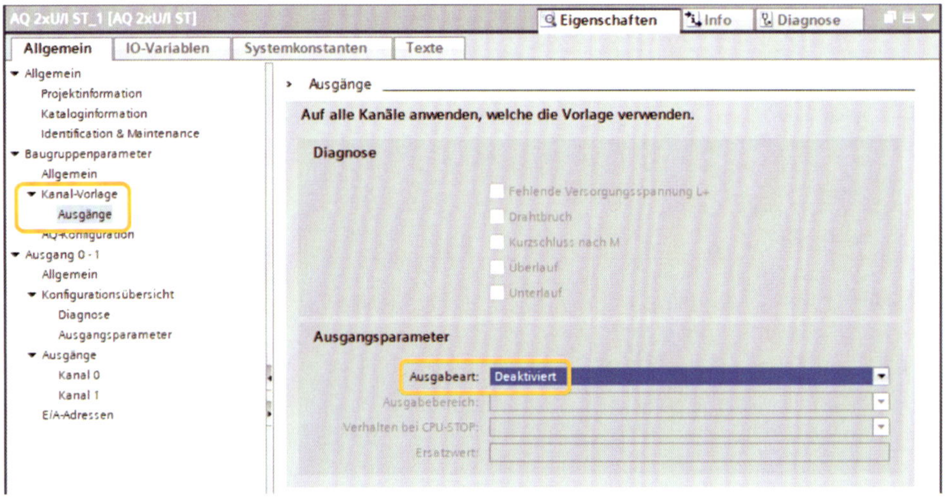

Bild 8.22 *Parametrierung analoge Ausgänge – Kanal-Vorlage Ausgabeart*

Über die vergebenen Adressen kann man sich schnell einen Überblick verschaffen. Zwischen dem Editorfenster und dem Inspektorfenster mit den Eigenschaften ist ein Zugang zu der Geräteübersicht (Bild 8.23).

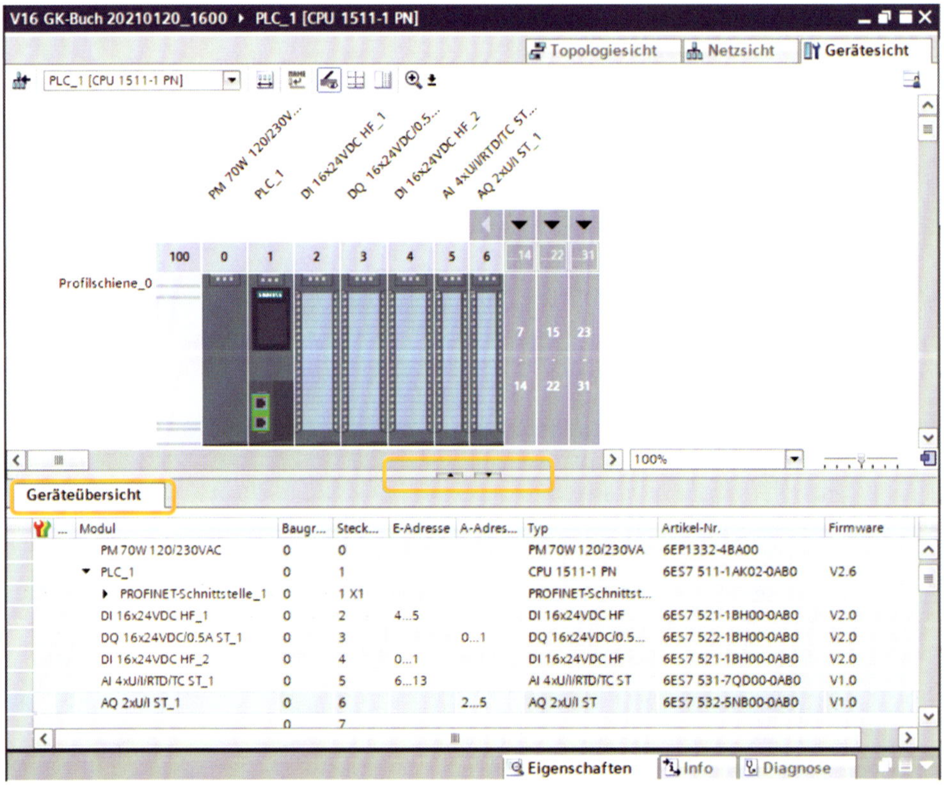

Bild 8.23 *Geräteübersicht*

Spätestens nach Abschluss der Parametrierung sollte man das Projekt einmal speichern. Nichts ist ärgerlicher als ein Datenverlust bei einem Programmabsturz.

8.6 Festlegung der Variablen

Neben den Ein- und Ausgängen werden weitere Variablen benötigt, die sich meist im Rahmen der Programmierung ergeben. Dennoch sind Vorüberlegungen zur Benennung und Positionierung im Merkerbereich sinnvoll. Entgegen einer Empfehlung von Siemens wurden in diesem Projekt Merker und keine Datenbausteinen verwendet. Datenbausteine werden dennoch eingesetzt als Instanz-Datenbausteine. Die ausgiebige Verwendung von selbst erstellten Datenbausteinen mit anwenderdefinierten Datentypen hätte das Projekt deutlich komplexer werden lassen. Zusammengestellt sind sie in Tabelle 8.7.

Ob die Variablen nur im TIA Portal angelegt werden oder außerhalb in einer Tabellenkalkulation oder einer Engineering-Software und dann importiert werden, hängt vom Umfang des Projektes ab, außerdem auch von der verfügbaren Softwareausstattung.

Zur Namensvergabe ist anzumerken, dass die Ziffern in Bezug auf das Band zu verstehen sind. Bei Band 1 ist das eindeutig, bei Fräse 2 ist der Bezug zu Band 2 gegeben, beim Schieber 3-4 wird von Band 3 auf Band 4 verschoben. HMI verweist auf die Quelle dies Signals; die Handsteuersignale werden ausschließlich am Panel aktiviert.

Tabelle 8.7 *Variablen*

Variable	Adresse	Bemerkung
BM_Automatik	M50.0	Betriebsmodus
BM_Hand	M50.1	Betriebsmodus
Anlage_Ein_HMI	M50.2	
Band 1 Ein	M60.0	
Band 1 Aus	M60.1	0 – aktiv wegen Drahtbruchsicherheit
Band 1 Bimetall	M60.2	0 – aktiv wegen Drahtbruchsicherheit
Band 1 Störung	M60.3	
Band 1 Ein Hand HMI	M60.4	
Band 1 Ein Automatik	M60.5	
Band 1 Aus Hand HMI	M60.6	
Band 1 Aus Automatik	M60.7	
Band 2 Ein	M62.0	
Band 2 Aus	M62.1	0 – aktiv wegen Drahtbruchsicherheit
Band 2 Bimetall	M62.2	0 – aktiv wegen Drahtbruchsicherheit
Band 2 Störung	M62.3	
Band 2 Ein Hand HMI	M62.4	
Band 2 Ein Automatik	M62.5	
Band 2 Aus Hand HMI	M62.6	
Band 2 Aus Automatik	M62.7	

Tabelle 8.7 *Variablen – Fortsetzung*

Variable	Adresse	Bemerkung
Band 3 Ein	M64.0	
Band 3 Aus	M64.1	0 – aktiv wegen Drahtbruchsicherheit
Band 3 Bimetall	M64.2	0 – aktiv wegen Drahtbruchsicherheit
Band 3 Störung	M64.3	
Band 3 Ein Hand HMI	M64.4	
Band 3 Ein Automatik	M64.5	
Band 3 Aus Hand HMI	M64.6	
Band 3 Aus Automatik	M64.7	
Band 4 Ein	M66.0	
Band 4 Aus	M66.1	0 – aktiv wegen Drahtbruchsicherheit
Band 4 Bimetall	M66.2	0 – aktiv wegen Drahtbruchsicherheit
Band 4 Störung	M66.3	
Band 4 Ein Hand HMI	M66.4	
Band 4 Ein Automatik	M66.5	
Band 4 Aus Hand HMI	M66.6	
Band 4 Aus Automatik	M66.7	
Schieber 1-2 Vor	M68.0	Signal muss dauerhaft anstehen
Schieber 1-2 Zurück	M68.1	Signal muss dauerhaft anstehen
Schieber 1-2 Bimetall	M68.2	0 – aktiv wegen Drahtbruchsicherheit
Schieber 1-2 Störung	M68.3	
Schieber 1-2 Vor Hand HMI	M68.4	
Schieber 1-2 Vor Automatik	M68.5	
Schieber 1-2 Zurück Hand HMI	M68.6	
Schieber 1-2 Zurück Automatik	M68.7	
Schieber 3-4 Vor	M70.0	Signal muss dauerhaft anstehen
Schieber 3-4 Zurück	M70.1	Signal muss dauerhaft anstehen
Schieber 3-4 Bimetall	M70.2	0 – aktiv wegen Drahtbruchsicherheit
Schieber 3-4 Störung	M70.3	
Schieber 3-4 Vor Hand HMI	M70.4	
Schieber 3-4 Vor Automatik	M70.5	
Schieber 3-4 Zurück Hand HMI	M70.6	
Schieber 3-4 Zurück Automatik	M70.7	
Fräse 2 Ein	M72.0	
Fräse 2 Aus	M72.1	0 – aktiv wegen Drahtbruchsicherheit

Tabelle 8.7 *Variablen – Fortsetzung*

Variable	Adresse	Bemerkung
Fräse 2 Bimetall	M72.2	0 – aktiv wegen Drahtbruchsicherheit
Fräse 2 Störung	M72.3	
Fräse 2 Ein Hand HMI	M72.4	
Fräse 2 Ein Automatik	M72.5	
Fräse 2 Aus Hand HMI	M72.6	
Fräse 2 Aus Automatik	M72.7	
Bohrer 3 Ein	M74.0	
Bohrer 3 Aus	M74.1	0 – aktiv wegen Drahtbruchsicherheit
Bohrer 3 Bimetall	M74.2	0 – aktiv wegen Drahtbruchsicherheit
Bohrer 3 Störung	M74.3	
Bohrer 3 Ein Hand HMI	M74.4	
Bohrer 3 Ein Automatik	M74.5	
Bohrer 3 Aus Hand HMI	M74.6	
Bohrer 3 Aus Automatik	M74.7	
Quit_HMI	M80.0	Kommt vom Panel
Sammel-Not-Aus	M80.1	0 – aktiv wegen Drahtbruchsicherheit

Im weiteren Verlauf der Programmierung kommen noch rund 100 weitere Variablen hinzu.

9 Beispielprojekt: Ansteuerung der Aktoren programmieren

In diesem Kapitel wird die Software-Programmierung des Beispielprojekts aus Kapitel 8 näher besprochen.

In der Programmierung lassen sich zwei grundlegende Vorgehensweisen unterscheiden: Bottom-Up und Top-Down.

Bottom-Up – auf Deutsch: von unten nach oben – bedeutet: Hier werden die kleinsten Details zuerst programmiert und dann zu einem großen Ganzen zusammengefügt.

Weiter verbreitet ist die Top-Down-Methode, bei der zuerst die Anforderungen an das Programm in groben Strukturen abgebildet werden und diese dann nach und nach verfeinert werden. Dabei werden sowohl die Anforderungen als auch die Programmierung verfeinert. Dies entspricht in etwa auch der Schachtelung der Programmbausteine, angefangen vom OB1 über den FC1, in denen dann die Aufrufe der FB für die Ansteuerung von Bändern, Schiebern und Bearbeitungsstationen stattfinden.

9.1 Funktion für den Ablauf anlegen

Nach der Festlegung der voraussichtlich benötigten Variablen im TIA Portal wird in der Projektnavigation ein FC-Ablauf angelegt und darin die Netzwerke für die Steuerung der Bänder, Schieber und Bearbeitungsmaschinen (Bild 9.1).

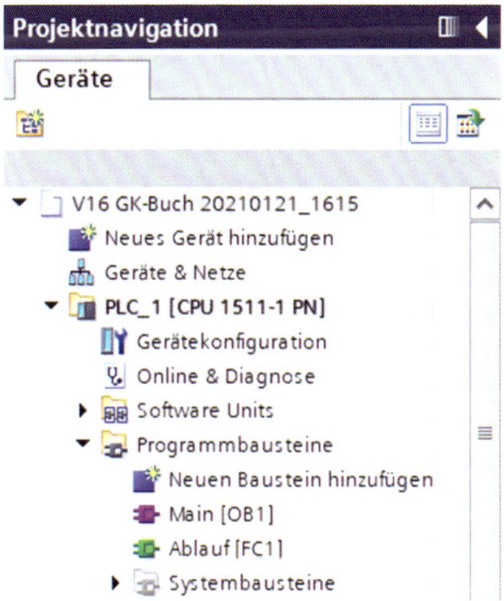

Bild 9.1 *OB1 FC1*

Teilweise ähneln die Anweisungen einander, so kann man leicht der Verlockung erliegen, durch Kopieren und Umbenennen der einen oder anderen Variablen die Programmierung passend zu machen. Dabei schleichen sich gerne Fehler ein, die beim Test und der Inbetriebnahme zu finden und zu beseitigen sind. Für den Anfang empfiehlt es sich, auf Papier die Verknüpfungen zu skizzieren (Bild 9.2) und erst danach den Programmcode ins Netzwerk zu übertragen.

- **Bausteintitel:** Funktion Ablauf
- **Netzwerk 1:** Verriegelung der Betriebsmodi und Reset bei Anlage Ausschalten
- **Netzwerk 2:** Ausschalten BM_Hand Resetten der Handsteuersignale
- **Netzwerk 3:** Ausschalten BM_Automatik Resetten der Automatiksteuersignale
- **Netzwerk 4:** Band 1 Ein / Automatik
- **Netzwerk 5:** Band 1 Ein / Vorlauf
- **Netzwerk 6:** Bandlaufzeit begrenzen für Einlauf in Schieber
- **Netzwerk 7:** Band 1 Aus
- **Netzwerk 8:** B2_Start_Zufuhr / Automatik
- **Netzwerk 9:** Erkennung Ende des Fräsvorganges
- **Netzwerk 10:** B2_Start_Abfuhr
- **Netzwerk 11:** Band 2 Ein / Vorlauf
- **Netzwerk 12:** B2_Stop_Zufuhr
- **Netzwerk 13:** B2_Stop_Abfuhr
- **Netzwerk 14:** Band 2 Aus
- **Netzwerk 15:** B3_Start_Zufuhr
- **Netzwerk 16:** reguläre Beendigung des Bohrvorganges
- **Netzwerk 17:** B3_Start_Abfuhr
- **Netzwerk 18:** Band 3 Ein / Vorlauf
- **Netzwerk 19:** B3_Stop_Zufuhr
- **Netzwerk 20:** Band 3 Nachlaufzeit
- **Netzwerk 21:** B3_Stop_Abfuhr

Bild 9.2 *FC1-Ablauf Netzwerke, erster Entwurf zur Strukturierung*

Um den Ablauf vollständig zu programmieren, müssen die anzusteuernden Aktoren mit entsprechenden Funktionsbausteinen vorliegen. Eine Vorschau hat bereits die PLC-Variablentabelle geliefert.

9.2 Bausteine der Aktoren programmieren

Um den Ablauf vollständig programmieren zu können, müssen für die anzusteuernden Aktoren (Bänder, die Schieber und die Bearbeitungen) entsprechende Funktionsbausteine vorliegen. Einen Ausblick hat bereits die PLC-Variablentabelle geliefert.

9.2.1 Funktionsbaustein Band

Innerhalb der Projektnavigation (unter Programmbausteine) wird der Funktionsbaustein Band in der Sprache FUP generiert und hinzugefügt (Bild 9.3).

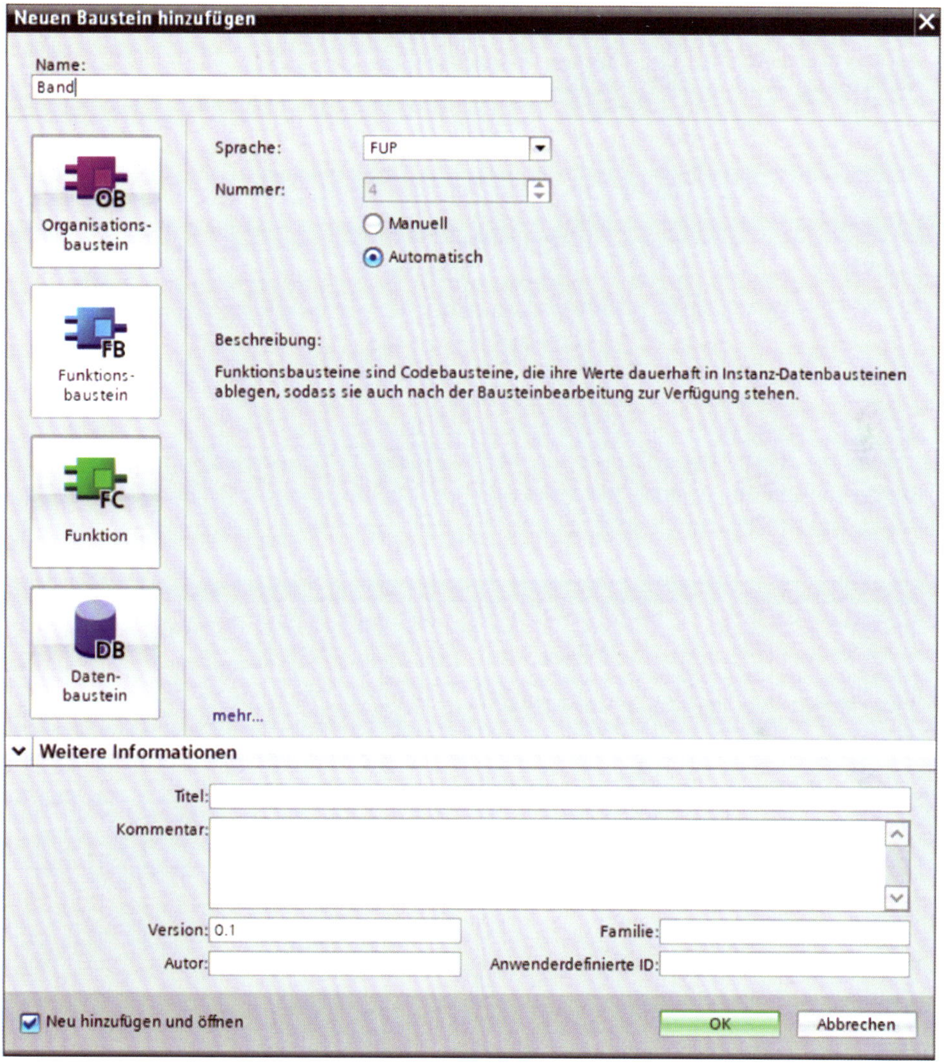

Bild 9.3 *Programmbausteine – Neuen Baustein hinzufügen*

Für die Projektnavigation ergibt sich nach Hinzufügen des Funktionsbausteins Band das in Bild 9.4 dargestellte Bild.

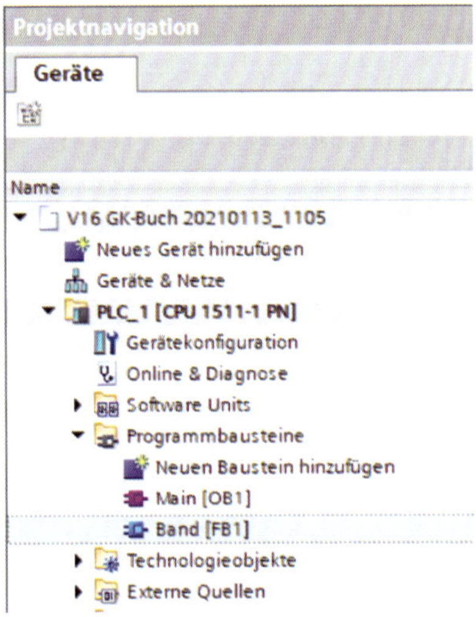

Bild 9.4 *Programmbausteine – Funktionsbaustein Band in der Projektnavigation*

Üblicherweise wird der neue Baustein zum Editieren automatisch geöffnet. Als nächstes werden die (lokalen) Variablen innerhalb des Bausteins festgelegt. Diese sind in der Bausteinschnittstelle definiert (Bild 9.5).

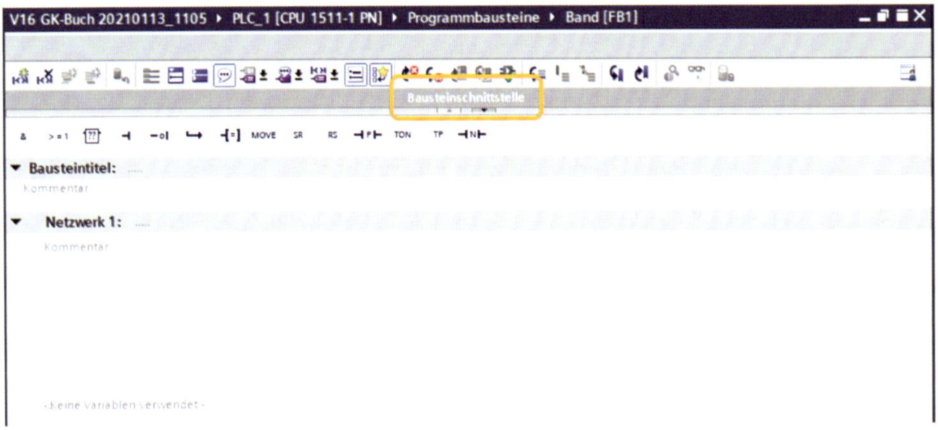

Bild 9.5 *Programmbausteine – Funktionsbaustein Band, Zugang zur Bausteinschnittstelle*

Die Bänder und Bearbeitungen haben nur je einen Ausgang, wenn man vom Ausgang für eine potenzielle Störung absieht. In Kapitel 8.4 finden sich die Beschreibungen mit den Ein- und Ausgangssignalen, Datentypen und der Signallage.

Für die Deaktivierung der Laufzeitüberwachung im Handbetrieb ist noch ein zusätzlicher Input mit **Betriebsmodus_Hand** zu belegen. Der Inputparameter **Max_Laufzeit** ist mit 10 s innerhalb der Schnittstelle vorzubesetzen.

Daraus ergibt sich für den Funktionsbaustein Band die in Bild 9.6 gezeigte Schnittstellenbelegung.

Weitere Variablen kommen noch während der Programmierung in den Schnittstellenbereichen Static und Temp hinzu – hier nicht dargestellt.

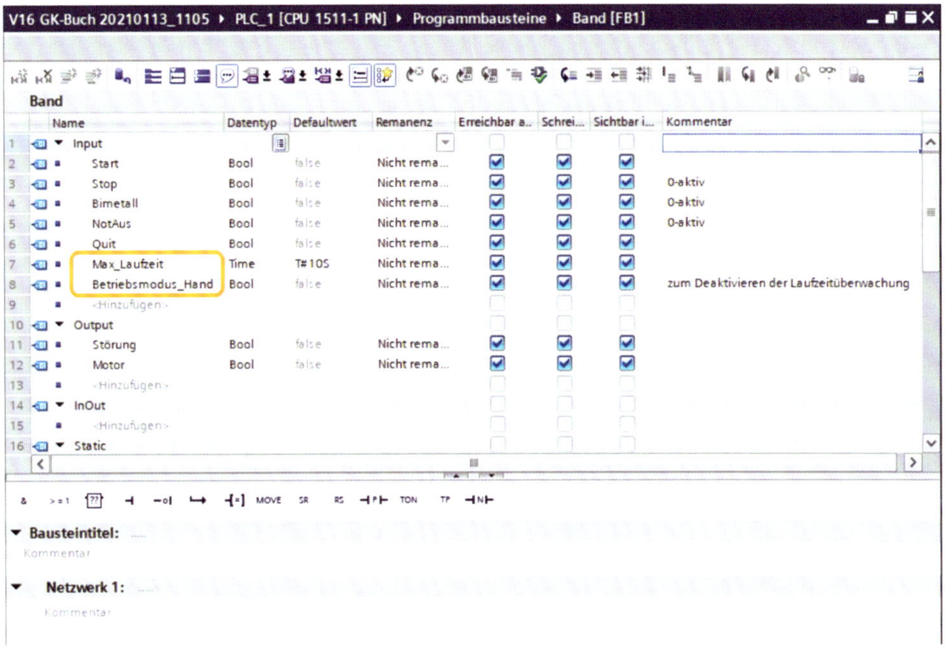

Bild 9.6 *Programmbausteine – Funktionsbaustein Band, Bausteinschnittstelle*

Nach der Belegung der Bausteinschnittstelle wird ein Entwurf der zu bildenden Netzwerke gemacht, mit Beschreibung der Inhalte der Netzwerke. Diese Struktur unterliegt während der Programmierung Änderungen, wenn es sich als vorteilhaft erweist, thematisch eigenständige Netzwerke abzuspalten. Die Bezeichnung des Netzwerkes sollte knapp ausfallen (Bild 9.7), im Kommentar darunter kann etwas ausführlicher formuliert werden.

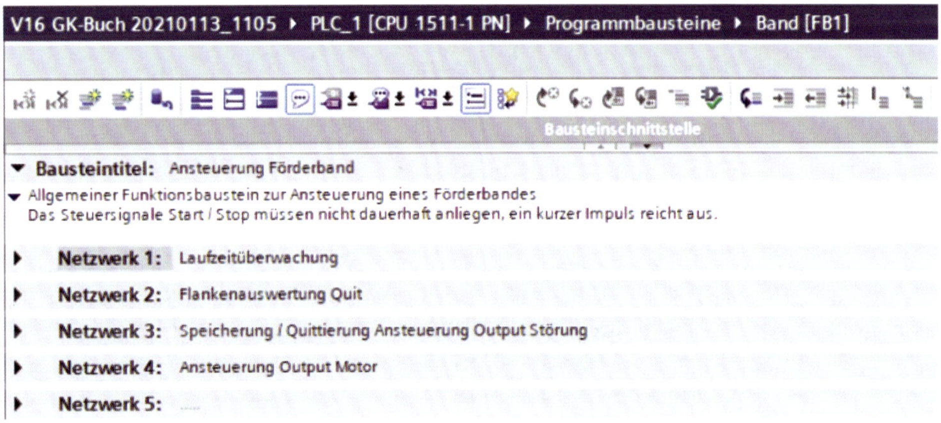

Bild 9.7 *Programmbausteine – Funktionsbaustein Band, Netzwerke mit Bezeichnungen*

Nach der groben Festlegung der Netzwerkstruktur müssen die Netzwerke mit Programmcode gefüllt werden, ggf. kommen noch weitere Netzwerke hinzu.

Beim Einsetzen des Timers TON wählen man statt Einzelinstanz Multiinstanz (Bild 9.8), damit wird der Datenbereich des Timers in den statischen Teil der Bausteinschnittstelle gelegt. So kann der Funktionsbaustein Band mehrfach aufgerufen werden, ohne in Konflikt mit den anderen Bausteinaufrufen zu kommen.

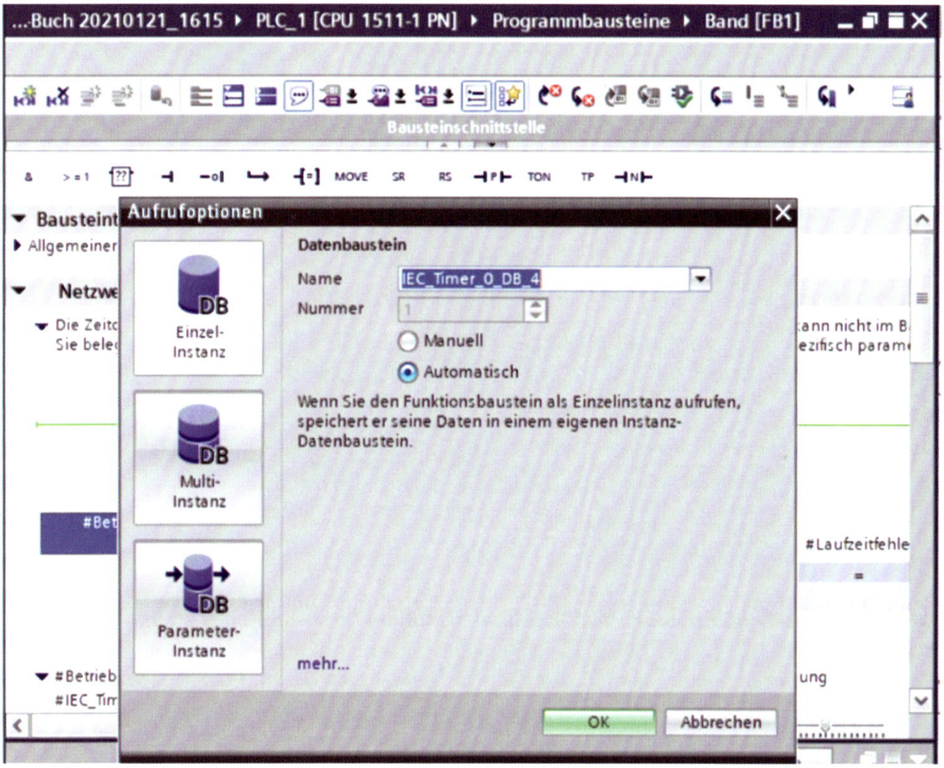

Bild 9.8 *Programmbausteine – Einzel- und Multiinstanz im FB 1*

Für die Variable **Laufzeitfehler** reicht eine Anlage im Temp-Teil der Bausteinschnittstelle (Bild 9.9). Im Betriebsmodus Hand wird der Eingang des Timers TON blockiert, sodass kein Laufzeitfehler ausgegeben werden kann. Dem Timer TON wurde ein lokaler Datenbereich zugewiesen. Steht über dem TON ein DBxy dann ist die Instanz global. Ändern kann man das im Kontextmenü, zu erreichen per Rechtsklick auf TON.

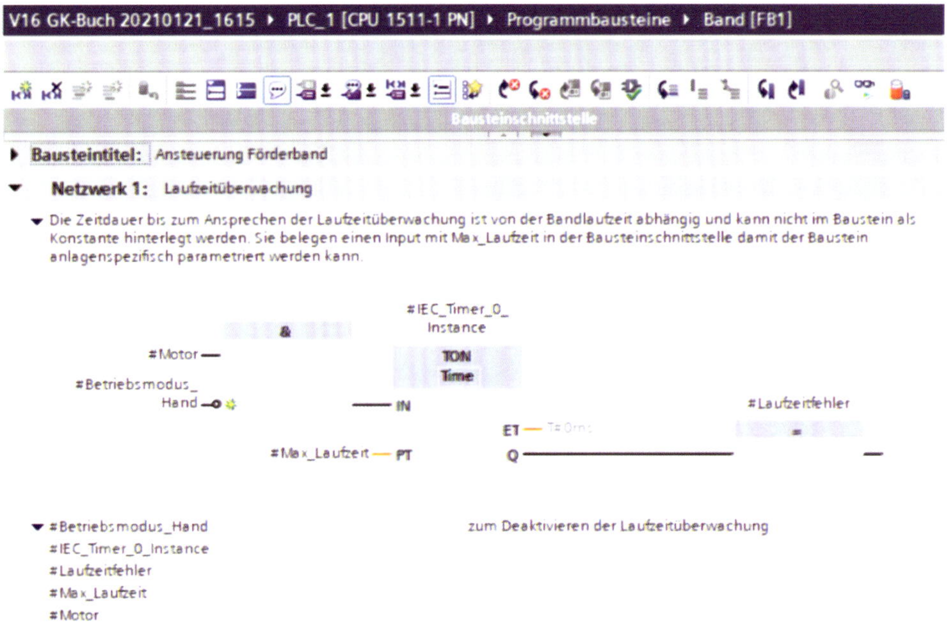

Bild 9.9 *Programmbausteine – Funktionsbaustein Band, Netzwerk 1 mit Laufzeitüberwachung*

Im Netzwerk 2 wird das Quittungssignal verarbeitet, hier mit der Bildung einer positiven Flanke (Bild 9.10). Näheres weist der Kommentar im Netzwerk aus.

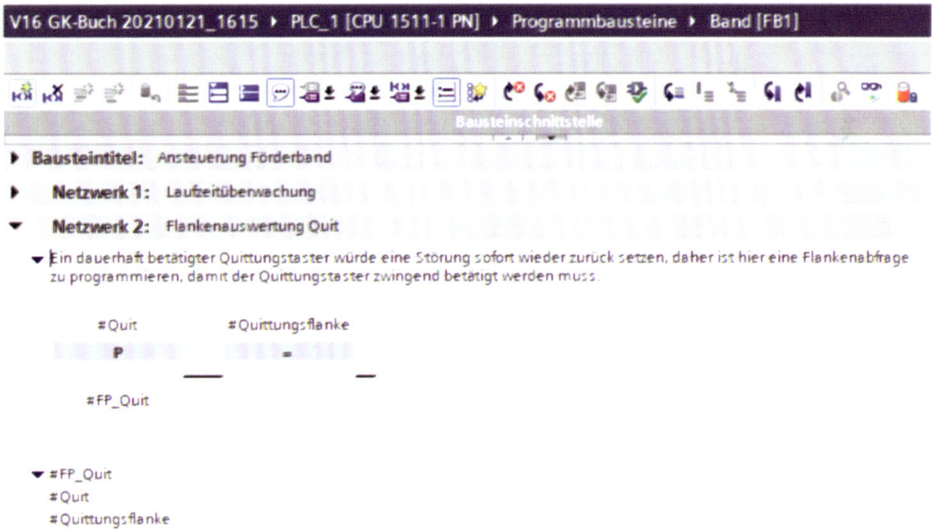

Bild 9.10 *Programmbausteine – Funktionsbaustein Band, Netzwerk 2 mit Quittung*

Die soeben gebildete Quittungsflanke wird in Netzwerk 3 verarbeitet (Bild 9.11). Für die Variable **RS_Störung** ist eine dauerhafte Speicherung vonnöten, somit wird ihre Definition in den Static-Teil der Schnittstelle gelegt.

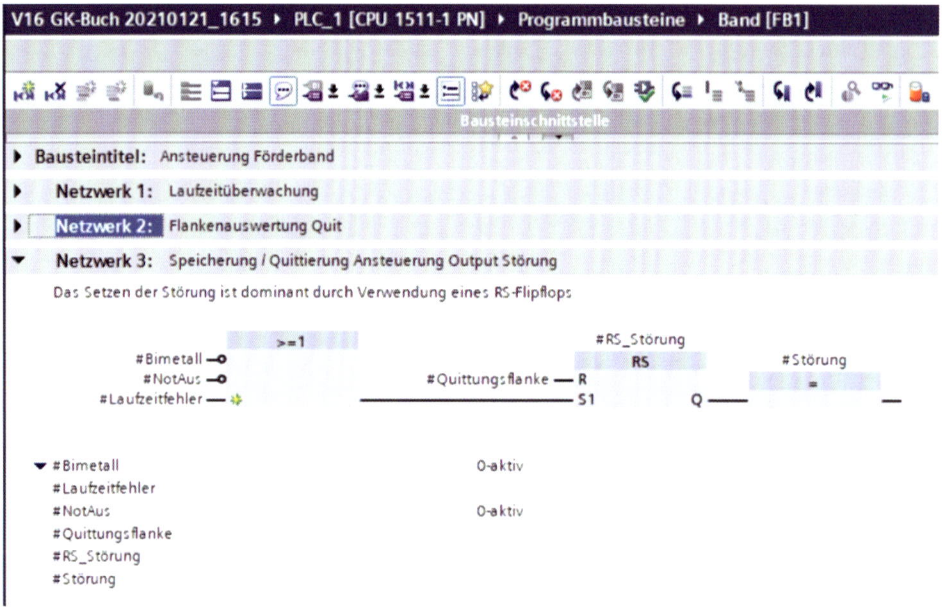

Bild 9.11 *Programmbausteine – Funktionsbaustein Band, Netzwerk 3 mit Speicherung der Störung*

Zu guter Letzt erfolgt in Netzwerk 4 die Ansteuerung des Bandmotors, auch hier ist die Variable **SR_Motor** in den Static-Teil der Schnittstelle zu legen (Bild 9.12).

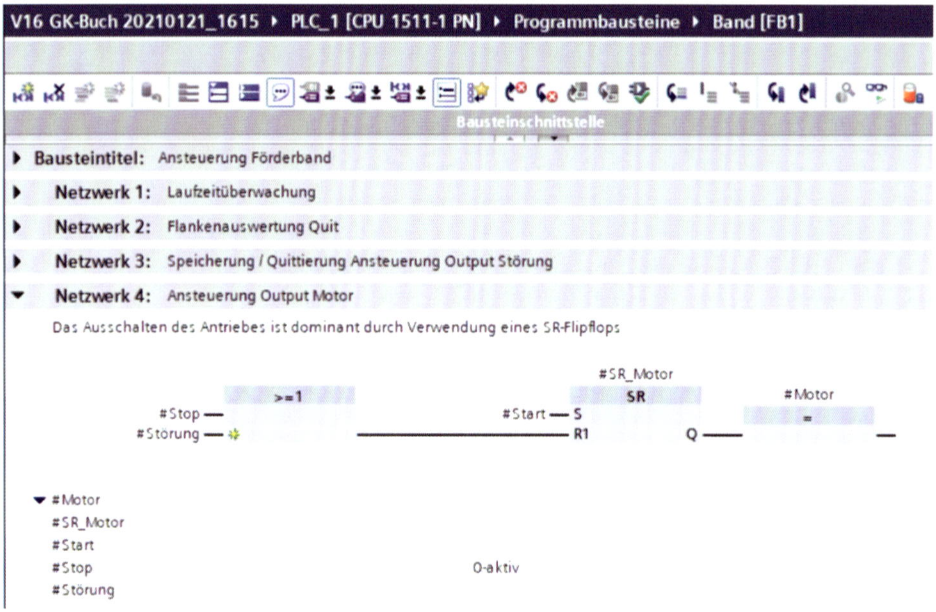

Bild 9.12 *Programmbausteine – Funktionsbaustein Band, Netzwerk 4 mit Motoransteuerung, Ausgang*

Nach der Codierung der Netzwerke stellt sich die Bausteinschnittstelle deutlich umfangreicher dar als im ersten Entwurf (Bild 9.13).

Band

	Name	Datentyp	Defaultwert	Remanenz
1	▼ Input			
2	Start	Bool	false	Nicht re...
3	Stop	Bool	false	Nicht rema...
4	Bimetall	Bool	false	Nicht rema...
5	NotAus	Bool	false	Nicht rema...
6	Quit	Bool	false	Nicht rema...
7	Max_Laufzeit	Time	T#10S	Nicht rema...
8	Betriebsmodus_Hand	Bool	false	Nicht rema...
9	▼ Output			
10	Störung	Bool	false	Nicht rema...
11	Motor	Bool	false	Nicht rema...
12	▼ InOut			
13	<Hinzufügen>			
14	▼ Static			
15	RS_Störung	Bool	false	Nicht rema...
16	SR_Motor	Bool	false	Nicht rema...
17	▶ IEC_Timer_0_Instance	IEC_TIMER		Nicht rema...
18	FP_Quit	Bool	false	Nicht rema...
19	Laufzeitfehler	Bool	false	Nicht rema...
20	▼ Temp			
21	Quittungsflanke	Bool		
22	▼ Constant			
23	<Hinzufügen>			

Bild 9.13 *Programmbausteine – Funktionsbaustein Band, Bausteinschnittstelle FB-Band im Endausbau*

9.2.2 Funktionsbaustein Bearbeitung

Im ersten Entwurf ist der Funktionsbaustein Bearbeitung identisch zum Funktionsbaustein Band. Für etwaige spätere Modifikationen wird er aber eigenständig angelegt.

9.2.3 Funktionsbaustein Schieber

Der Funktionsbaustein Schieber ist grundlegend anders aufgebaut als der Band-Baustein. Hier ist ein zweiter Ausgang für die andere Drehrichtung zu beschalten und auch die Steuersignale in die Richtungen Vor und Zurück müssen permanent am Baustein anliegen, im Gegensatz zum Bandbaustein. Dafür kann man auf einen Stop-Input verzichten. Die Input Variable Max_Laufzeit ist jetzt als Konstante angelegt im Constant-Teil der Bausteinschnittstelle (Bild 9.14).

Schieber

	Name	Datentyp	Defaultwert	Remanenz
1	▼ Input			
2	Vor	Bool	false	Nicht re...
3	Zurück	Bool	false	Nicht rema...
4	Bimetall	Bool	false	Nicht rema...
5	NotAus	Bool	false	Nicht rema...
6	Quit	Bool	false	Nicht rema...
7	Betriebsmodus_Hand	Bool	false	Nicht rema...
8	▼ Output			
9	Störung	Bool	false	Nicht rema...
10	Motor_vorwärts	Bool	false	Nicht rema...
11	Motor_rückwärts	Bool	false	Nicht rema...
12	▼ InOut			
13	<Hinzufügen>			
14	▼ Static			
15	RS_Störung	Bool	false	Nicht rema...
16	▶ IEC_Timer_0_Instance	TON_TIME		Nicht rema...
17	FP_Quit	Bool	false	Nicht rema...
18	▼ Temp			
19	Laufzeitfehler	Bool		
20	Quittungsflanke	Bool		
21	▼ Constant			
22	Max_Laufzeit	Time	T#3S	

Bild 9.14 *Programmbausteine – Funktionsbaustein Schieber, Bausteinschnittstelle FB im Endausbau*

Im Schieber-Baustein ist keine Speicherung der Vor- bzw. Zurück-Signale erforderlich, da dies außerhalb bewerkstelligt wird. Vor und Zurück müssen gegeneinander verriegelt werden, und auch die Laufzeitüberwachung muss für beiden Drehrichtungen realisiert werden.

- **Bausteintitel:** Ansteuerung Schieber
  - **Netzwerk 1:** Flankenauswertung Quit
  - **Netzwerk 2:** Laufzeitüberwachung
  - **Netzwerk 3:** Speicherung / Quittierung Ansteuerung Output Störung
  - **Netzwerk 4:** Ansteuerung Output Motor_vorwärts
  - **Netzwerk 5:** Ansteuerung Output Motor_rückwärts

Bild 9.15 *Programmbausteine-Funktionsbaustein Schieber – Netzwerke mit Bezeichnungen*

Auf die Abbildung der Inhalte wird an dieser Stelle verzichtet; das gesamte Projekt ist ja wie angegeben per Download verfügbar.

9.3 Ansteuerungen der Aktoren im FC Ablauf programmieren

Der **FC Ablauf** ist der zentrale Baustein in Programm. Hier werden die Steuersignale generiert und an die Bausteine angelegt. Im ersten Entwurf ist die Zahl der Netzwerke überschaubar, bei der Programmierung werden jedoch für eine bessere Strukturierung noch weitere Netzwerke hinzukommen (Bild 9.16). Eine gute Strukturierung ist der Schlüssel für eine gute Wartbarkeit des Programms, Änderungen lassen sich dann gezielt einbringen, ohne das Programmkonstrukt zu zerstören.

- **Bausteintitel:** Funktion Ablauf
  - **Netzwerk 1:** Band 1 Ein / Vorlauf
  - **Netzwerk 2:** Band 1 Aus
  - **Netzwerk 3:** Band 2 Ein / Vorlauf
  - **Netzwerk 4:** Band 2 Aus
  - **Netzwerk 5:** Band 3 Ein / Vorlauf
  - **Netzwerk 6:** Band 3 Aus
  - **Netzwerk 7:** Band 4 Ein / Vorlauf
  - **Netzwerk 8:** Band 4 Aus
  - **Netzwerk 9:** Schieber 1-2 Vorschub
  - **Netzwerk 10:** Schieber 1-2 Zurück
  - **Netzwerk 11:** Schieber 3-4 Vorschub
  - **Netzwerk 12:** Schieber 3-4 Zurück
  - **Netzwerk 13:** Fräse 2 Ein
  - **Netzwerk 14:** Fräse 2 Aus
  - **Netzwerk 15:** Bohrer 3 Ein
  - **Netzwerk 16:** Bohrer 3 Aus
  - **Netzwerk 17:** .....

Bild 9.16 *Programmbausteine – FC 1 Ablauf, Netzwerke erster Entwurf zur Strukturierung*

Die Bildung der Steuersignale für den Handbetrieb ist einfach realisierbar, sie werden direkt von der HMI übernommen. Für die Steuersignale im Automatikbetrieb und auch für die Laufzeitüberwachung werden separate Netzwerke geschaffen (Bild 9.17). Die Nummerierung der Netzwerke wird vom TIA Portal vorgenommen, sodass die ursprüngliche Nummerierung aus dem ersten Entwurf nicht beibehalten werden kann.

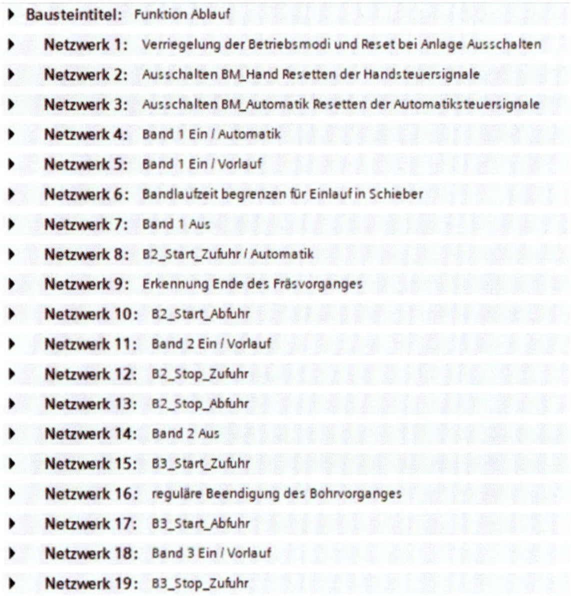

Bild 9.17 *Programmbausteine – FC 1 Ablauf, Netzwerke Ausschnitt*

9.3.1 Betriebsmodi und Verriegelung

Die zwei Betriebsmodi **Hand** und **Automatik** müssen gegeneinander verriegelt sein, auch weil im Handbetrieb die Laufzeitüberwachung deaktiviert ist (Bild 9.18).

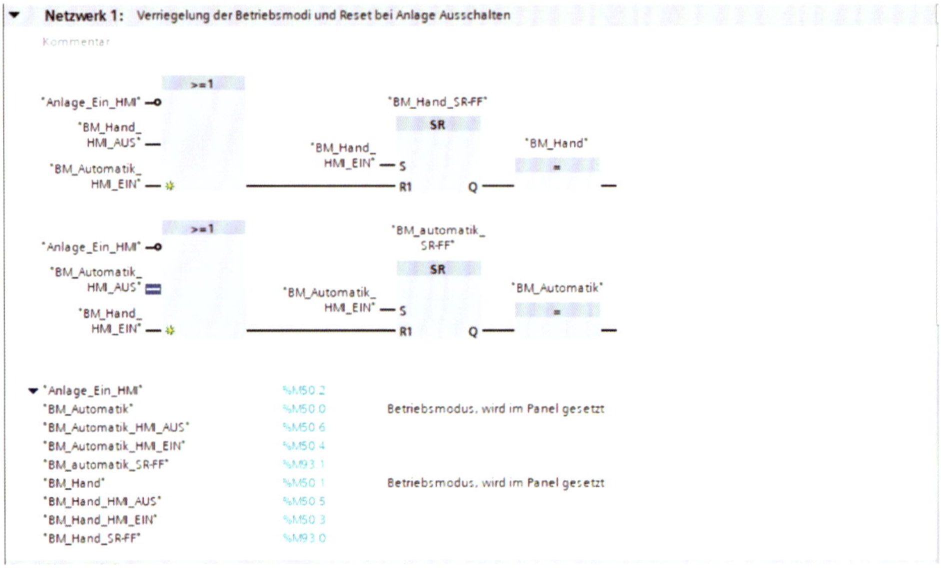

Bild 9.18 *Programmbausteine – FC 1 Netzwerk 1, Verriegelung der Betriebsmodi*

9.3.2 Ansteuerungen Band 1...4

Zur besseren Lesbarkeit wurde hier eine separate lokale Variable gebildet: **Band 1 Ein Automatik** (Bild 9.19). Für das Setzen dieser Variable kommen zwei Ereignisse infrage: die Unterbrechung der Lichtschranke beim Auflegen eines neuen Werkstücks und der Neustart des Bandes, wenn das Werkstück in den Schieber eingefahren werden muss.

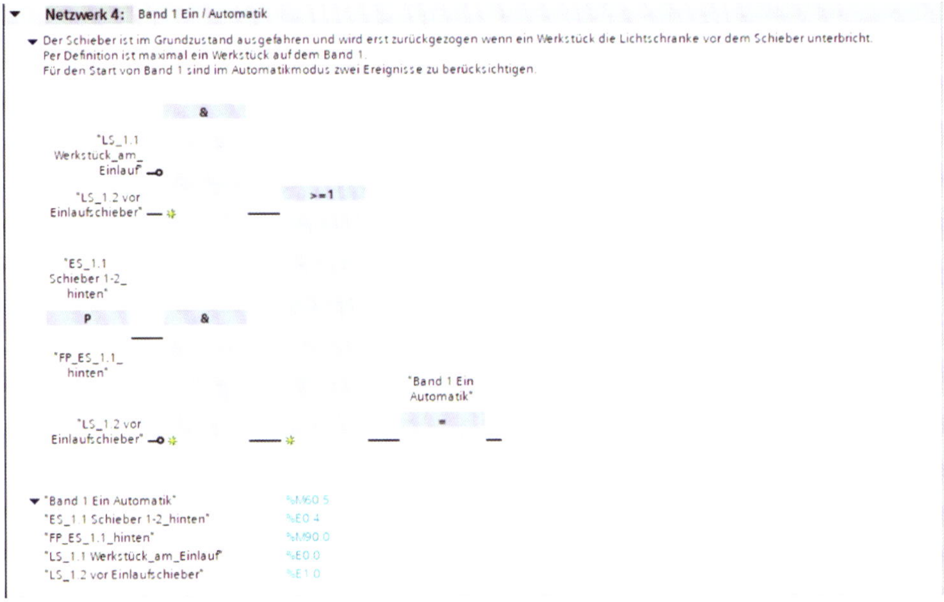

Bild 9.19 Programmbausteine – FC 1 Ablauf, Netzwerk 4, Band 1 Ein Automatik

Die Zusammenfassung der Signale von Hand- und Automatikbetrieb bildet das Startsignal **Band 1 Ein**, natürlich unter Berücksichtigung der Betriebsmodi, einer etwaigen Störung und des Anlagenhauptschalters (Bild 9.20).

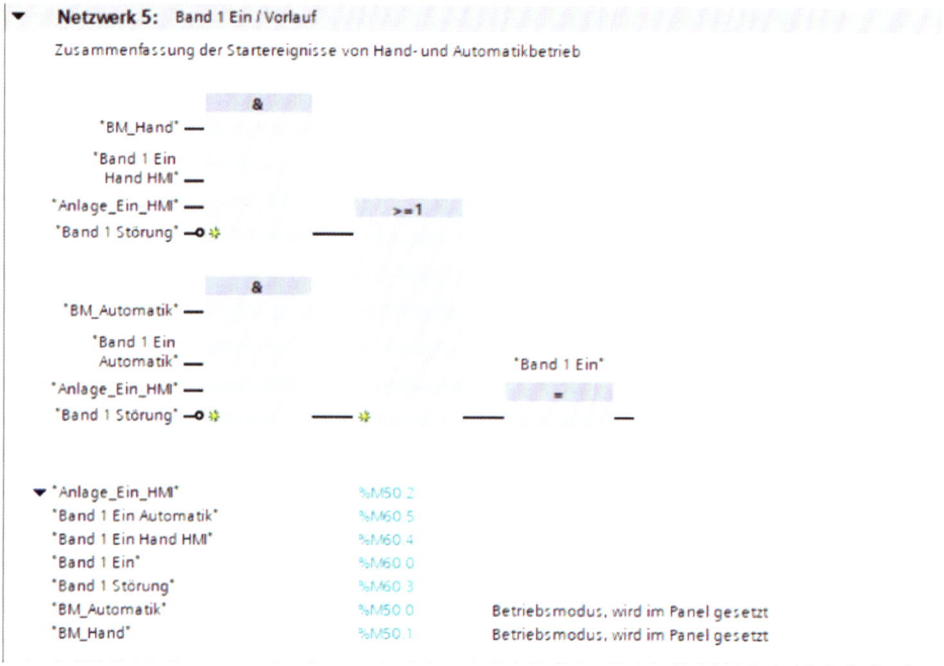

Bild 9.20 *Programmbausteine – FC 1 Ablauf Netzwerk 5, Band 1 Ein im Hand- und Automatikbetrieb*

Für das Ausschalten des Bandes wird nur die Überprüfung der Laufzeitbegrenzung in ein separates Netzwerk ausgelagert.

Im weiteren Verlauf des **FC 1 Ablauf** werden die Steuersignale für die Bänder 2, 3 und 4 gebildet. Dabei wird zwischen Werkstückzufuhr und -abfuhr unterschieden, sowohl für die Bildung des Startsignals als auch für die des Stoppsignals.

Für das Band 4 wurde auf die Abfuhr verzichtet, die Netzwerke dafür bleiben leer.

9.3.3 Ansteuerungen Schieber 1-2 und 3-4

Die Programmierung der Schieberansteuerung ist von der der Bänder zu unterscheiden, weil die Steuersignale jetzt permanent an den Schieberbausteinen anliegen müssen. Etwaige flüchtige Signale müssen hier im übergeordneten FC Ablauf gespeichert werden. Um die Komplexität des Ablaufs zu verdeutlichen und die daraus folgende Signalbildung zu vereinfachen, werden die Signale in ihren zeitlichen Zusammenhängen in einer Skizze dargestellt (Bild 9.21).

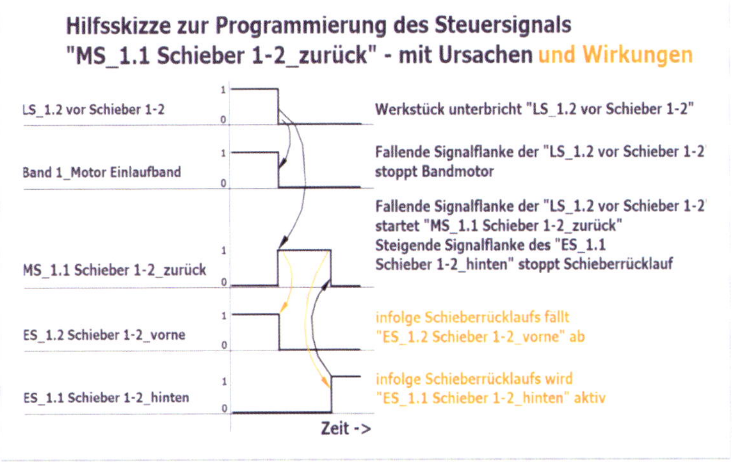

Bild 9.21 *Skizze Steuersignal Schieber 1-2 zurück-Automatik, zu FC1 NW 31*

Aus der Skizze folgt der Entwurf des Netzwerks, zusätzlich noch mit Verriegelungen für den Betriebsmodus **BM_Automatik**. Das SR-Flipflop übernimmt die Speicherung der Start- bzw. Stop-Signale (Bild 9.22).

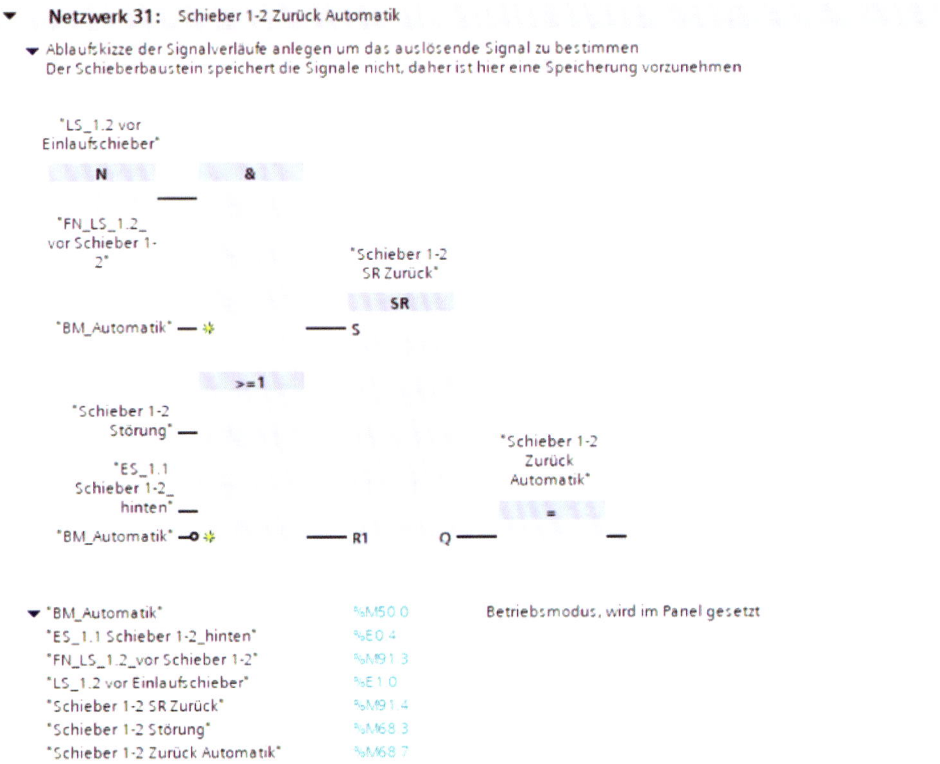

Bild 9.22 *Programmbausteine – FC 1 Ablauf Netzwerk 31, Schieber 1-2 zurück Automatik*

Nach der Bildung des Steuersignals **Schieber 1-2 zurück Automatik** ist noch die Einbindung des Handsteuersignals zu programmieren und zusammenzuführen (Bild 9.23).

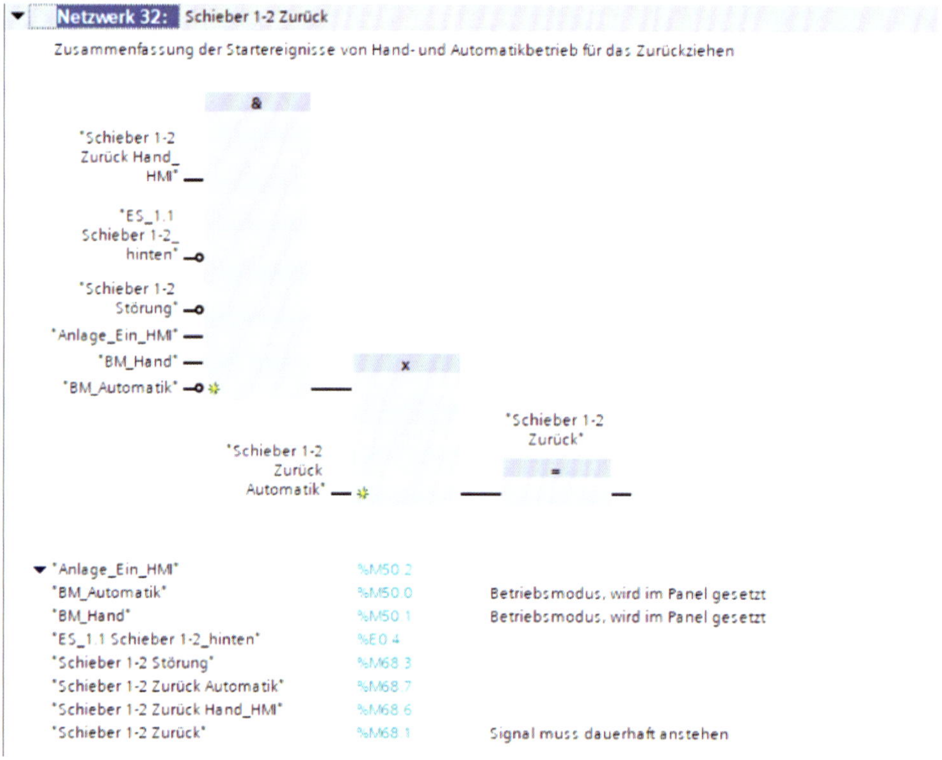

Bild 9.23 *Programmbausteine – FC 1 Ablauf Netzwerk 32, Schieber 1-2 zurück*

Die Ansteuerung der anderen Richtung **Schieber 1-2 Vor** und der Signale für Schieber 3-4 werden entsprechend ebenfalls anhand von kleinen Ablaufskizzen programmiert.

9.3.4 Ansteuerungen Fräse und Bohrer

Die Generierung der Steuersignale für Fräser und Bohrer ist identisch zueinander. Auslöser ist die Unterbrechung der jeweiligen Lichtschranke, gefolgt von einem Zeitgeber mit unterschiedlich eingestellten Bearbeitungszeiten. Nach Ablauf der Bearbeitungszeiten wird ein Stop-Signal generiert. Sicherheitshalber ist bei einem laufenden Band unter der jeweiligen Bearbeitungsstation die Ansteuerung zu verriegeln. Im Umkehrschluss müsste auch der Bandstart verriegelt sein, wenn die Bearbeitung noch nicht beendet ist. Umsichtige Programmierer starten die Bearbeitung verzögert nach dem Stopp des Bandsteuersignals, schließlich braucht das Band noch eine Weile bis zum Stillstand. Allerdings werden hier solche Feinheiten zugunsten einer verständlichen Programmierung nicht umgesetzt.

9.4 Ansteuerungen Ablauf - Übersicht über alle Netzwerke

Bild 9.24 und Bild 9.25 zeigen noch einmal den Ablauf aller Netzwerke in der Übersicht.

- **Bausteintitel:** Funktion Ablauf
- **Netzwerk 1:** Verriegelung der Betriebsmodi und Reset bei Anlage Ausschalten
- **Netzwerk 2:** Ausschalten BM_Hand Resetten der Handsteuersignale
- **Netzwerk 3:** Ausschalten BM_Automatik Resetten der Automatiksteuersignale
- **Netzwerk 4:** Band 1 Ein / Automatik
- **Netzwerk 5:** Band 1 Ein / Vorlauf
- **Netzwerk 6:** Bandlaufzeit begrenzen für Einlauf in Schieber
- **Netzwerk 7:** Band 1 Aus
- **Netzwerk 8:** B2_Start_Zufuhr / Automatik
- **Netzwerk 9:** Erkennung Ende des Fräsvorganges
- **Netzwerk 10:** B2_Start_Abfuhr
- **Netzwerk 11:** Band 2 Ein / Vorlauf
- **Netzwerk 12:** B2_Stop_Zufuhr
- **Netzwerk 13:** B2_Stop_Abfuhr
- **Netzwerk 14:** Band 2 Aus
- **Netzwerk 15:** B3_Start_Zufuhr
- **Netzwerk 16:** reguläre Beendigung des Bohrvorganges
- **Netzwerk 17:** B3_Start_Abfuhr
- **Netzwerk 18:** Band 3 Ein / Vorlauf
- **Netzwerk 19:** B3_Stop_Zufuhr

Bild 9.24 *Programmbausteine – FC 1 Ablauf Netzwerke 1-19*

- **Netzwerk 20:** Band 3 Nachlaufzeit
- **Netzwerk 21:** B3_Stop_Abfuhr
- **Netzwerk 22:** Band 3 Aus
- **Netzwerk 23:** B4_Start_Zufuhr Automatikbetrieb
- **Netzwerk 24:** B4_Start_Abfuhr - ENTFÄLLT
- **Netzwerk 25:** Band 4 Ein / Vorlauf
- **Netzwerk 26:** B4_Stop_Zufuhr
- **Netzwerk 27:** B4_Stop_Abfuhr - ENTFÄLLT
- **Netzwerk 28:** Band 4 Aus
- **Netzwerk 29:** Schieber 1-2 Vor Automatik
- **Netzwerk 30:** Schieber 1-2 Vorschub
- **Netzwerk 31:** Schieber 1-2 Zurück Automatik
- **Netzwerk 32:** Schieber 1-2 Zurück
- **Netzwerk 33:** Schieber 3-4 Vor Automatik
- **Netzwerk 34:** Schieber 3-4 Vorschub
- **Netzwerk 35:** Schieber 3-4 Zurück Automatik
- **Netzwerk 36:** Schieber 3-4 Zurück
- **Netzwerk 37:** Fräse 2 Ein Automatik
- **Netzwerk 38:** Fräse 2 Ein
- **Netzwerk 39:** Fräse 2 Aus Automatik
- **Netzwerk 40:** Fräse 2 Aus
- **Netzwerk 41:** Bohrer 3 Ein Automatik
- **Netzwerk 42:** Bohrer 3 Ein
- **Netzwerk 43:** Bohrer 3 Aus Automatik
- **Netzwerk 44:** Bohrer 3 Aus
- **Netzwerk 45:** .....

Bild 9.25 *Programmbausteine – FC 1 Ablauf Netzwerke 20-45*

9.5 OB1: Zyklisches Programm

Der OB1 vereint die Programmbausteine (Bild 9.26).

Zusätzlich wird noch eine Testfunktion zur Versorgung der Signale **Not-Aus** und **Bimetall** generiert.

Ebenso wurde eine Visualisierungsfunktion codiert, die allein Signale für die Visualisierung bereitstellt und mit dem eigentlichen Programmablauf wenig zu tun hat.

Bild 9.26 *Programmbausteine - OB 1 mit Netzwerken*

Nach dem Aufruf des Funktionsbausteins Band ist eine Beschaltung mit den Variablen erforderlich. Diese entnimmt man der PLC-Variablentabelle per Drag and Drop (Bild 9.27). Für die Laufzeitüberwachung ist die Variable **Max_Laufzeit** aus der internen Bausteinschnittstelle mit 10 s belegt. Andere Werte lassen sich am Baustein antragen, falls erforderlich.

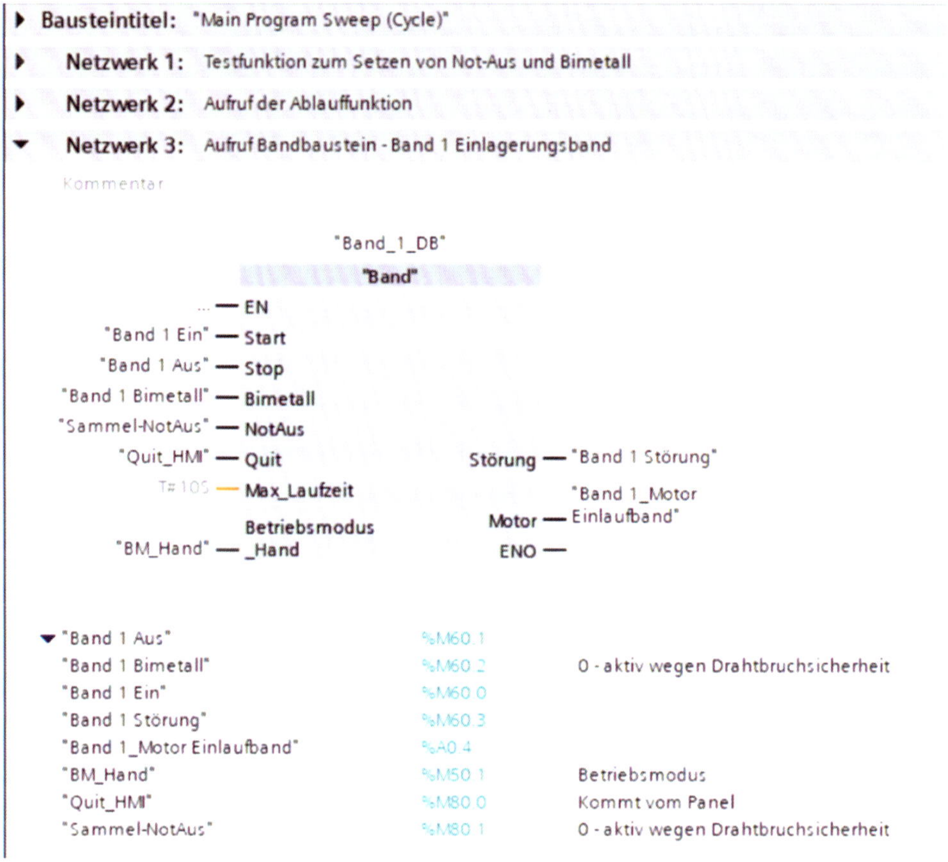

Bild 9.27 *Programmbausteine – OB 1 Netzwerk 3 Aufruf Bandbaustein 1, Variablen zugewiesen*

Die anderen Aufrufe der Bänder, Schieber und Bearbeitungen werden gleichermaßen beschaltet, wobei auf unterschiedliche Datenbausteine zu achten ist, ein Fehler, der beim Kopieren der Netzwerke leicht passieren kann.

Der Aufruf der Visualisierungsfunktion (Bild 9.28) birgt keine Geheimnisse, liefert aber auch kaum Informationen.

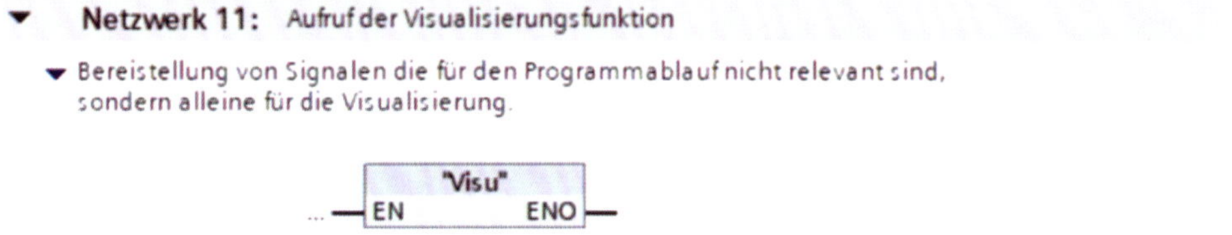

Bild 9.28 *Programmbausteine – OB 1 Netzwerk 11 Aufruf Visualisierungsfunktion*

Ein kurzer Blick in die Funktion **Visu** (Bild 9.29) verschafft Klarheit über den Inhalt.

Auch andere Realisierungen der Darstellung im Panel wären möglich gewesen, beispielsweise indem zwei deckungsgleiche Rechtecke in der Sichtbarkeit umgeschaltet worden werden. Für die Umsetzung der Darstellung existiert keine allgemeine Regel. Hier wurde eine einfache Visualisierung angestrebt, die Komplexität lässt sich aber beliebig steigern.

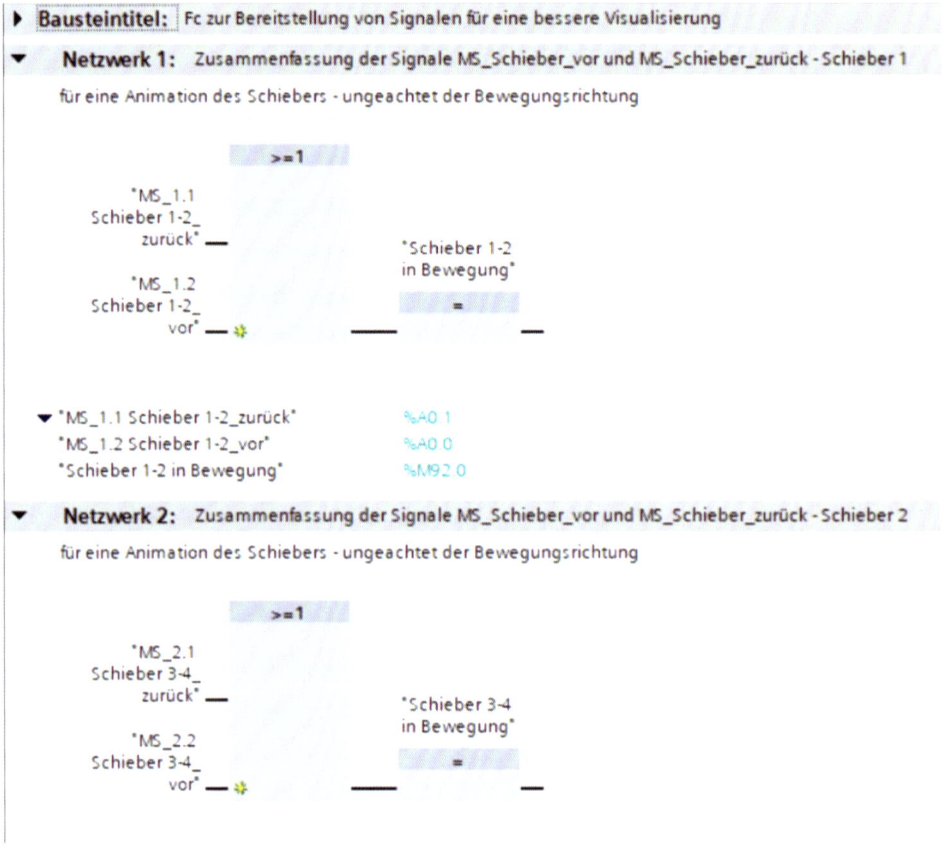

Bild 9.29 *Programmbausteine – Funktion Visu mit Netzwerk 1 und 2*

10 Beispielprojekt: Panel ins Programm einbinden

In der Projektnavigation fügt man über die Schaltfläche **Neues Gerät hinzufügen** eine HMI zum Projekt hinzu (Bild 10.1).
Für das Projekt verwendet man das TP700 Comfort Panel, im Menü zu finden unter
HMI → SIMATIC Comfort Panel → 7'' Display → TP700 Comfort → 6AV2 124-0GC01-0AX0.
Unten links in der Ecke sollte die Option **Geräteassistenten aufrufen** deaktiviert werden.
Durch den Klick auf den <OK>-Button wird jetzt die HMI in das Projekt eingefügt und ist in der Projektnavigation sichtbar.

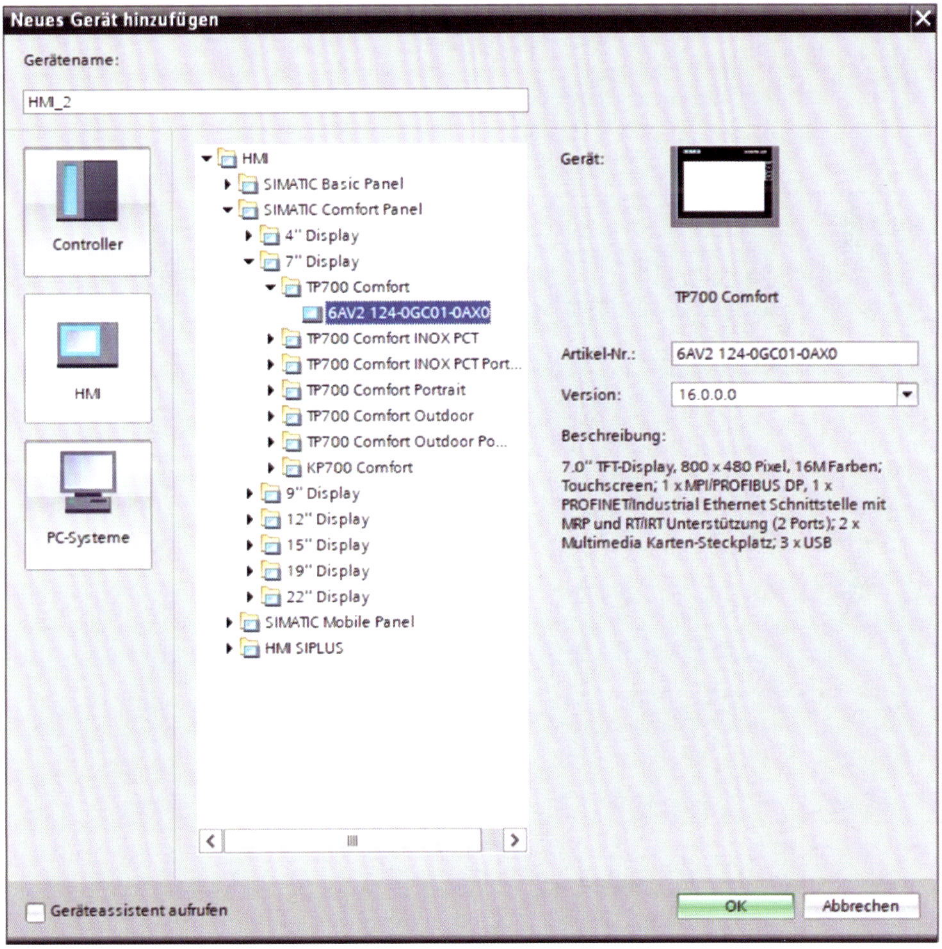

Bild 10.1 *Neues Gerät hinzufügen*

Nach dem Einfügen des Panels öffnet Bild_1 des Panels. Zunächst soll jedoch die Hardware komplett eingestellt werden, dazu gehört die Wahl der Ethernet-Adresse und des Subnetzes.

Über die Projektnavigation **Gerätekonfiguration** öffnet man die Einstellungen des HMI_1. Unter der Profinet-Schnittstelle lässt sich das Subnetz dem der SPS zuordnen und die IP-Adresse zu 192.168.125.60 festlegen (Bild 10.2). Auch hier wird, wie bei der CPU, kein Router verwendet.

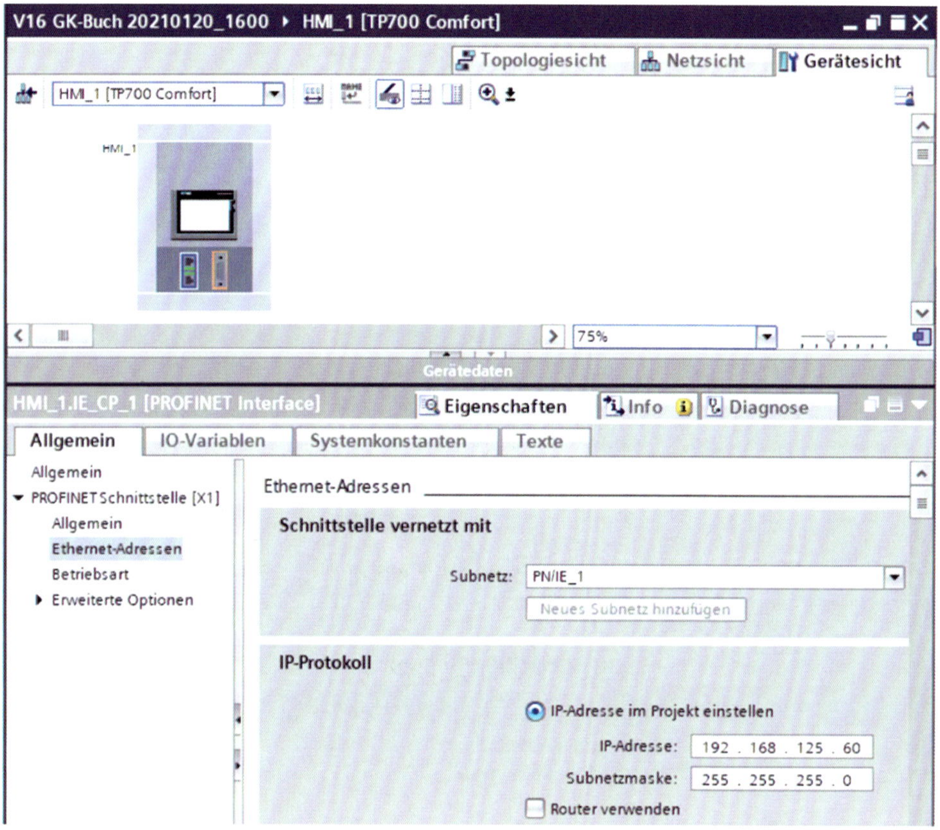

Bild 10.2 *Gerätekonfiguration HMI-Einstellungen der PROFINET-Schnittstelle*

11 Beispielprojekt: Panel Bilder projektieren

Nach der hardwaretechnischen Einrichtung des Panels sind entsprechende Bilder zu erstellen. Eine kurze Handskizze im Maßstab 1:1 verhindert eine Überfrachtung der Bilder. Neben einer Übersicht werden Bilder für den Handbetrieb, den Automatikbetrieb, die Störungen respektive Meldungen und ein Servicebild erstellt.

11.1 Bilder zur HMI hinzufügen

Bilder für die HMI werden über die Projektnavigation erstellt. Hierfür muss man die Baumstruktur der HMI öffnen, dann zu **Bilder** navigieren und dort die Struktur aufklappen. Mit Doppelklick auf **Neues Bild hinzufügen** wird ein neues Bild unterhalb der Option eingefügt (Bild 11.1). Alternativ kann auch ein bestehendes Bild zum Bearbeiten geöffnet werden. Jedes neue Bild wird mit Bild_n benannt, wobei n eine aufsteigende Nummer ist. Die Nummerierung der Bilder lässt sich aber durch sinnvolle Bezeichnungen ersetzen. So wird hier das Bild_1 in der Projektnavigation zu **Anlagenübersicht** umbenannt und geöffnet. Weitere Bilder werden angelegt für den **Handbetrieb**, den **Automatikbetrieb**, den **Service** und die **Meldungen**.

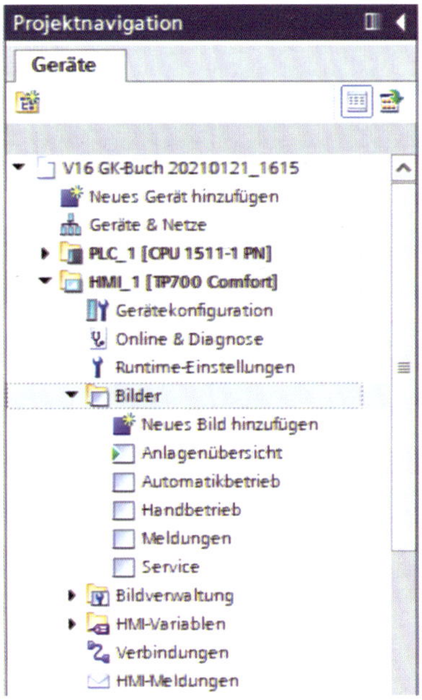

Bild 11.1 *Projektnavigation HMI Projekt*

In das Bild **Anlagenübersicht** werden sechs Schaltflächen eingesetzt und beschriftet (Bild 11.2). Zwei Schaltflächen dienen dem Ein- und Ausschalten der Anlage, zwei weitere schalten zu den Bildern für die Betriebsarten Hand und Automatik um und die letzten zwei stehen für den Servicebereich und die Meldungen. Im rechten Teil finden sich drei animierte Textfelder, die je nach Betriebszustand grün unterlegt werden und damit die Aktivität der Anlage und des Betriebszustandes symbolisieren.

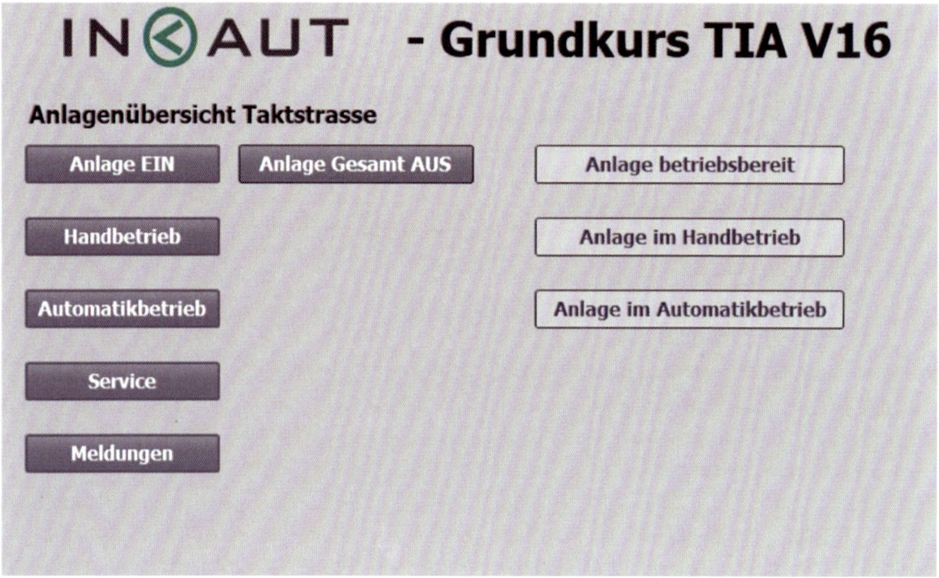

Bild 11.2 *Anlagenübersicht*

Die Programmierung der Schaltfläche über die Eigenschaften und Ereignisse bindet die HMI-Variable **Anlage_Ein_HMI** an die SPS an (Bild 11.3).

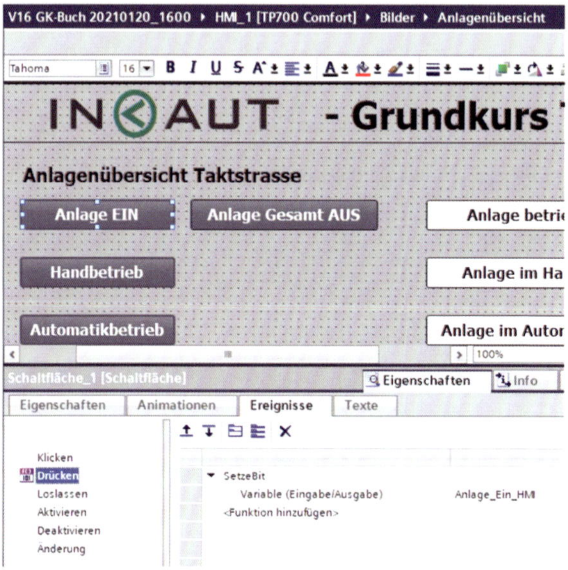

Bild 11.3 *Visualisierung – Schaltfläche Ereignis Setze Bit*

Die Programmierung der Schaltfläche über die Eigenschaften und Ereignisse schaltet auf ein anderes Bild um (Bild 11.4).

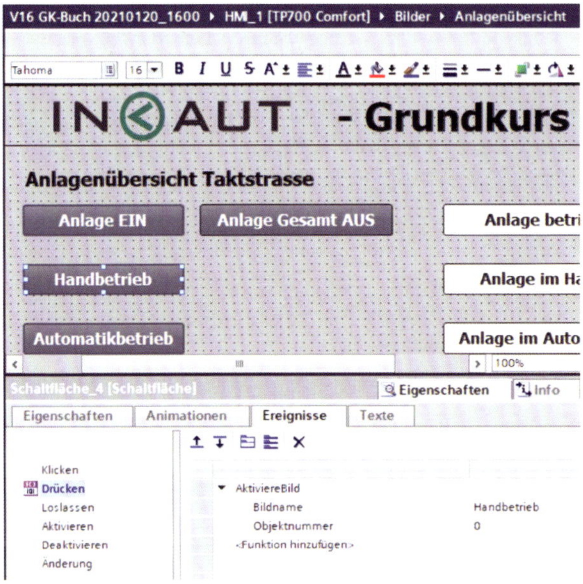

Bild 11.4 *Visualisierung – Schaltfläche Ereignis Aktiviere Bild*

Die Programmierung des Textfeldes über die Eigenschaften und Animationen schaltet den Hintergrund auf eine andere Farbe um (Bild 11.5).

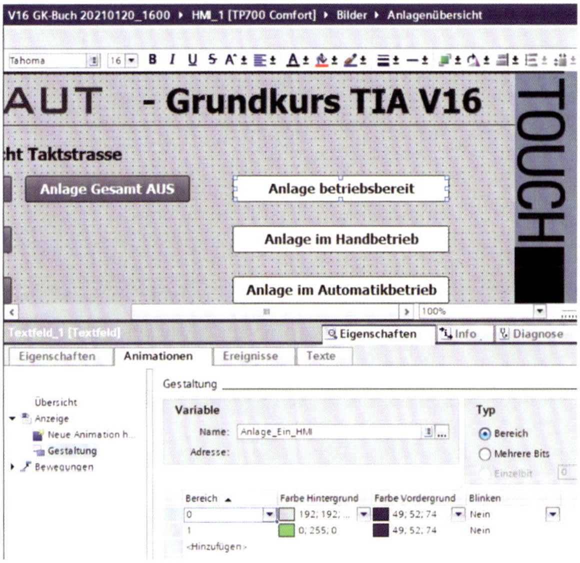

Bild 11.5 *Visualisierung – Textfeld Animation Gestaltung*

Die anderen Schaltflächen und Texte werden entsprechend animiert.

Nach dem Einschalten der Anlage stellt sich das Panel wie in Bild 11.6 gezeigt dar.

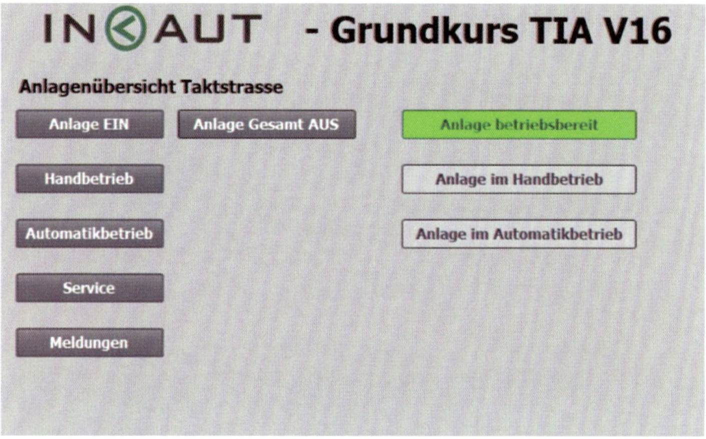

Bild 11.6 *Anlagenübersicht: Anlage betriebsbereit*

Im Bild **Automatikbetrieb** kann dieser über zwei Schaltflächen ein- und ausgeschaltet werden. Hier werden über zwei animierte Textfelder sowohl die Betriebsbereitschaft als auch der aktive Automatikbetrieb signalisiert. Wenn die Anlage im Ruhezustand ist, sind die Antriebe aus – grau dargestellt – und die Lichtschranken sind aktiv – gelb dargestellt. Die Schieber sind in Grundstellung vorne – grün dargestellt –, wobei bei den Schiebern nicht die Gestaltung, sondern die Sichtbarkeit umgeschaltet wird.

Die Gestaltung der Rechteck- und Kreisflächen ist mit der der Texte vergleichbar (Bild 11.7). Für die Signalisierung der Endpositionen der Schieber wird deren Sichtbarkeit umgeschaltet.

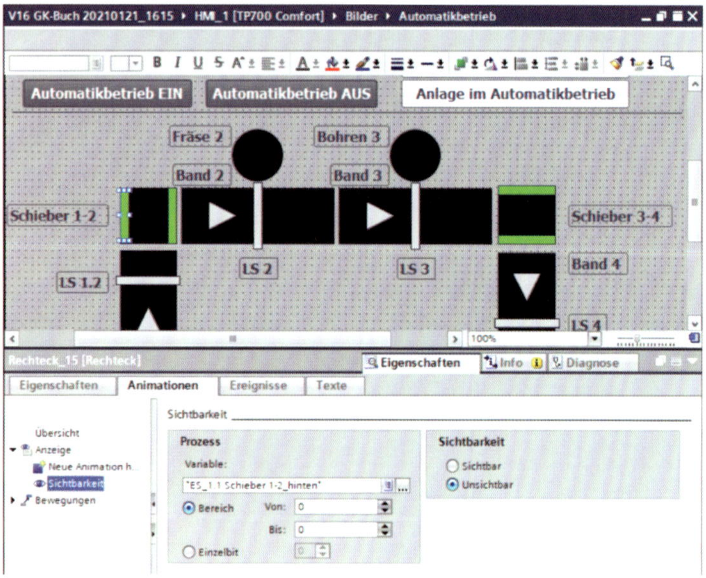

Bild 11.7 *Visualisierung Rechteck-Animation Sichtbarkeit*

Das Dreieck zur Signalisierung der Laufrichtung ist als Basisobjekt nicht verfügbar, es ist vielmehr aus einem Polygonzug entstanden (Bild 11.8). Es ist wie das darunterliegende Band animiert, jedoch mit umgekehrtem «Vorzeichen».

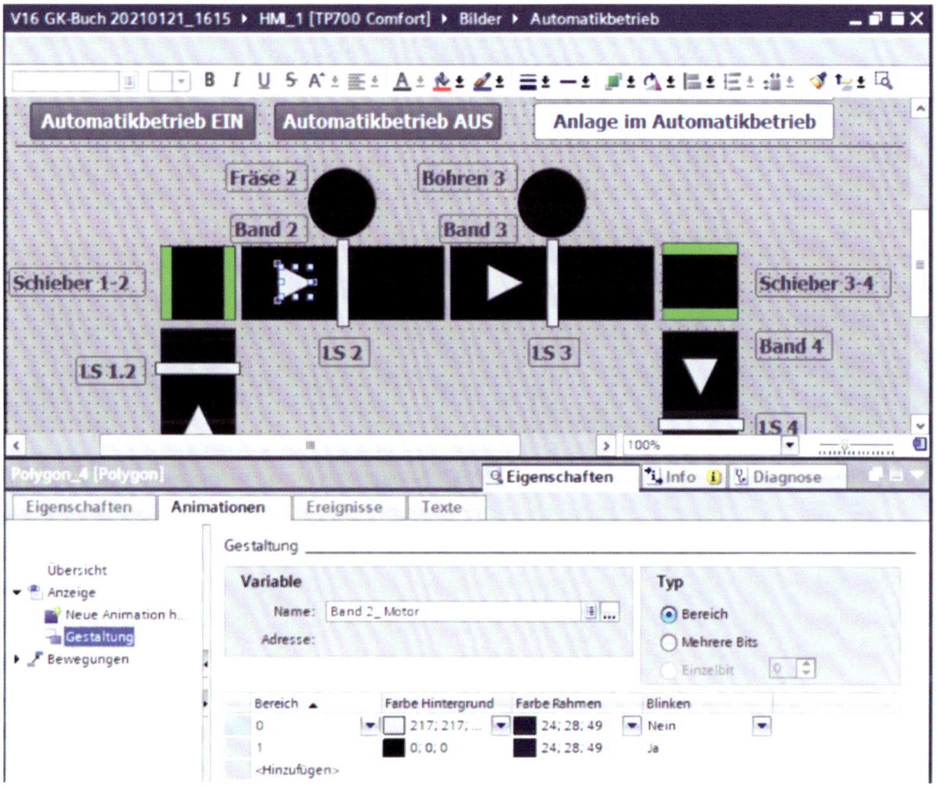

Bild 11.8 *Visualisierung Polygon-Animation Sichtbarkeit*

Bild 11.9 zeigt den Automatikbetrieb, die Anlage ist betriebsbereit im Automatikbetrieb und leer, keine Lichtschranke ist unterbrochen, die Schieber sind jeweils in Endlage vorne.

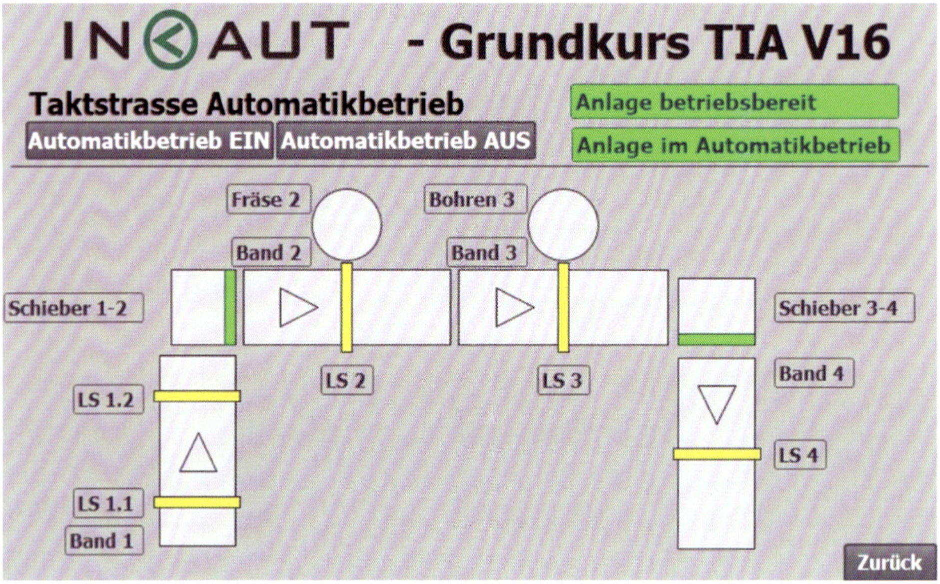

Bild 11.9 *Automatikbetrieb, Anlage ohne Werkstück*

Nach Auflegen des ersten Werkstückes wird die Lichtschranke LS 1.1 am Band 1 (Einlaufband) unterbrochen und das Band 1 wird gestartet (Bild 11.10).

Das 0-Signal der Lichtschranke wird grau visualisiert.

Das 1-Signal des Bands 1 wird grün signalisiert.

Die Lichtschranke LS 1.2 vor den Schieber 1-2 LS ist noch nicht unterbrochen, sie wird gelb dargestellt.

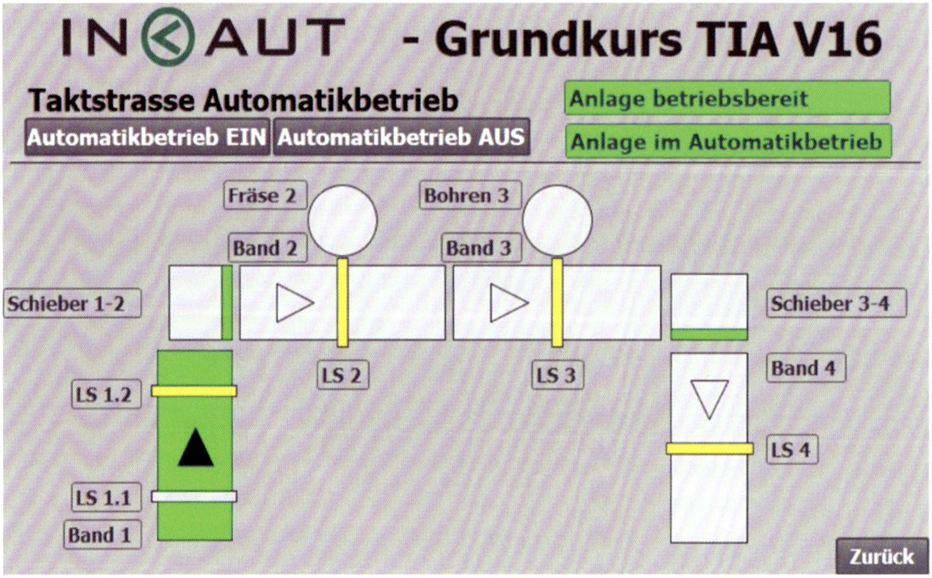

Bild 11.10 *Automatikbetrieb, Werkstück an der Einlagerung*

Während der Bearbeitung in der Fräse wird diese grün dargestellt (Bild 11.11).

Das Band 2 ist in Ruhe und die Lichtschranke LS 2 unterbrochen, beide werden grau dargestellt.

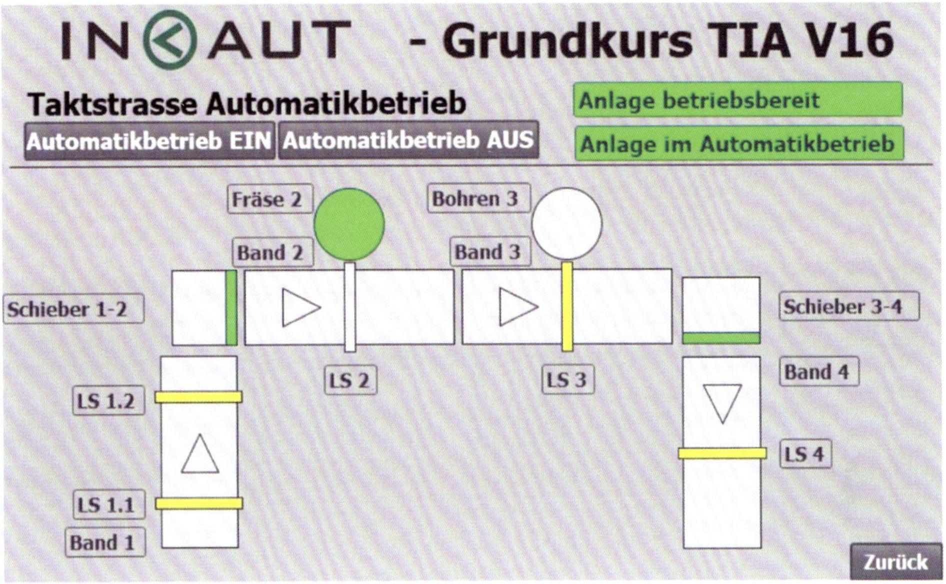

Bild 11.11 *Automatikbetrieb, Werkstück beim Fräsen*

Bild 11.12 zeigt den Handbetrieb, dieser ist über zwei Schaltflächen ein- und ausschaltbar.

Beim Ausschalten des Handbetriebes werden alle Steuersignale auf AUS gesetzt, das ist in der SPS programmiert.

Bei der Ansteuerung der Schieber sind die Schaltflächen dauerhaft zu betätigen bis die Schieber in Endlage gestoppt werden.

Der Betrieb der Antriebe wird signalisiert, ebenso auch etwaige Störungen.

Störungen sind dann über den **Quit-Button** zu quittieren.

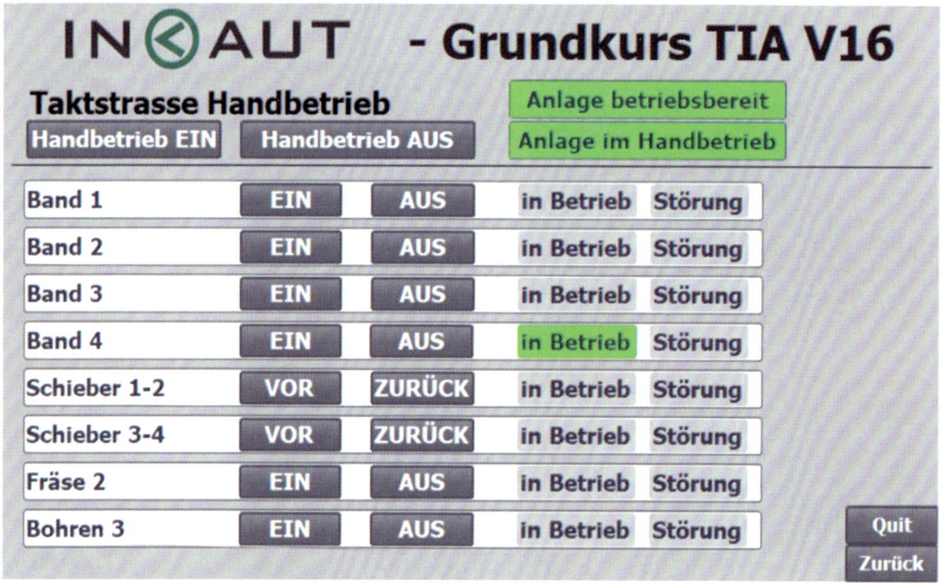

Bild 11.12 *Handbetrieb*

Das Bild Service (Bild 11.13) bietet dieselben Informationen wie das Bild Automatikbetrieb, erweitert um Felder zur Signalisierung von Störungen an den Antrieben. Zu den Störungen zählt das Not-Aus, Bimetallstörungen, Überschreitung der maximalen Laufzeit und bei den Schiebern auch eine gleichzeitige Ansteuerung von Vor- und Rücklauf.

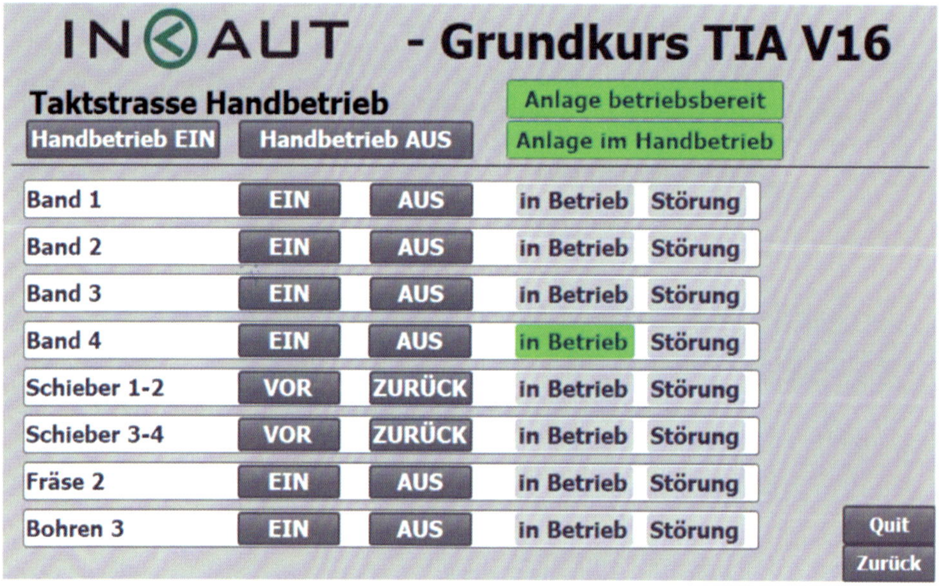

Bild 11.13 *Service*

Trotz der Ansteuerung der Schieber als einem Motor mit zwei Drehrichtungen existiert nur eine Störung. Die beiden rot unterlegten Störungsfelder hinter den Schiebern werden von derselben Variablen animiert (Bild 11.14). Rechts am Rand wird der Meldeindikator eingeblendet, der die anliegende Störung anzeigt.

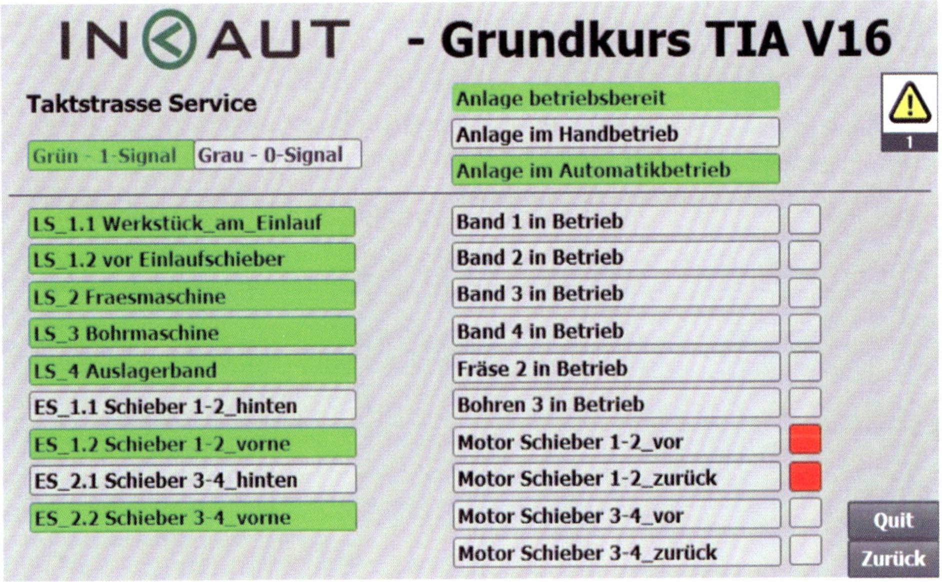

Bild 11.14 *Service mit Störung*

12 Beispielprojekt: Meldungen

Meldungen sind Zustände von Sensoren, Aktoren, Betriebszustände im Programmablauf oder auch Fehler der Anlage, die in der Visualisierung angezeigt werden sollen.

12.1 Meldungen in der SPS projektieren

Da die Laufzeitfehler von den anderen Störungsereignissen wie Not-Aus und Bimetall unterscheidbar sein sollen, müssen die Funktionsbausteine Band, Schieber und Bearbeitung um einen zusätzlichen Ausgang für den Laufzeitfehler erweitert werden.

Die Meldungen in der SPS müssen zur Übergabe an das Panel in einer oder mehreren WORT-Variablen zusammengefasst werden. In der HMI werden den Meldungen dann Meldetexte zugeordnet und eine Klassifizierung vorgenommen. Letztendlich wird in der HMI auch die Quittung generiert, die an die SPS zurückgegeben wird und dort die gestörten Bausteine quittiert.

Die Zuordnung der einzelnen Meldungen kann ganz einfach mit Merkerworten realisiert werden. Bei der Verwendung von Variablen aus einem Datenbaustein erhöht sich der Programmieraufwand, auch weil die Bits in einem Datenbausteinwort nicht einzeln adressierbar sind.

Schreibt man einen Funktionsbaustein, der die Zuordnung erledigt, so hat man bei einer größeren Anzahl von Meldungen einen Vorteil und kann auch einzelne Worte aus Datenbausteinen mit Meldungen beschreiben. Auch müssen bei Verwendung eines FB anders als bei einem FC die nicht benötigten Eingänge nicht beschaltet werden. Der Aufruf eines FB ist damit einfacher handhabbar.

Die Zuweisung der Meldungen zu den Bits der Meldeworte wird mithilfe des Funktionsbausteins **MeldeBit_zu_Wort** vorgenommen (Bild 12.1).

Im Input-Teil der Bausteinschnittstelle sind die Meldungs-Bits zu finden, im Output-Teil das Meldungs-Wort. Als temporäre Variable wird **a_of_bool** als Array[0..15] of Bool verwendet.

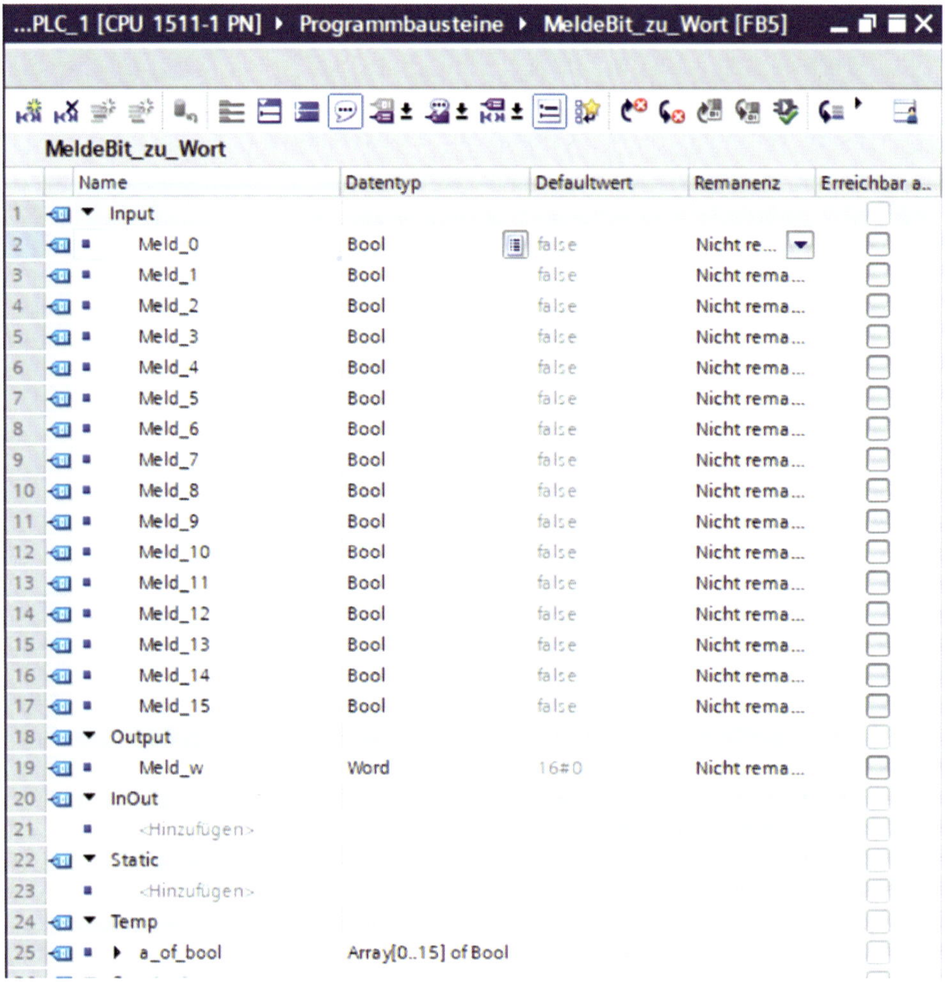
...PLC_1 [CPU 1511-1 PN] ▸ Programmbausteine ▸ MeldeBit_zu_Wort [FB5]

MeldeBit_zu_Wort

	Name	Datentyp	Defaultwert	Remanenz	Erreichbar a..
1	▾ Input				
2	Meld_0	Bool	false	Nicht re...	
3	Meld_1	Bool	false	Nicht rema...	
4	Meld_2	Bool	false	Nicht rema...	
5	Meld_3	Bool	false	Nicht rema...	
6	Meld_4	Bool	false	Nicht rema...	
7	Meld_5	Bool	false	Nicht rema...	
8	Meld_6	Bool	false	Nicht rema...	
9	Meld_7	Bool	false	Nicht rema...	
10	Meld_8	Bool	false	Nicht rema...	
11	Meld_9	Bool	false	Nicht rema...	
12	Meld_10	Bool	false	Nicht rema...	
13	Meld_11	Bool	false	Nicht rema...	
14	Meld_12	Bool	false	Nicht rema...	
15	Meld_13	Bool	false	Nicht rema...	
16	Meld_14	Bool	false	Nicht rema...	
17	Meld_15	Bool	false	Nicht rema...	
18	▾ Output				
19	Meld_w	Word	16#0	Nicht rema...	
20	▾ InOut				
21	<Hinzufügen>				
22	▾ Static				
23	<Hinzufügen>				
24	▾ Temp				
25	▸ a_of_bool	Array[0..15] of Bool			

Bild 12.1 *Meldungen SPS – FB MeldeBit_zu_Wort, Bausteinschnittstelle*

Im Netzwerk 1 werden die Bits in das Array transferiert, Bild 12.2 zeigt nur einen Ausschnitt mit den ersten drei Zuweisungen.

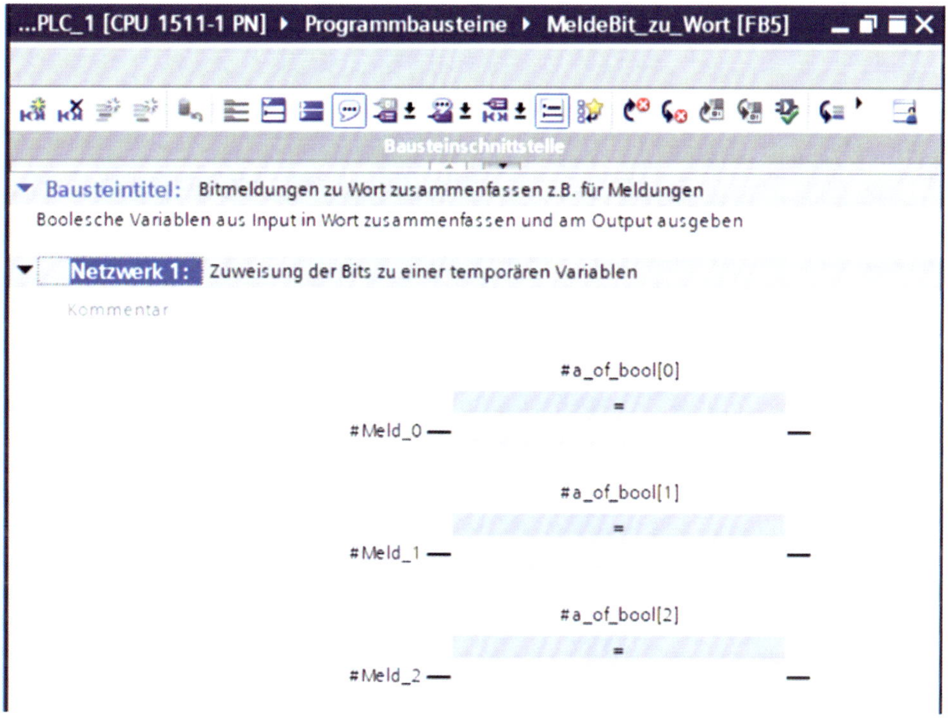

Bild 12.2 Meldungen SPS – FB MeldeBit_zu_Wort, Ausschnitt aus Netzwerk 1

Im Netzwerk 2 wird das Array **a_of_bool** in das Wort **Meld_W** geschrieben (Bild 12.3).

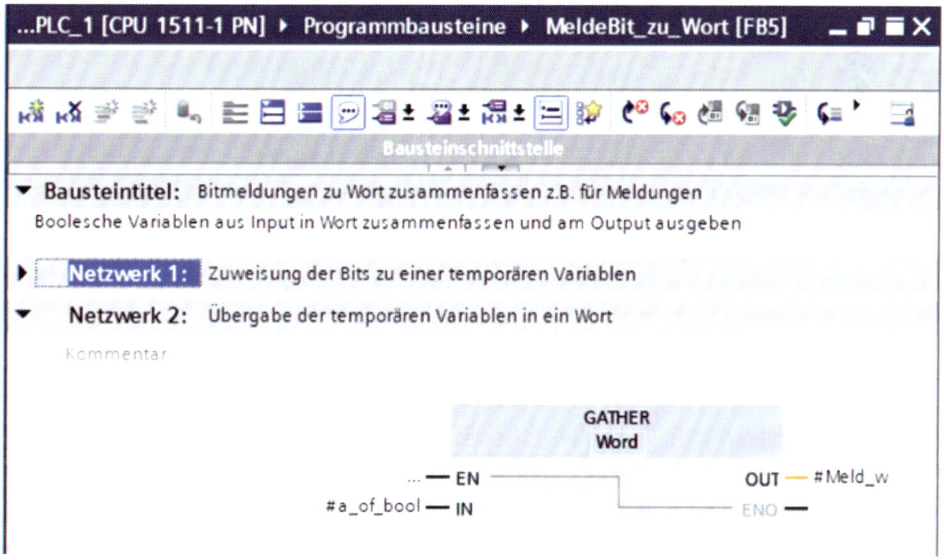

Bild 12.3 Meldungen SPS – FB MeldeBit_zu_Wort, Netzwerk 2

Falls ein Wort nicht ausreicht, um alle Meldungen zu verarbeiten, wird der Funktionsbaustein ein zweites Mal aufgerufen und ein weiteres Meldungswort beschrieben (Bild 12.4).

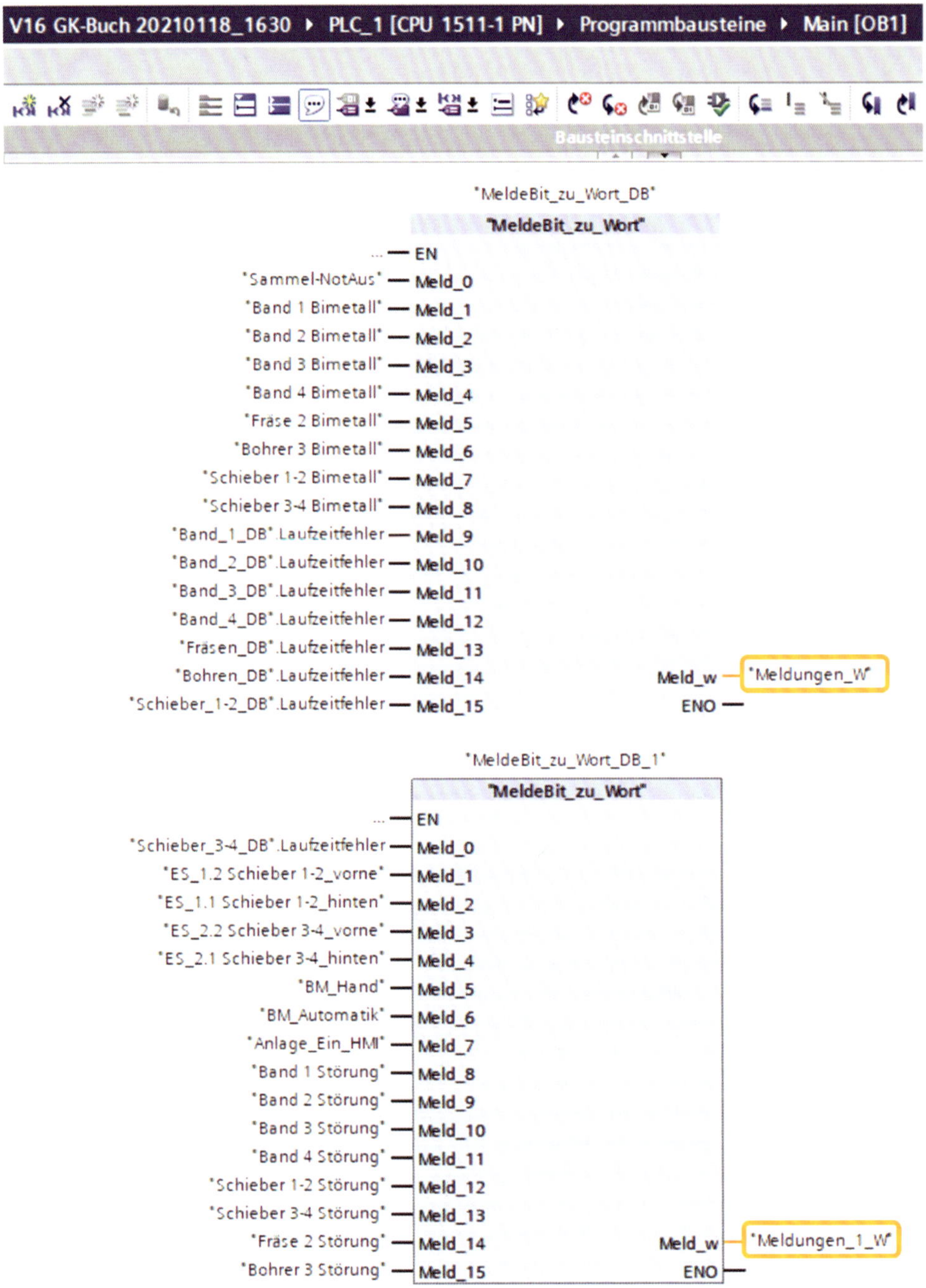

Bild 12.4 *Meldungen SPS – FB MeldeBit_zu_Wort, Aufruf im OB1*

Im Fall eines betätigten Not-Aus sind alle Bausteine in Störung und müssen gemeinsam quittiert werden. Das ist entsprechend aufwändig, somit bleibt zu fragen, ob das Speichern der Störung im Baustein bei betätigtem Not-Aus richtig war. Bei mehreren einzeln verdrahteten Not-Aus ist das vollkommen korrekt. Letztlich muss man entscheiden, ob mehrere Not-Aus-Kreise installiert werden und wie diese zu quittieren sind. Auch wird das Not-Aus nicht als Error klassifiziert, sondern allein die Störung des entsprechenden Bausteins, damit nur diese quittiert werden muss.

12.2 Meldungen in der HMI projektieren

Für die Darstellung der Meldungen in der HMI haben sich zwei Varianten etabliert. Die Meldungen können entweder in einem eigenen Bild dargestellt werden oder das aktuelle Bild überblenden.

Für die Darstellung in einem eigenen Bild ist ein zusätzliches Bild nebst Umschaltbuttons erforderlich sowie ein Meldeindikator, der auf allen Bildern anzeigt, dass eine Meldung vorliegt.

Mit dem Überblenden des aktuellen Bildes durch den Meldeindikator können anstehende Error-Meldungen kaum übersehen werden.

Zuerst muss man sich um die Datenbasis in der HMI kümmern. In der HMI-Variablentabelle werden die Meldeworte angelegt und mit der SPS verbunden (Bild 12.5).

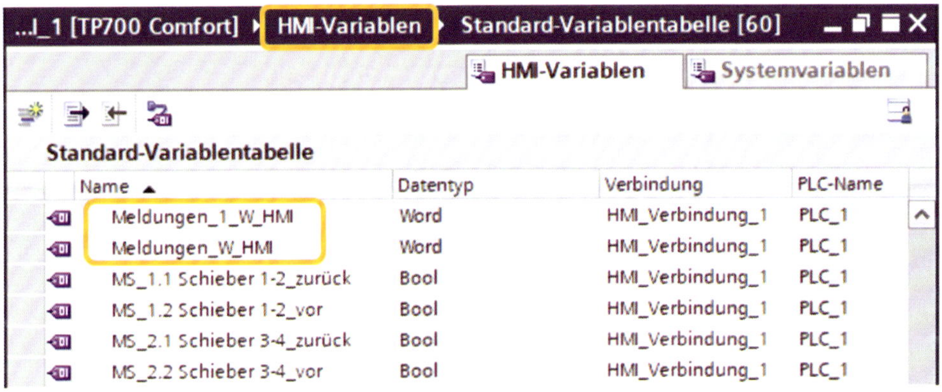

Bild 12.5 *Meldungen HMI – Variablen, Meldungen*

Im zweiten Schritt werden die HMI-Meldungen konfektioniert (Bild 12.6).

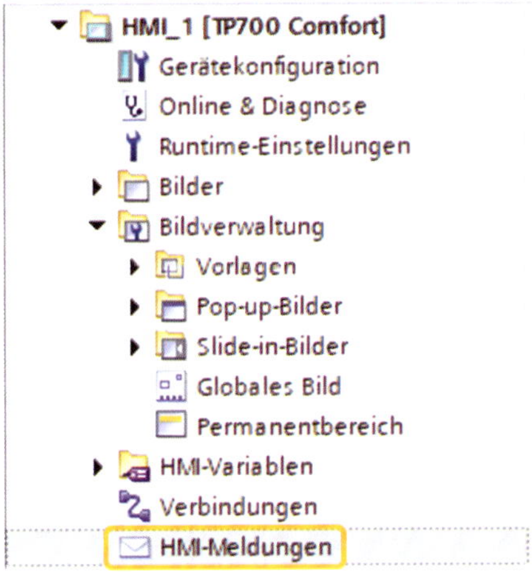

Bild 12.6 *Meldungen HMI – Projektnavigation HMI_Meldungen*

Nach der Festlegung des Meldetextes muss die Meldeklasse und die Triggervariable zugewiesen werden.

Grundsätzlich ist die Struktur der Daten bereits in der SPS vorgegeben (Bild 12.7).

Ein aktiver Störungsausgang wird der Meldeklasse **Errors** zugeordnet. Die Bimetallstörungen, Laufzeitstörungen oder ein betätigter Not-Aus erzeugen Meldungen der Meldeklasse **No Acknowledgement** (keine Bestätigung).

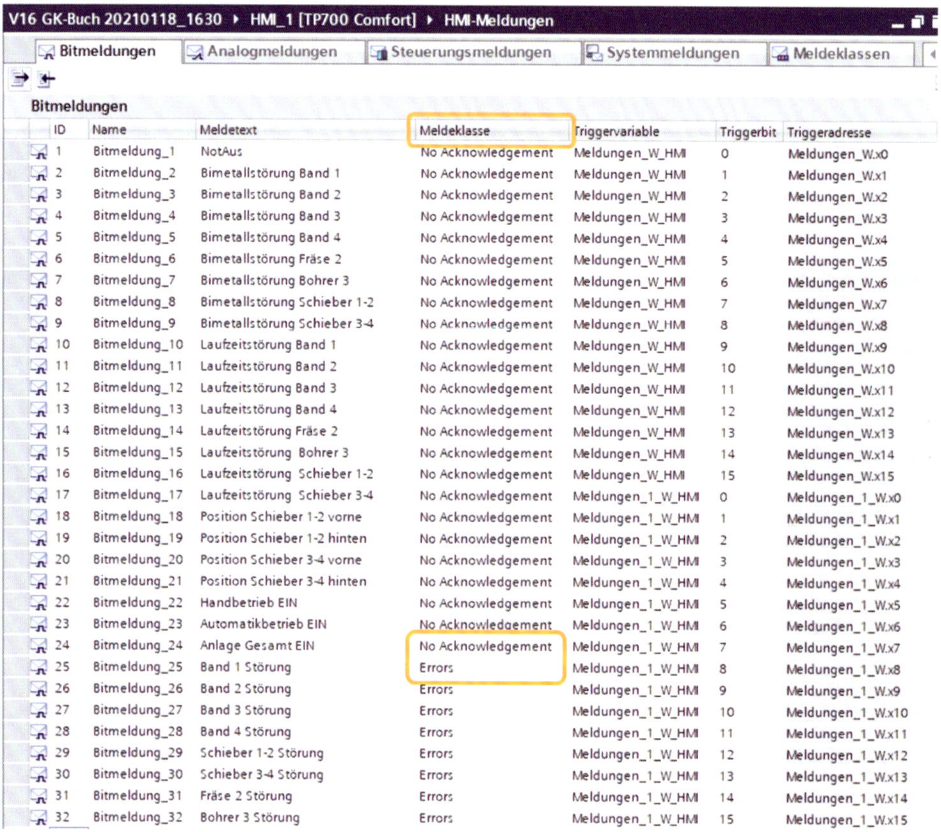

ID	Name	Meldetext	Meldeklasse	Triggervariable	Triggerbit	Triggeradresse
1	Bitmeldung_1	NotAus	No Acknowledgement	Meldungen_W_HMI	0	Meldungen_W.x0
2	Bitmeldung_2	Bimetallstörung Band 1	No Acknowledgement	Meldungen_W_HMI	1	Meldungen_W.x1
3	Bitmeldung_3	Bimetallstörung Band 2	No Acknowledgement	Meldungen_W_HMI	2	Meldungen_W.x2
4	Bitmeldung_4	Bimetallstörung Band 3	No Acknowledgement	Meldungen_W_HMI	3	Meldungen_W.x3
5	Bitmeldung_5	Bimetallstörung Band 4	No Acknowledgement	Meldungen_W_HMI	4	Meldungen_W.x4
6	Bitmeldung_6	Bimetallstörung Fräse 2	No Acknowledgement	Meldungen_W_HMI	5	Meldungen_W.x5
7	Bitmeldung_7	Bimetallstörung Bohrer 3	No Acknowledgement	Meldungen_W_HMI	6	Meldungen_W.x6
8	Bitmeldung_8	Bimetallstörung Schieber 1-2	No Acknowledgement	Meldungen_W_HMI	7	Meldungen_W.x7
9	Bitmeldung_9	Bimetallstörung Schieber 3-4	No Acknowledgement	Meldungen_W_HMI	8	Meldungen_W.x8
10	Bitmeldung_10	Laufzeitstörung Band 1	No Acknowledgement	Meldungen_W_HMI	9	Meldungen_W.x9
11	Bitmeldung_11	Laufzeitstörung Band 2	No Acknowledgement	Meldungen_W_HMI	10	Meldungen_W.x10
12	Bitmeldung_12	Laufzeitstörung Band 3	No Acknowledgement	Meldungen_W_HMI	11	Meldungen_W.x11
13	Bitmeldung_13	Laufzeitstörung Band 4	No Acknowledgement	Meldungen_W_HMI	12	Meldungen_W.x12
14	Bitmeldung_14	Laufzeitstörung Fräse 2	No Acknowledgement	Meldungen_W_HMI	13	Meldungen_W.x13
15	Bitmeldung_15	Laufzeitstörung Bohrer 3	No Acknowledgement	Meldungen_W_HMI	14	Meldungen_W.x14
16	Bitmeldung_16	Laufzeitstörung Schieber 1-2	No Acknowledgement	Meldungen_W_HMI	15	Meldungen_W.x15
17	Bitmeldung_17	Laufzeitstörung Schieber 3-4	No Acknowledgement	Meldungen_1_W_HMI	0	Meldungen_1_W.x0
18	Bitmeldung_18	Position Schieber 1-2 vorne	No Acknowledgement	Meldungen_1_W_HMI	1	Meldungen_1_W.x1
19	Bitmeldung_19	Position Schieber 1-2 hinten	No Acknowledgement	Meldungen_1_W_HMI	2	Meldungen_1_W.x2
20	Bitmeldung_20	Position Schieber 3-4 vorne	No Acknowledgement	Meldungen_1_W_HMI	3	Meldungen_1_W.x3
21	Bitmeldung_21	Position Schieber 3-4 hinten	No Acknowledgement	Meldungen_1_W_HMI	4	Meldungen_1_W.x4
22	Bitmeldung_22	Handbetrieb EIN	No Acknowledgement	Meldungen_1_W_HMI	5	Meldungen_1_W.x5
23	Bitmeldung_23	Automatikbetrieb EIN	No Acknowledgement	Meldungen_1_W_HMI	6	Meldungen_1_W.x6
24	Bitmeldung_24	Anlage Gesamt EIN	No Acknowledgement	Meldungen_1_W_HMI	7	Meldungen_1_W.x7
25	Bitmeldung_25	Band 1 Störung	Errors	Meldungen_1_W_HMI	8	Meldungen_1_W.x8
26	Bitmeldung_26	Band 2 Störung	Errors	Meldungen_1_W_HMI	9	Meldungen_1_W.x9
27	Bitmeldung_27	Band 3 Störung	Errors	Meldungen_1_W_HMI	10	Meldungen_1_W.x10
28	Bitmeldung_28	Band 4 Störung	Errors	Meldungen_1_W_HMI	11	Meldungen_1_W.x11
29	Bitmeldung_29	Schieber 1-2 Störung	Errors	Meldungen_1_W_HMI	12	Meldungen_1_W.x12
30	Bitmeldung_30	Schieber 3-4 Störung	Errors	Meldungen_1_W_HMI	13	Meldungen_1_W.x13
31	Bitmeldung_31	Fräse 2 Störung	Errors	Meldungen_1_W_HMI	14	Meldungen_1_W.x14
32	Bitmeldung_32	Bohrer 3 Störung	Errors	Meldungen_1_W_HMI	15	Meldungen_1_W.x15

Bild 12.7 *Meldungen HMI – HMI Meldungen Klassifikation*

Zur Signalisierung der Meldungen der Meldeklasse Errors im **Globalen Bild** ist ein Objekt **Meldeindikator** zu erstellen (Bild 12.8). Das **Globale Bild** überblendet alle anderen Bilder.

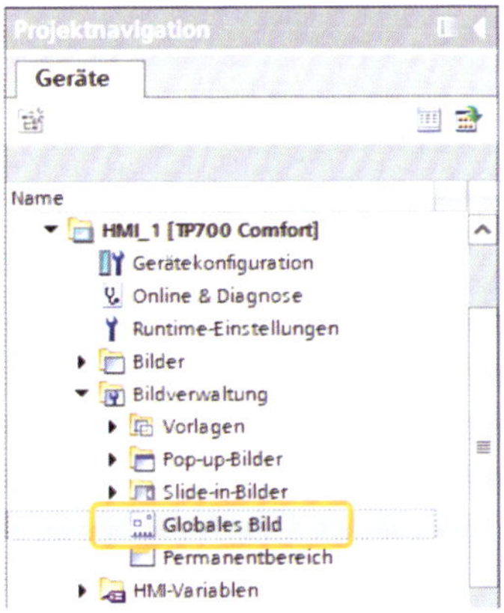

Bild 12.8 *Meldungen HMI – Projektnavigation Globales Bild*

Für die Positionierung des Meldeindikators kann man sich ein freies Eckchen suchen, das auf allen Bildern gleichermaßen verfügbar ist. Das ist aber nicht zwingend, da der Meldeindikator über allen Bildelementen dargestellt wird (Bild 12.9).

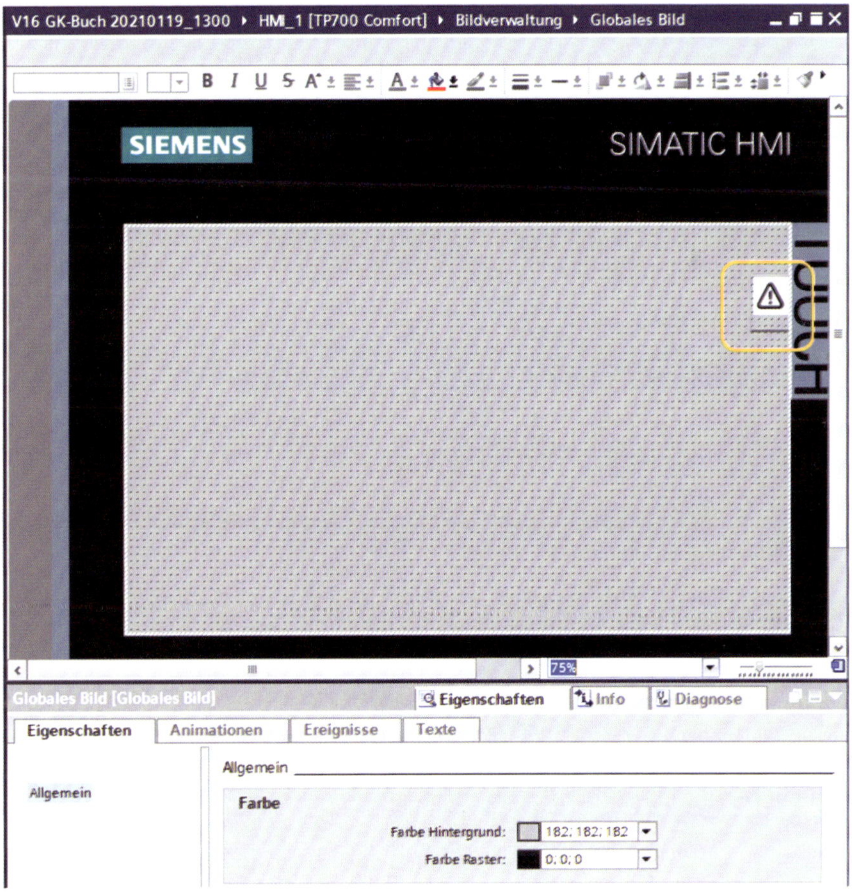

Bild 12.9 *Visualisierung – Globales Bild mit Meldeindikator*

Auch der Meldeindikator hat einstellbare Eigenschaften. In Bild 12.10 sind sie so eingestellt, dass er nur bei Meldungen der Meldeklasse Errors sichtbar wird.

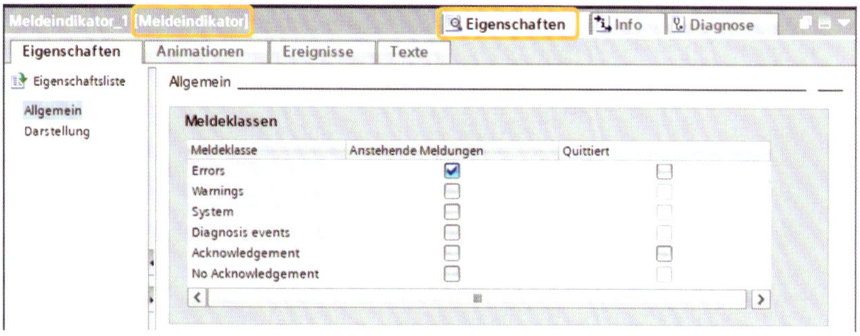

Bild 12.10 *Visualisierung – Meldeindikator Eigenschaften*

Für die Darstellung der Meldungen ist ein Bild **Meldungen** neu anzulegen, nebst einem Umschaltbutton im Bild **Anlagenübersicht**. Darin wird ein Objekt Meldeanzeige eingefügt nebst Zurück- und Quit-Button (Bild 12.11). Anzuzeigende Meldeklassen werden in den Eigenschaften konfektioniert.

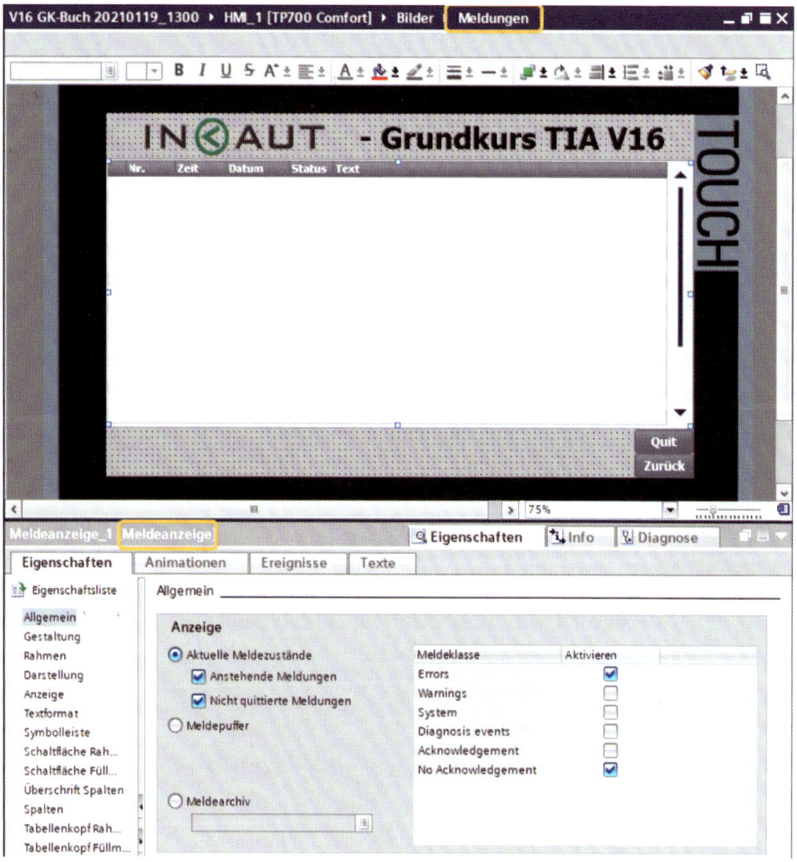

Bild 12.11 *Visualisierung – Meldungen Meldeanzeige, Eigenschaften Anzeige*

Da das Quittieren bereits per Button programmiert ist, entfällt die Schaltfläche Quittieren nebst Symbolleiste (Bild 12.12).

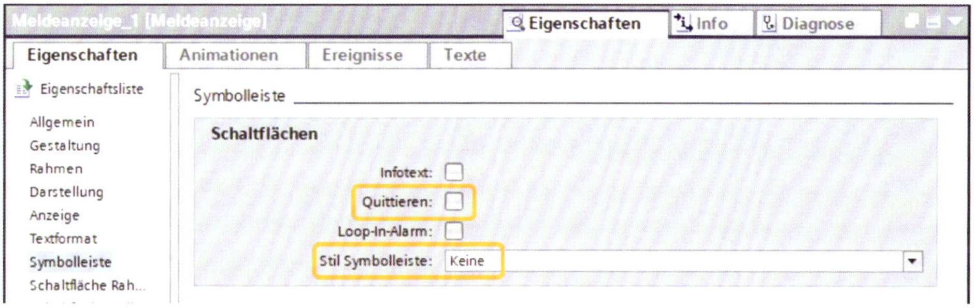

Bild 12.12 *Visualisierung – Meldungen Meldeanzeige, Eigenschaften Symbolleiste*

Die Programmierung der Quit-Schaltfläche erfolgt mit der Variablen **Quit_All_PLC_HMI**, diese Variable hat in der SPS einen anderen Namen (Bild 12.13).

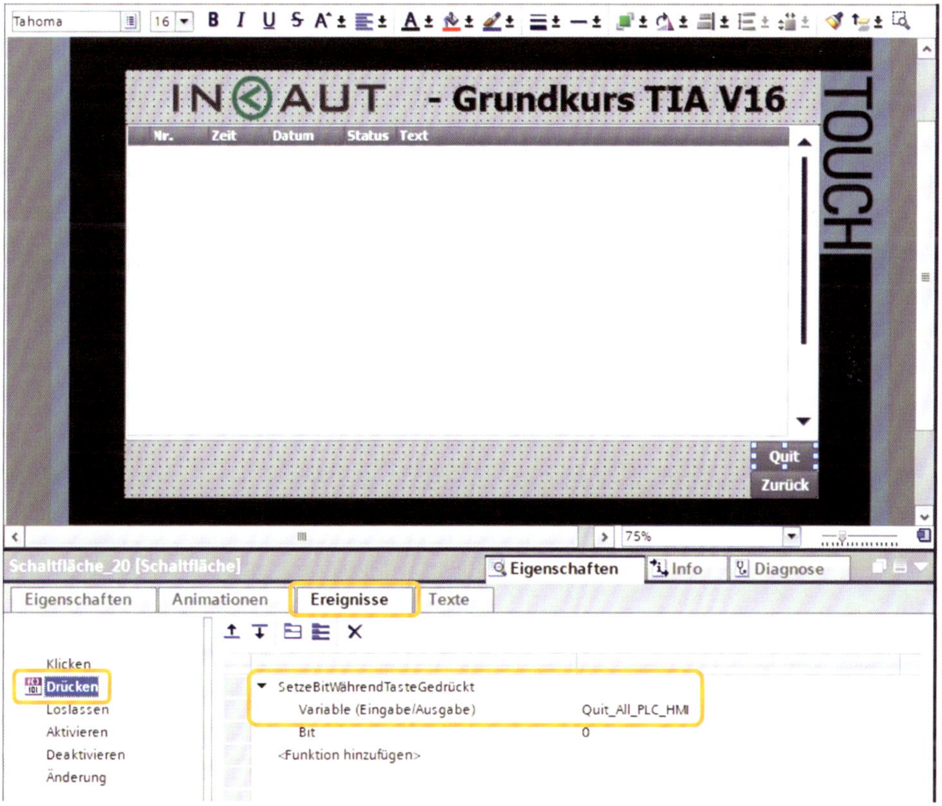

Bild 12.13 *Visualisierung – Meldungen Taste Quit, Eigenschaften Ereignis*

13 Beispielprojekt: Projekte übertragen

Die Übertragung des Projektes in die CPU bzw. in das Panel kündigt das Ende des Projektes an. Die Schnittstelle ist durch die Hardware auf das Profinet festgelegt, eine entsprechende Einstellung ist unter dem Menü **Extras** vorzuwählen.

Üblicherweise startet man vor der Übertragung einen Rundruf, die Ermittlung der erreichbaren Teilnehmer. Wenn kein Teilnehmer erreicht wird, müssen die Schnittstelleneinstellung und die Verkabelung geprüft werden. Sollten sich andere Teilnehmer melden, aber nicht die gesuchte CPU bzw. das gesuchte Panel, so sind dort die Stromversorgung und die Verkabelung zu prüfen. Zur Übertragung der Teilprojekte selektiert man die SPS in der Projektnavigation und startet den Datentransfer über das Online-Menü oder das Icon Laden. Eine letzte Übersetzung des Programms wird gestartet und dann in die SPS hochgeladen.

Das Panelprojekt muss getrennt übertragen werden, auch wieder durch Selektion des Panels in der Projektnavigation und Start des Datentransfers über das Online-Menü oder das Icon Laden. Eine letzte Übersetzung des Panelprojektes wird gestartet und dann in das Panel hochgeladen.

Jetzt ist ggf. noch die CPU in Run zu versetzen, um die Anlage in Betrieb zu nehmen.

Vor der Übertragung prüft man die Schnittstelleneinstellungen im Menü **Extras – Einstellungen** (Bild 13.1).

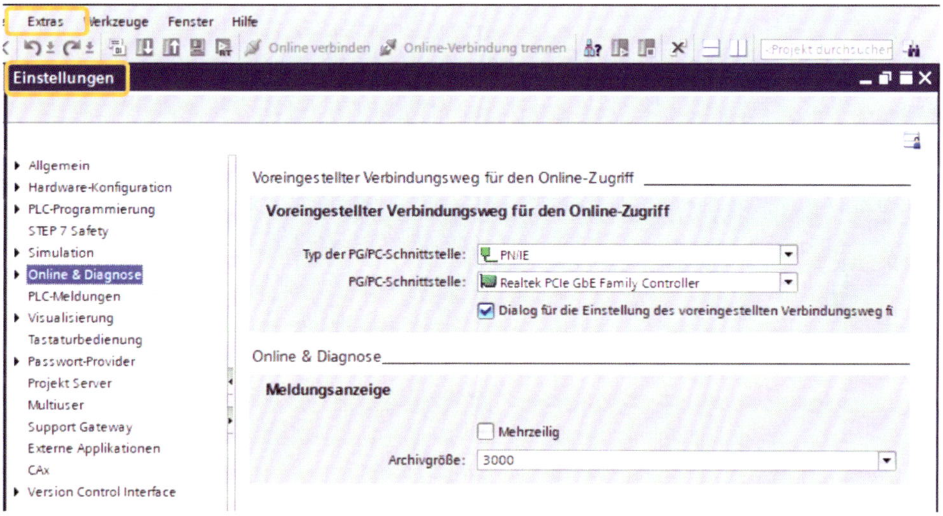

Bild 13.1 *Extras – Einstellungen Online & Diagnose*

Ebenso prüft man die Einstellungen der Schnittstelle mittels **Erreichbarer Teilnehmer** im Online-Menü (Bild 13.2).

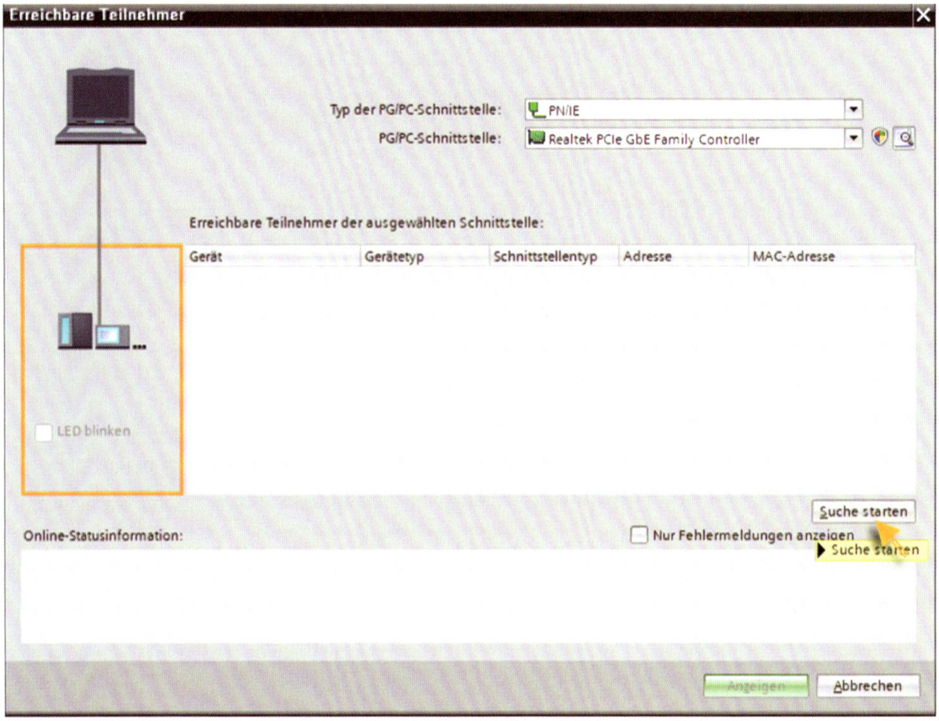

Bild 13.2 *Erreichbare Teilnehmer*

Danach startet man das Laden der Software in die SPS über das Menü oder das entsprechende Icon. Beim ersten Laden wird immer der erweiterte Ladedialog geöffnet (Bild 13.3).

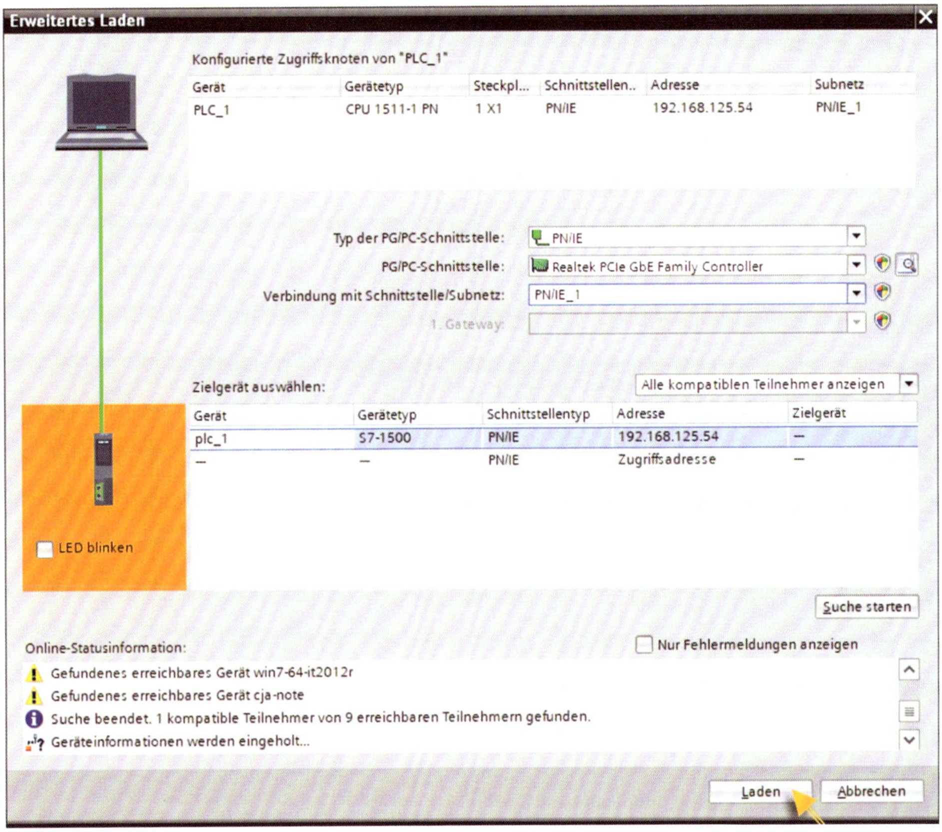

Bild 13.3 *Erweitertes Laden*

Im Inspektorfenster – Info – werden Meldungen dazu ausgegeben, was alles geladen wurde, und der erfolgreiche Abschluss des Ladevorganges angezeigt (Bild 13.4).

Mit den Filter-Buttons Störungen (rot unterlegtes Kreuz), Warnungen (gelb unterlegtes Ausrufezeichen) und Informationen (blau unterlegter Buchstabe i) kann man sich die Vielzahl der Meldungen auf null reduzieren. Das fällt nicht weiter auf – wenn das Programm nicht übersetzt oder geladen wird, weiß man nun allerdings nicht warum. Die Darstellung ändert sich beim Anklicken auch nicht wesentlich. Irreführenderweise steht rechts daneben «alle Meldungen anzeigen», nur bezieht sich das auf Safety-Meldungen, die auch allein herausgefiltert werden können.

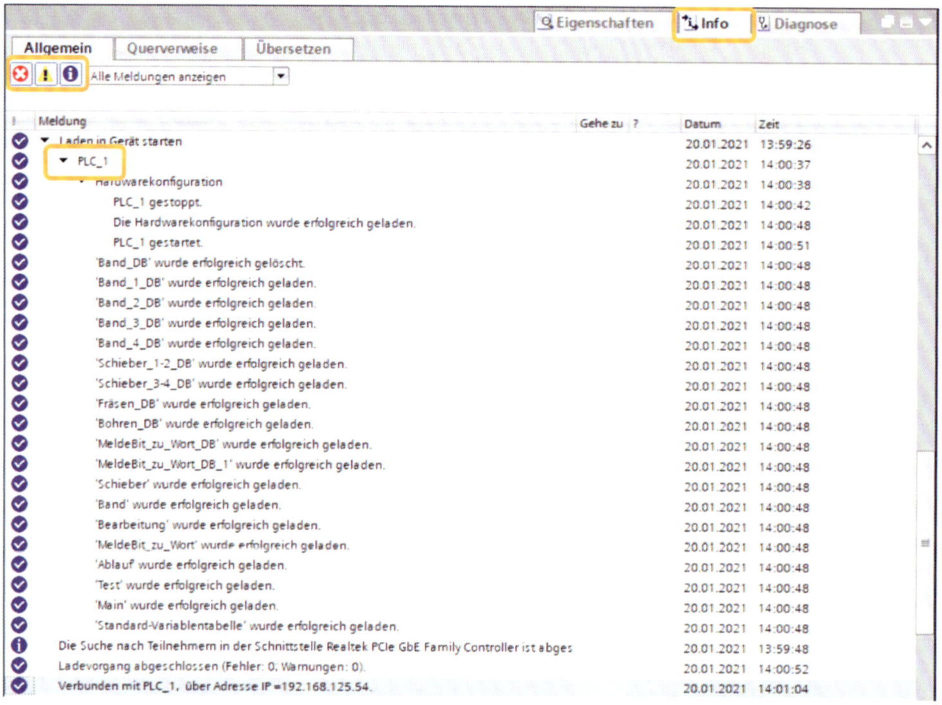

Bild 13.4 *Info – Ausgaben nach erfolgreichem Laden der SPS*

Auch das Panel wird mit der erstellten Software geladen, die Aktionen ähneln denen beim Laden des Panels (Bild 13.5).

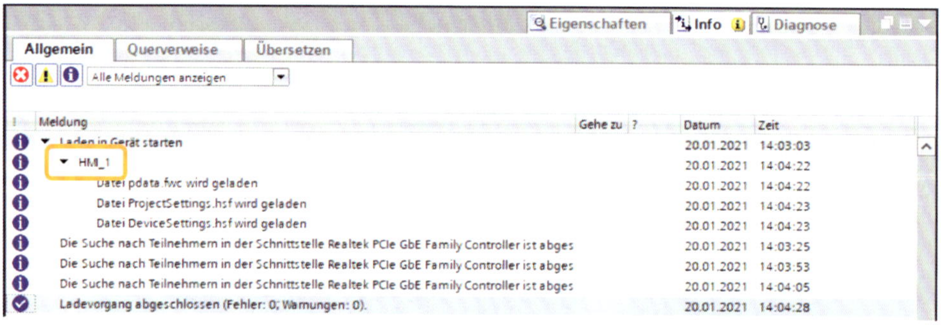

Bild 13.5 *Info – Ausgaben nach erfolgreichem Laden der HMI*

Spielt man das Projekt auf eine simulierte CPU und ein simuliertes Panel, so werden vergleichbare Meldungen ausgegeben, einziger Unterschied ist eine andere Schnittstelle.

14 Beispielprojekt: Projekt testen

Ein Test vor dem Einspielen in die SPS ist nicht vorgeschrieben, jedoch könnte bei größeren Anlagen der ein oder andere Fehler im Programm zu größeren Schäden führen. Um dies zu vermeiden, benutzt man während der Programmentwicklung die Simulation.

Mit der Simulation lassen sich sämtlich Signale simulieren, die Anlage sollte so reagieren wie gewünscht. Die Simulation lässt sich sogar auf das Panel ausweiten, sodass Panel und CPU wie in Realität miteinander kommunizieren. Hierbei ist zu beachten, dass die Simulation der CPU zuerst gestartet werden muss und danach erst die des Panels.

Beginnend mit dem Test einzelner Module geht man später in den Handbetrieb über. Hier werden sämtliche Sensorsignale getestet – hier sind das die der Lichtschranken und die der Endschalter. Danach wird der Test auf die Signale zu den Aktoren ausgeweitet – hier die Antriebe der Bänder, Fräser, Bohrer und Schieber.

Etwaige Programmkorrekturen sind vollkommen normal und lassen sich umgehend erneut testen.

Wenn die Testphase des Handbetriebes abgeschlossen ist, wendet man sich dem Test des Automatikbetriebes zu. Dieser Test ist aufwändiger, weil hier Laufzeitprüfungen den einen oder anderen Fehler verursachen können, der in Realität nicht auftritt. Gelegentlich ist sogar zusätzliche Software nötig, um das Verhalten einzelner Module zu simulieren.

Beispielsweise brauchen die Schieber eine bestimmte Zeit, um von der einen in die andere Endlage zu kommen. Die Endschalter müssen dann reagieren: der eine gewissermaßen sofort, wenn der Schieber in einer der Endpositionen war, der andere Endschalter erst nach einer definierten Zeit. Abschließend muss auch noch die aktuelle Position des Schiebers gespeichert werden. Hat man einmal solch einen Schieber-Simulationsbaustein programmiert, so kann man ihn – wie hier – auch mehrmals einsetzen.

Jetzt fehlen nur noch Simulationsbausteine für Fräse und Bohrer sowie die Bänder. In das Projekt eingebunden, kann man die ganze Anlage simulieren. Danach fängt der schwierige Teil an: die Optimierung von Programm, Visualisierung und Anlage.

Üblicherweise wird ein Projekt vor dem Einspielen in die SPS getestet. Dazu bietet sich die Simulation an, die sowohl SPS als auch das Panel simulieren kann.

Nach der Selektion des zu simulierenden Objektes in der Projektnavigation startet man die Simulation über die Menü- oder Icon-Leiste. Die Simulation öffnet für eine SPS S7-1500 mit der Kompaktdarstellung. In diese ist das SPS-Projekt hochzuladen.

Vor dem Hochladen des Projektes wird eine Warnmeldung ausgegeben (Bild 14.1).

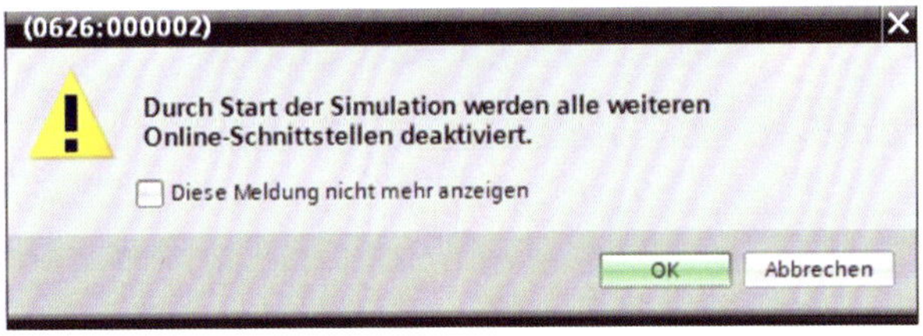

Bild 14.1 *Simulation_PLC_Warnung*

Nach der Bestätigung der Warnmeldung wird die Kompaktdarstellung der Simulation dargestellt (Bild 14.2). Diese entspricht einer leeren eingeschalteten und unkonfektionierten SPS im STOP-Zustand.

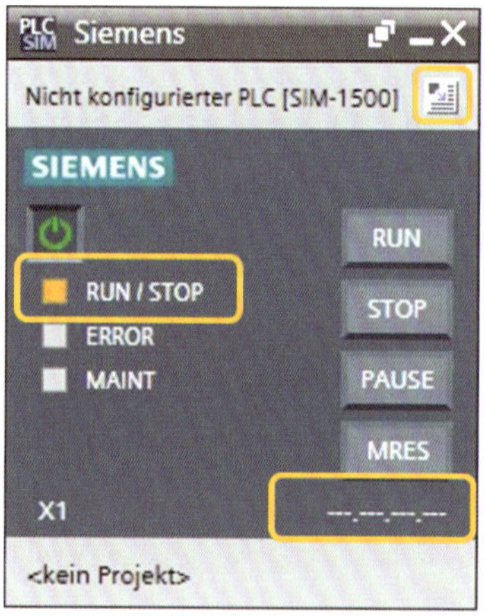

Bild 14.2 *Simulation_PLC_klein*

Nach dem Laden des Softwareprojektes in die simulierte SPS weist die Kompaktdarstellung der Simulation sowohl den CPU-Typ als auch deren IP-Adresse aus. Der Hinweis <kein Projekt> bezieht sich auf ein noch nicht vorhandenes Simulationsprojekt. Die SPS ist nicht mehr im STOP-, sondern im RUN-Zustand (Bild 14.3).

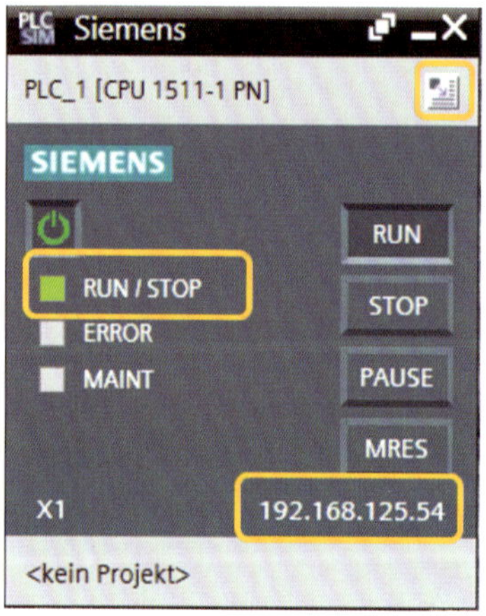

Bild 14.3 *Simulation_PLC_klein_mit_Hardware*

Für viele kleinere Projekte reicht die Kompaktdarstellung vollkommen aus. Müssen jedoch Variablen, insbesondere Eingänge manipuliert werden, so ist man auf ein Simulationsprojekt angewiesen (Bild 14.4). Nach dem Umschalten in die Projektansicht über den Button rechts oben öffnet sich ein neues Fenster.

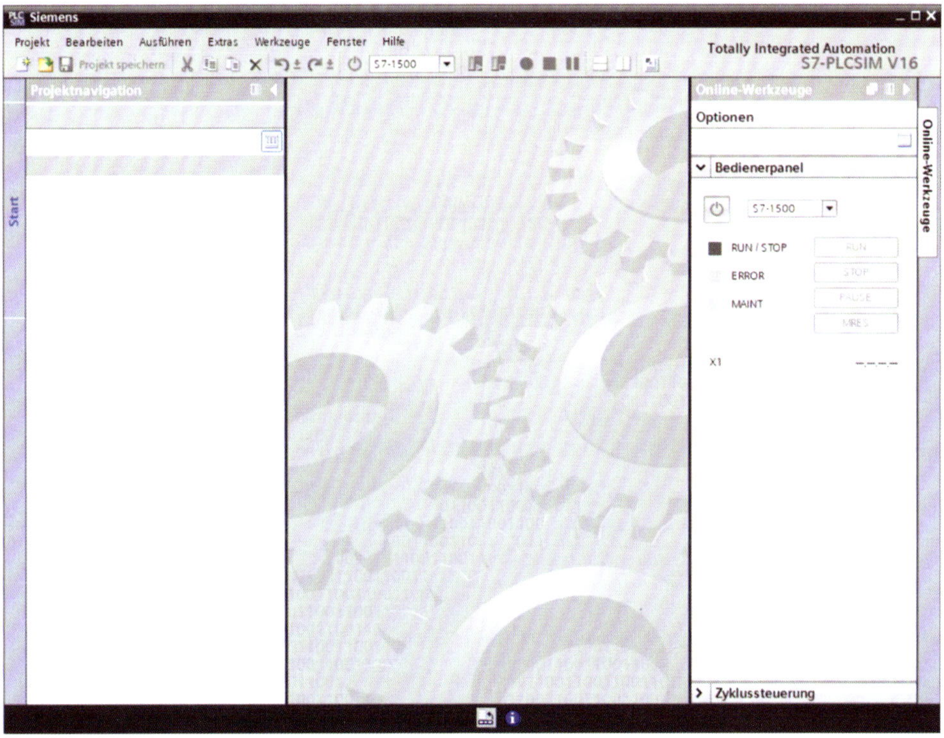

Bild 14.4 Simulation – Projektansicht

Jetzt wird über den Button Neu ein Simulationsprojekt angelegt, oder man öffnet ein bereits bestehendes Simulationsprojekt (Bild 14.5). Die vordefinierte Simulationstabelle ist bei neuen Simulationsprojekten leer, sie kann aber mit dem «Kofferanhänger» mit PLC-Variablen gefüllt werden.

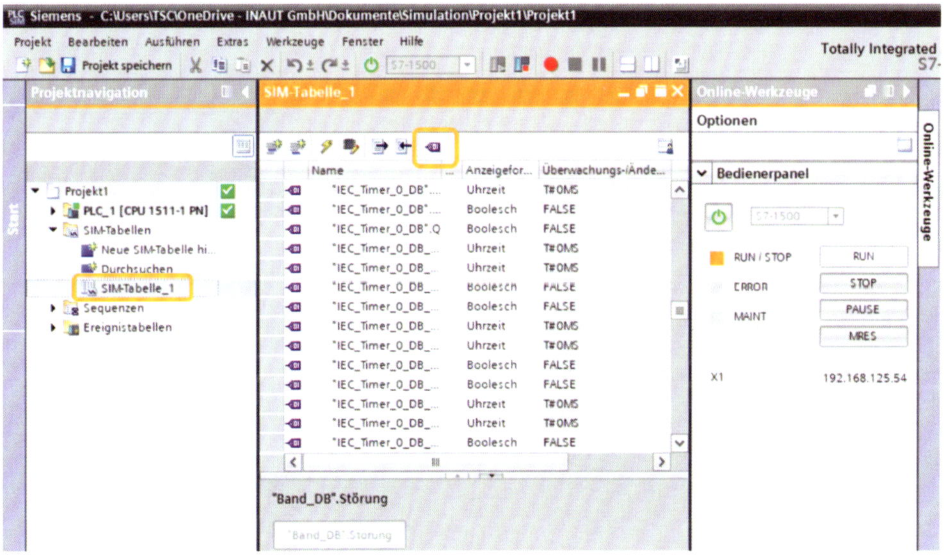

Bild 14.5 Simulation – Projektansicht mit geöffnetem Projekt

Werden die Simulationen umfangreicher, so speichert man sie beim Beenden ab und kann sie bei Bedarf mit der ehemaligen Simulationstabelle neu starten (Bild 14.6). Auch lassen sich mehrere Simulationstabellen anlegen, um Teilprojekte zu testen. Damit erspart man sich viele kleine Einstellungen in der Simulation. Die Simulation von Teilprojekten mit unterschiedlichem Datenumfang bleibt dann übersichtlich.

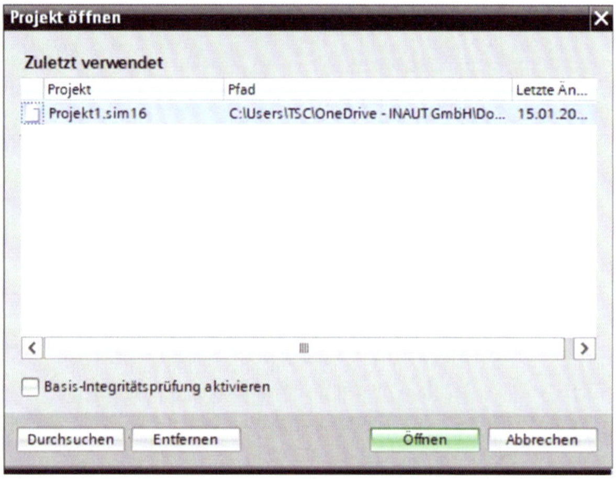

Bild 14.6 *Simulation_PLC_Projekt_öffnen*

In der Simulationstabelle werden alle oder – wenn nicht alle benötigt werden – ein Teil der im Projekt verfügbaren Variablen angezeigt. In den Online-Werkzeugen in Bild 14.7 rechts ist der Betriebsmodus der CPU erkennbar und umschaltbar. Weiterhin lässt sich ein Aus-Einschalten der CPU simulieren und das Urlöschen (MRES).

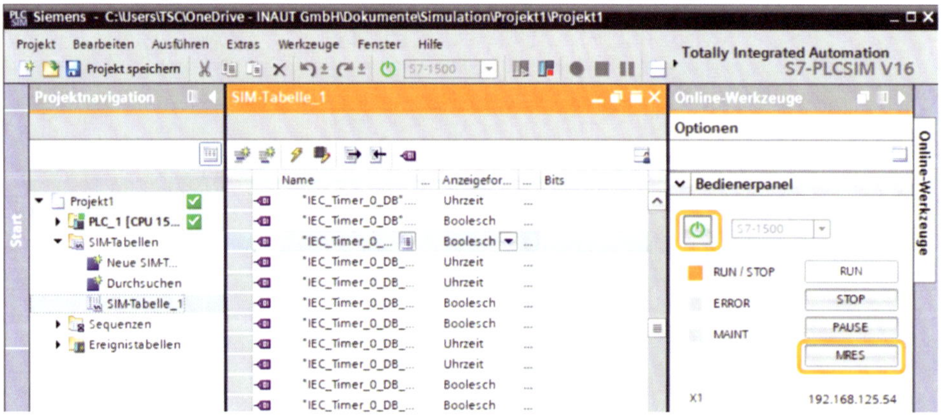

Bild 14.7 *Simulation_PLC_Übersicht*

Selektiert man eine Variable in der Simulationstabelle, so wird unten am Bildschirmrand eine Schaltfläche eingeblendet, um den Wert der Variablen umzuschalten (Bild 14.8).

Man kann so auch einen Eingang auf 1/True setzen, innerhalb eines Netzwerkes per Variable Steuern wäre das nicht möglich.

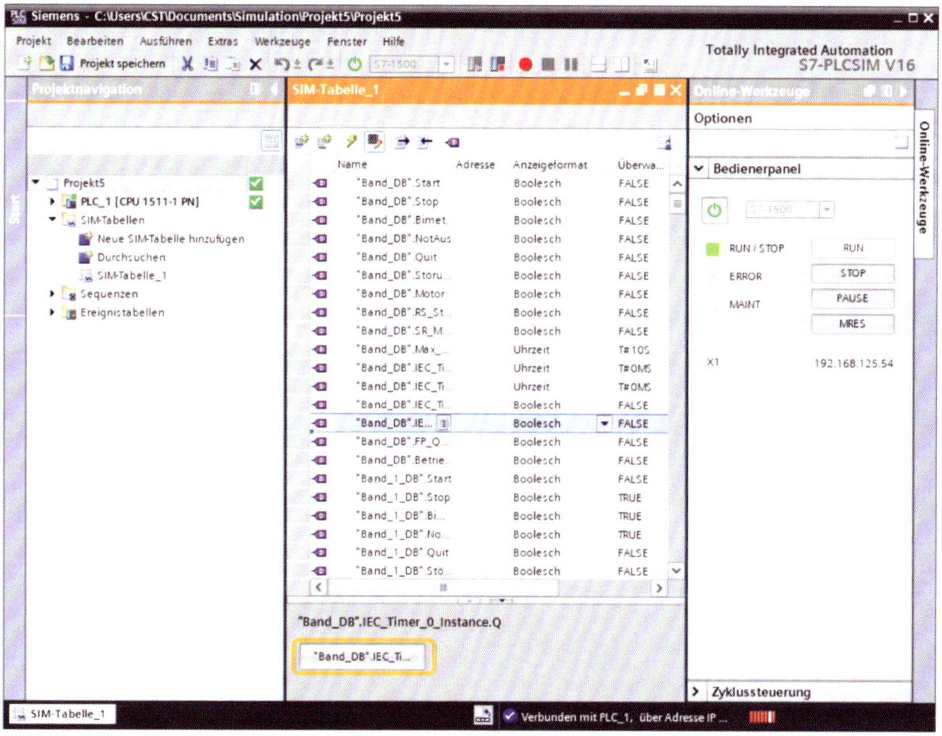

Bild 14.8 *Simulation_PLC_markierte Variable*

15 Beispielprojekt: SPS-Programm beobachten

Schon bei der Simulation kann man eine gewisse Routine zum Beobachten des Programms gewinnen, der Unterschied zu einer realen SPS ist nur an wenigen Stellen zu bemerken. Einerseits wird man häufig in Netzwerken beobachten, oft aber liefert das einen zu kleinen Ausschnitt der infrage kommenden Parameter.

Das Beobachten mittels Beobachtungstabelle kann erheblich mehr Variablen darstellen, auch ist die Möglichkeit gegeben, einzelne Variablen zu steuern (Bild 15.1).

Der orange Balken ist das Kennzeichen für eine Online-Verbindung, auch bei einer simulierten SPS.

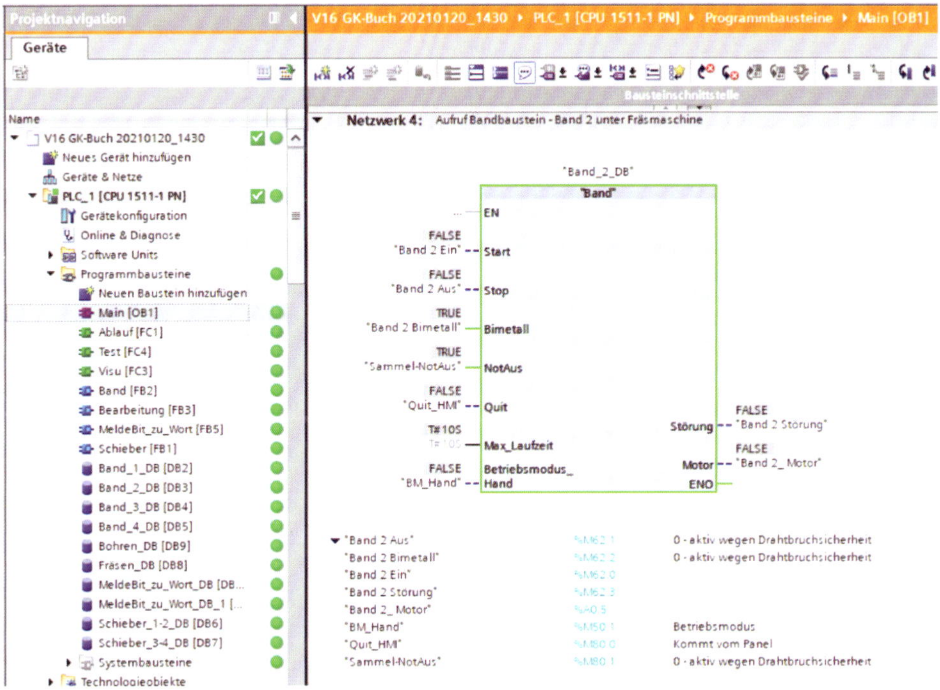

Bild 15.1 *Beobachten im Netzwerk mit Projektnavigation*

Die Darstellung in der Beobachtungstabelle ist eine Ergänzung gegenüber dem Beobachten im Netzwerk (Bild 15.2).

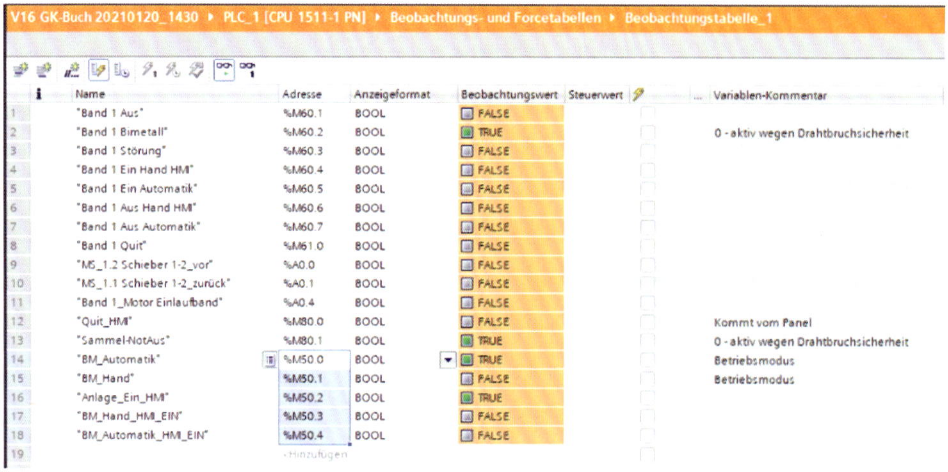

V16 GK-Buch 20210120_1430 ▸ PLC_1 [CPU 1511-1 PN] ▸ Beobachtungs- und Forcetabellen ▸ Beobachtungstabelle_1

	Name	Adresse	Anzeigeformat	Beobachtungswert	Steuerwert	Variablen-Kommentar
1	"Band 1 Aus"	%M60.1	BOOL	FALSE		
2	"Band 1 Bimetall"	%M60.2	BOOL	TRUE		0 - aktiv wegen Drahtbruchsicherheit
3	"Band 1 Störung"	%M60.3	BOOL	FALSE		
4	"Band 1 Ein Hand HMI"	%M60.4	BOOL	FALSE		
5	"Band 1 Ein Automatik"	%M60.5	BOOL	FALSE		
6	"Band 1 Aus Hand HMI"	%M60.6	BOOL	FALSE		
7	"Band 1 Aus Automatik"	%M60.7	BOOL	FALSE		
8	"Band 1 Quit"	%M61.0	BOOL	FALSE		
9	"MS_1.2 Schieber 1-2_vor"	%A0.0	BOOL	FALSE		
10	"MS_1.1 Schieber 1-2_zurück"	%A0.1	BOOL	FALSE		
11	"Band 1_Motor Einlaufband"	%A0.4	BOOL	FALSE		
12	"Quit_HMI"	%M80.0	BOOL	FALSE		Kommt vom Panel
13	"Sammel-NotAus"	%M80.1	BOOL	TRUE		0 - aktiv wegen Drahtbruchsicherheit
14	"BM_Automatik"	%M50.0	BOOL	TRUE		Betriebsmodus
15	"BM_Hand"	%M50.1	BOOL	FALSE		Betriebsmodus
16	"Anlage_Ein_HMI"	%M50.2	BOOL	TRUE		
17	"BM_Hand_HMI_EIN"	%M50.3	BOOL	FALSE		
18	"BM_Automatik_HMI_EIN"	%M50.4	BOOL	FALSE		
19		<Hinzufügen>				

Bild 15.2 *Beobachten in Beobachtungstabelle_1*

In der Beobachtungstabelle sind auch Möglichkeiten zum Steuern von Variablen vorhanden. Das Aussehen und die Bedienung ähneln stark der Simulationstabelle in einem Simulationsprojekt.

Weitere Möglichkeiten zum Beobachten bieten die Datenbausteine und die PLC-Variablentabelle.

Zum Schluss

Mit dem vorliegenden Buch wollten wir dem Leser einen Einblick in die Handhabung des TIA Portals V16 geben und dies an einfachen Beispielprogrammen darlegen.

Es wurde besonders darauf Wert gelegt, dass die Darstellung für Einsteiger aus dem Bereich der Automatisierung bzw. Instandhaltung reproduzierbar ist. Anhand von graphischen Lösungsbeispielen lässt sich auch optisch der Vorgang der Programmentwicklung gut nachvollziehen.

Das TIA V16 Programm ist eine Weiterentwicklung der vorherigen TIA Versionen mit Detailverbesserungen vor allem im Bereich der Programmentwicklung. Dem praktischen Anwender bietet dieses Buch eine Erleichterung im Selbststudium des Programmes, um mit der aktuellen Entwicklung rund um das Thema TIA und der digitalen Weiterentwicklung fortzuschreiten.

Wir würden uns freuen, wenn Ihnen das Buch eine Hilfestellung dabei sein konnte.

16 Stichwortverzeichnis

Liste der Bilder

Tabellen